明解C语言

中级篇

TURING
图灵程序设计丛书

[日] 柴田望洋 / 著 丁灵 / 译

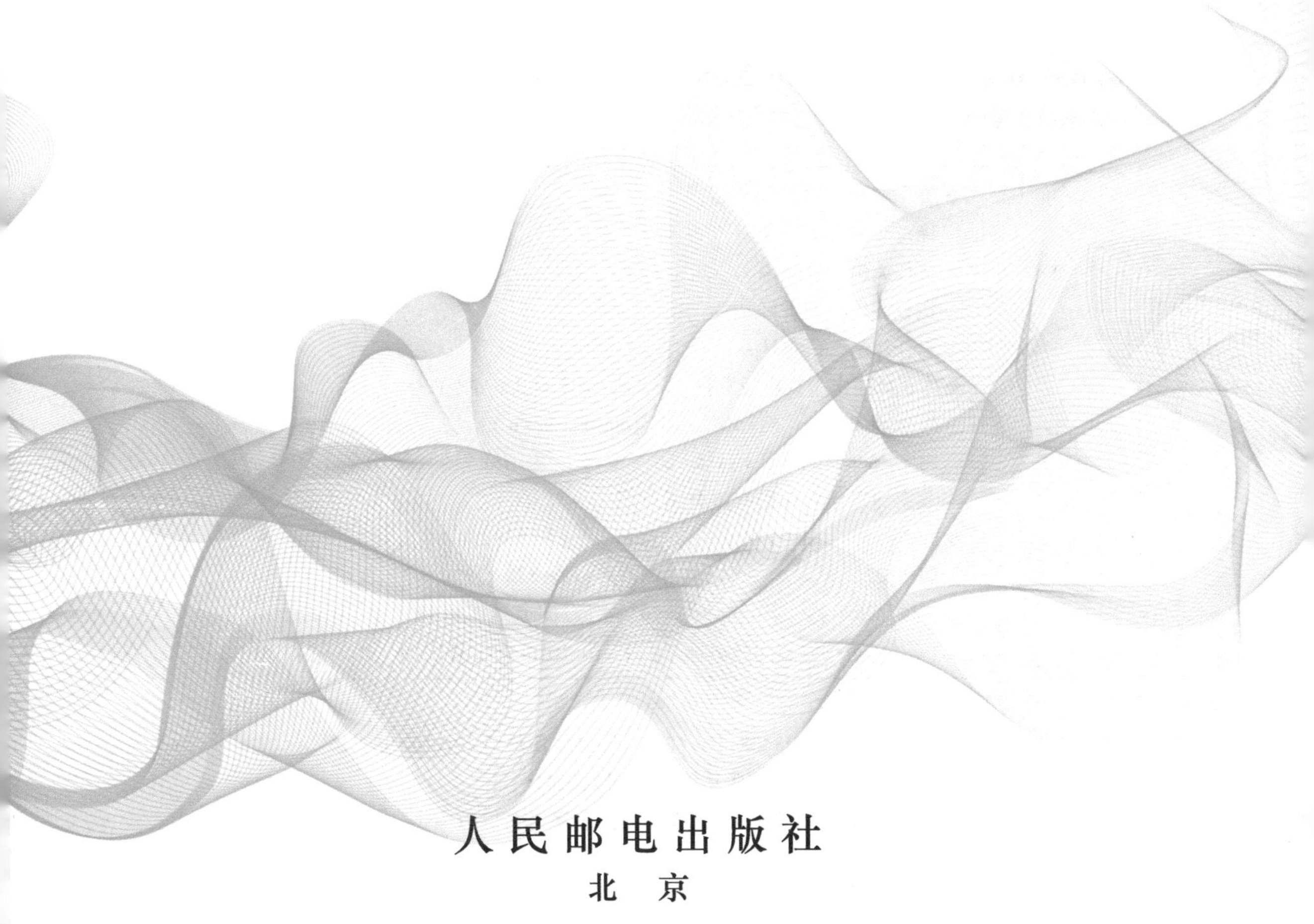

人民邮电出版社
北 京

图书在版编目(CIP)数据

明解C语言. 中级篇 /(日)柴田望洋著；丁灵译. -- 北京：人民邮电出版社，2017.9

(图灵程序设计丛书)

ISBN 978-7-115-46406-4

Ⅰ. ①明… Ⅱ. ①柴… ②丁… Ⅲ. ①C语言－程序设计 Ⅳ. ①TP312.8

中国版本图书馆CIP数据核字（2017）第178307号

内 容 提 要

本书延续了《明解C语言：入门篇》图文并茂、示例丰富、讲解细致的风格，在结构上又独树一帜，每章都会带领读者编写一个游戏程序并逐步完善或加以变更，来讲解相关的C语言进阶知识。每章的程序都很简单有趣，而且包含着很多实用性的技巧，例如随机数的生成、数组的应用方法、字符串和指针、命令行参数、文件处理、接收可变参数的函数的生成方法、存储空间的动态分配与释放，等等。此外，还会讲解详细的语法规则、众多库函数的使用方法、算法等知识。

本书适合有一定C语言基础，想要掌握实际编程能力的读者阅读。

◆ 著　　　[日] 柴田望洋
　译　　　丁　灵
　责任编辑　杜晓静
　执行编辑　刘香娣
　责任印制　彭志环

◆ 人民邮电出版社出版发行　　北京市丰台区成寿寺路11号
　邮编　100164　　电子邮件　315@ptpress.com.cn
　网址　https://www.ptpress.com.cn
　北京捷迅佳彩印刷有限公司印刷

◆ 开本：800×1000　1/16
　印张：22　　　　2017年9月第1版
　字数：520千字　　2024年11月北京第17次印刷

著作权合同登记号　图字：01-2016-3273号

定价：89.00元

读者服务热线：(010)84084456-6009　印装质量热线：(010)81055316

反盗版热线：(010)81055315

广告经营许可证：京东市监广登字20170147号

前　言

大家好。

这本《明解 C 语言：中级篇》是为那些已经学完入门内容，想要掌握实际编程能力的读者编写的。

为了让大家能够从 C 语言编程的“新手”中毕业，踏实地在“中级者”的道路上前进，本书将带领大家一边接触众多的程序一边学习，这些程序的编写和运行都很有趣。

本书中选取的程序包括以下题材。

- 猜数游戏
- 兼具扩大视野的心算训练
- 字符的消除和移动（字幕显示等）
- 猜拳游戏
- 珠玑妙算
- 记忆力训练
- 日历显示
- 打字练习
- 英语单词学习软件……

上述程序都很简练，大家尝试之后可能会惊讶道：“这么短的程序居然这么有意思！”

当然这些程序不仅仅是有趣而已，每个程序中都包含着实用性的技巧，例如随机数的生成、数组的应用方法、包含汉字的字符串、字符串和指针、命令行参数、文件处理、生成接收可变参数的函数的方法、存储空间的动态分配与释放，等等。另外我们还将学习详细的语法规则、众多库的规范以及使用方法等。

希望大家通过阅读本书，争取从新手阶段完全毕业！

柴田望洋

2015 年 4 月

导　读

笔者迄今为止遇到过很多难以从 C 语言“新手”阶段毕业的人，他们似乎都抱有下面这样的烦恼。

——虽然能理解入门书中所写的程序，但换成自己写就写不出来了。

——虽然了解数组和指针等语法知识，但不知该如何在实际程序中使用。

——在新员工培训中学到的基础知识和实际工作中要求的相差甚远，或者在大学课堂上所学的内容跟毕业设计要求编写的程序难度大相径庭，因此不知如何是好。

事实上，这些烦恼在某种意义上也是无可奈何的。因为在学习编程语言的初级阶段，学习“语言”本身的基础知识是必需的，无暇顾及应用语言的“编程”。

当然，语言和编程两者也不是完全对立的。但是对新手而言，如果想要同时学习这两者，要记住和掌握的东西未免太多了。因此，初学阶段往往把重点放在“语言”上，很多入门书的结构都是如此。

本书的结构和一般图书不同，每章的标题不是“数组”“指针”这样的编程术语，而是像下面这样。

第 1 章　猜数游戏
第 2 章　专注于显示
第 3 章　猜拳游戏
第 4 章　珠玑妙算
第 5 章　记忆力训练
第 6 章　日历
第 7 章　右脑训练
第 8 章　打字练习
第 9 章　文件处理
第 10 章　英语单词学习软件

我们在每一章都会“开发程序”。在开发程序的过程中，逐渐学习相关的语法、库函数、算法以及编程知识。

我们要学习的程序清单总共有 111 个。

►为了帮助大家理解，本书使用了大量简明易懂的图表（全书共有 152 张图表）。

下面总结了一些阅读本书时需要事先了解和注意的事项。

▪ 关于阅读本书所需的预备知识和本书的难易程度

本书是“明解 C 语言”系列的第二本书，在讲解《中级篇》的同时，也会带领大家一并复习《入门篇》中学过的内容。

► 因此，学习内容和难易程度跟《入门篇》和同系列的第三本《实践篇》有部分重复。这主要考虑到有些读者在入门学习时采用的是非本系列《入门篇》的其他图书。

▪ 关于标准库函数的解说

大家将在本书中学到 ***random*** 函数、***srand*** 函数、***fopen*** 函数等众多 C 语言标准库函数（包括函数式宏共有 57 个）。这些函数的解说都是笔者基于 C 标准库的 JIS 标准文件改写而成的，为了传达严格的规范，表述可能会略显生硬。

▪ 关于源程序

大家可以从以下网站下载本书涉及的源程序。若是这些程序能为大家所用，笔者将感到万分荣幸。

http://www.ituring.com.cn/book/1810

目 录

第 9 章 文件处理 277

第 1 章

猜数游戏

本章中要编写的是“猜数游戏”程序。我们先来做一个测试版本，这个测试版的程序只能比较玩家输入的数值和计算机准备的数值，之后再逐渐为其追加其他功能。

本章主要学习的内容

- if 语句的结构 / 效率 / 可读性
- do 语句（先循环后判断）
- while 语句（先判断后循环）
- for 语句（先判断后循环）
- break 语句
- 相等运算符和关系运算符
- 逻辑运算符
- 增量运算符（前置 / 后置）
- sizeof 运算符
- 表达式求值
- 德・摩根定律
- 随机数的生成与种子的变更
- 对象宏
- 数组
- 数组的遍历
- 数组元素的初始化
- 数组元素个数的设定和获取
- ⊙ rand 函数
- ⊙ srand 函数
- ⊙ RAND_MAX

1-1　猜数判定

本章中会编写一个“猜数游戏”的程序。首先我们要做的是一个测试版本，用来显示玩家从键盘输入的值和计算机事先准备好的“目标数字”的比较结果。

通过 if 语句实现条件分支

List 1-1 所示的程序是测试版的“猜数游戏”。

先运行程序。因为程序提示输入 0～9 的数值，所以我们就在键盘上键入数值，这样一来，程序就会把键入的数值和“目标数字”进行比较，并显示出比较后的结果。

List 1-1　chap01/kazuate1.c

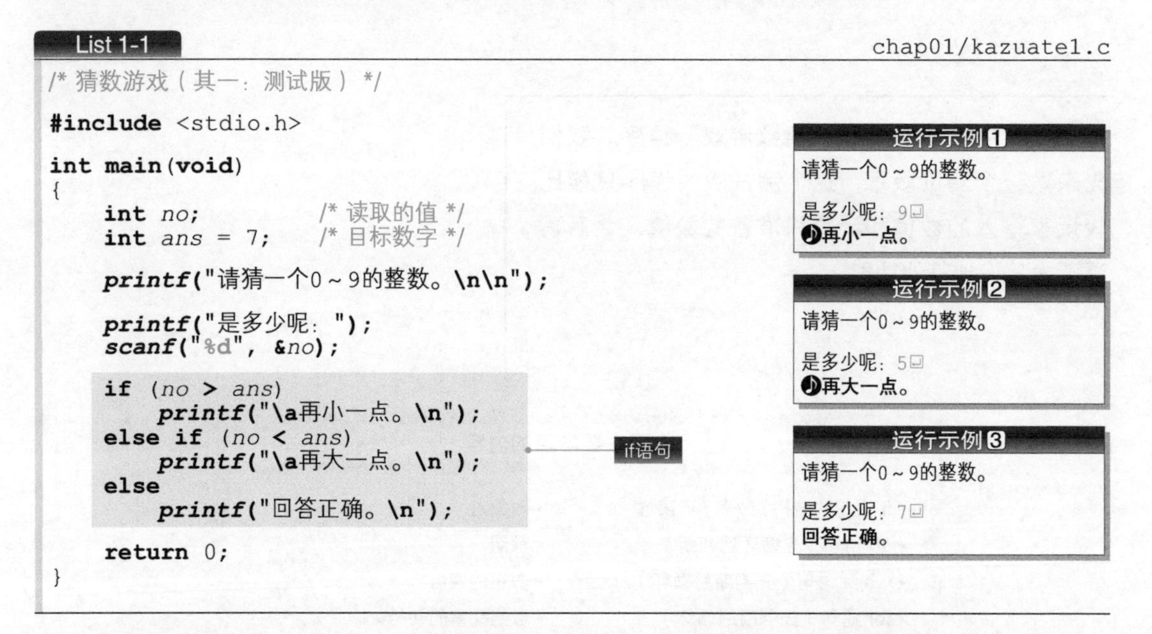

```c
/* 猜数游戏（其一：测试版）*/

#include <stdio.h>

int main(void)
{
    int no;          /* 读取的值 */
    int ans = 7;     /* 目标数字 */

    printf("请猜一个0～9的整数。\n\n");

    printf("是多少呢：");
    scanf("%d", &no);

    if (no > ans)
        printf("\a再小一点。\n");
    else if (no < ans)
        printf("\a再大一点。\n");
    else
        printf("回答正确。\n");

    return 0;
}
```


本游戏中的“目标数字”是 7，用变量 *ans* 表示，从键盘输入的值则用变量 *no* 表示。

程序通过阴影部分的 **if** 语句来判断 *no* 和 *ans* 两个变量值的大小关系，然后如 Fig.1-1 所示，根据判断结果显示“再小一点。”“再大一点。”“回答正确。”。

输出的字符串中包含两种**转义字符**。一个是我们很熟悉的 **\n**，表示**换行**；另一个是 **\a**，表示**警报**。在大多数环境下，一旦输出警报就会响起蜂鸣音，因此本书在运行示例中采用♪符号表示警报。

▶关于转义字符，我们会在第 2 章中详细介绍。

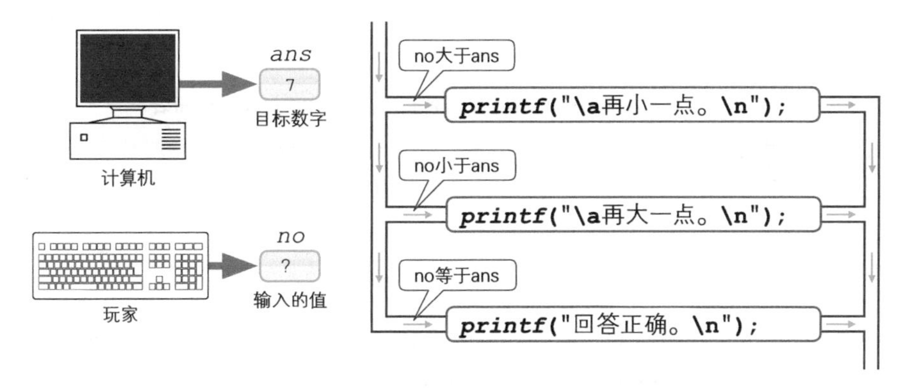

● Fig.1-1 通过 if 语句实现程序流程分支

if 语句的嵌套

下面让我们来了解一下比较 *no* 和 *ans* 这两个变量值的 **if** 语句的结构。

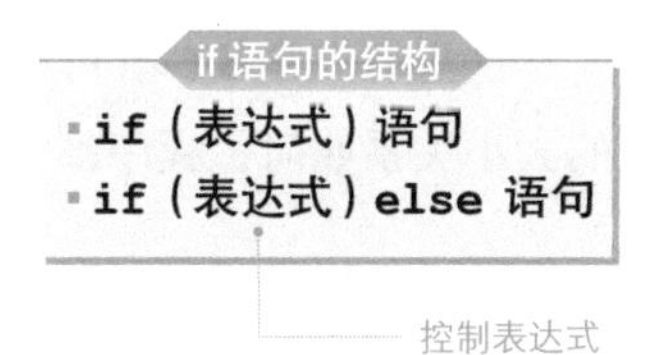

if 语句是通过对名为**控制表达式**的表达式进行**求值**（专栏 1-1），再根据求值结果把程序流程分为不同的分支的语句，它包含两种语句结构，如右图所示。

▶ （）中的**表达式**为控制表达式。

本程序中的 **if** 语句采用以下形式。

if（表达式） 语句 else if（表达式） 语句 else 语句

当然，这里**并不是**为了把程序流程分成三个分支才特意采用这种语句结构的。从字面意思可知，**if** 语句是一种语句，因此 **else** 控制的语句也可以是 **if** 语句。如 Fig.1-2 所示，程序采用了在 **if** 语句中**嵌套 if** 语句的结构。

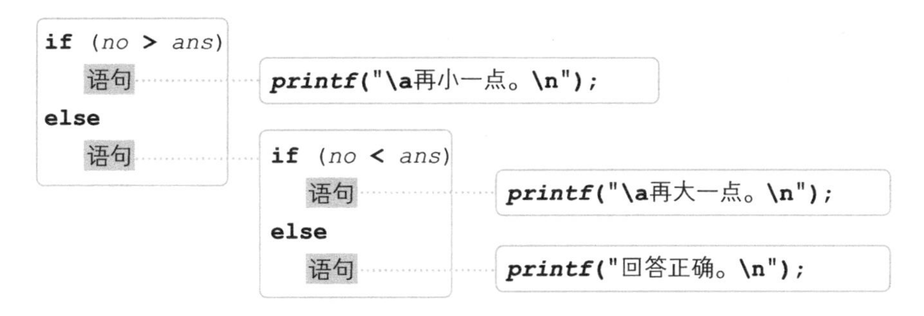

● Fig.1-2 if 语句的嵌套

实现多分支的方法

为了跟本程序的 **if** 语句❶达到同样效果，笔者编写了❷和❸中的 **if** 语句。

下面让我们一起来比较并讨论一下这三个程序，以加深对 **if** 语句的理解。

❶ List 1-1的if语句

```
if (no > ans)
    printf("\a再小一点。\n");
else if (no < ans)
    printf("\a再大一点。\n");
else
    printf("回答正确。\n");
```

程序❷

最末尾的 **else** 语句后面追加了阴影部分的内容。只有当两个判断 (*no* **>** *ans*) 和 (*no* **<** *ans*) 都不成立，也就是 *no* 和 *ans* 相等时，程序才会运行这部分。

在阴影部分进行的判断是**肯定会成立的条件**。

❷ 在最后的else语句中追加if (no == ans)

```
if (no > ans)
    printf("\a再小一点。\n");
else if (no < ans)
    printf("\a再大一点。\n");
else if (no == ans)
    printf("回答正确。\n");
```

程序❸

这里有三个 **if** 语句并列。无论变量 *no* 和 *ans* 之间的大小关系如何，程序都会进行这三个条件判断。

❸ 三个独立的if语句并列

```
if (no > ans)
    printf("\a再小一点。\n");
if (no < ans)
    printf("\a再大一点。\n");
if (no == ans)
    printf("回答正确。\n");
```

笔者根据变量 *no* 和 *ans* 的大小关系，对这三个程序中都进行了什么判断（对哪个控制表达式进行了求值）进行了总结，如 Table 1-1 所示。

● Table 1-1 三个程序所进行的判断

大小关系	**no > ans时**	**no < ans时**	**no == ans时**
❶	①	①②	①②
❷	①	①②	①②③
❸	①②③	①②③	①②③

① 判断 (*no* **>** *ans*)
② 判断 (*no* **<** *ans*)
③ 判断 (*no* **==** *ans*)

比如，我们假设 *no* 大于 *ans*，则程序❶和程序❷都只会进行①的判断，即 (*no* **>** *ans*)。

▶因为如果 *no* 大于 *ans*，那么在执行完 **printf("\a** 再小一点。**\n")** 后，整个 **if** 语句就执行完毕了。

而在程序❸这种有三个独立的 **if** 语句并列的情况下，则会执行三次判断，即①的 (*no* **>** *ans*)、②的 (*no* **<** *ans*)，还有③的 (*no* **==** *ans*)。这种实现方法效率最低。

*

不管在何种条件下，判断次数最少的都是程序❶的 **if** 语句。

程序❶的 **if** 语句的优点不光只有判断次数少而已。为了让大家理解这一点，这里通过 Fig.1-3 来说明。

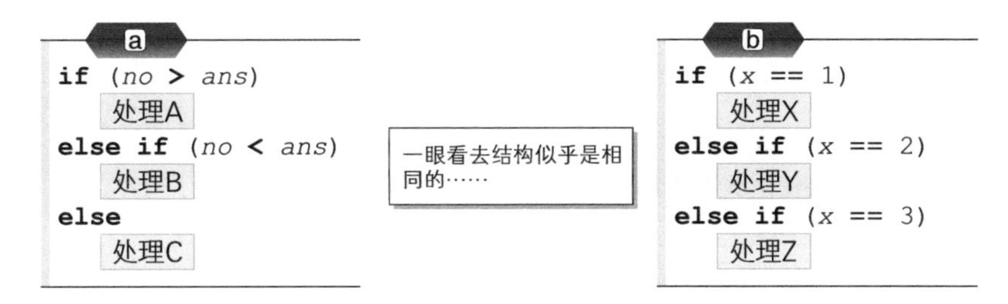

● Fig.1-3　看似相同但大相径庭的 if 语句分支

图a的 if 语句

图a的 **if** 语句跟程序1中的 **if** 语句结构相同，程序流程都分为三个分支。执行的不是“处理 A”就是“处理 B”，再不然就是“处理 C”。

▶不会出现没有执行任何处理或者执行了两项和三项处理的情况。

图b的 if 语句

图b的 **if** 语句是根据变量 *x* 的值进行分支的。

看上去程序似乎执行了“处理 X”“处理 Y”“处理 Z”三者中的一项处理，然而变量 *x* 的值如果不是 1、2、3，**那么程序就不会进行任何处理**。

如 Fig.1-4 所示，程序流程实质上分为四个分支。

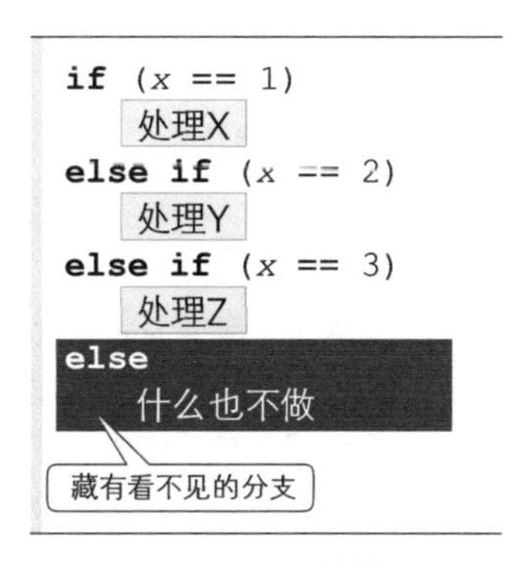

● Fig.1-4　图b的说明

如此，图b与图a的 **if** 语句的结构**完全不同**，因此**不能**省略最后的判断 **if**(*x* **==** 3)。

▶如果省略了，那么即使 *x* 的值不是 3，而是 4 或 5 等，“处理 Z”也会被运行。

*

程序1的 **if** 语句的结构如图a，在末尾的 **else** 语句后面是没有 **if** 语句的，因此一看就明白**不存在更多分支**。

就程序的易读性而言，程序1也要优于程序2，因为程序2在末尾的 **else** 语句后放了个“多余”的判断。

▶如果一定要对程序的读者强调“当 *no* 等于 *ans* 时这么做”，则可以按照程序2那样来实现。

通常，编译器的优化技术会内部删除程序2的这种“多余”的判断，因此我们没必要太在意效率问题。

专栏 1-1 表达式和求值

▪ 表达式是什么

编程的世界里经常会使用**表达式**（expression）这个术语，表达式包括以下内容。

- 变量
- 常量
- 把变量和常量用运算符结合起来的式子

我们来看下面这个式子。

n **+** 52

变量 *n*、整数常量 52，以及用运算符号 **+** 将这两者连接起来的 *n* **+** 52 都是表达式。

再看下面这个式子。

x **=** *n* **+** 52

在这里，*x*、*n*、52、*n* **+** 52、*x* **=** *n* **+** 52 都是表达式。

一般情况下，用 ×× 运算符连接的表达式就叫作 ×× 表达式。例如用赋值运算符把 *x* 和 *n* **+** 52 连接的表达式 *x* **=** *n* **+** 52 就是**赋值表达式**（assignment expression）。

▪ 表达式的求值

原则上，所有的表达式都包含值（**void** 型这种特殊的类型除外）。在运行程序时可以计算这个值。计算表达式的值就叫作**求值**（evaluation）。**程序通过逐一对各个表达式进行求值而得以运行。**

Fig.1C-1 是求值的具体示例（假设这张图中 **int** 型的变量 *n* 的值为 135）。

因为变量 *n* 的值为 135，所以 *n*、52、*n* **+** 52 各自求值后得到的值分别是 135、52、187。当然这三个值的类型都是 **int** 型。

本书采用电子体温计的图示来表示求值结果。左侧的小字是“类型”，右侧的大字是“值”。

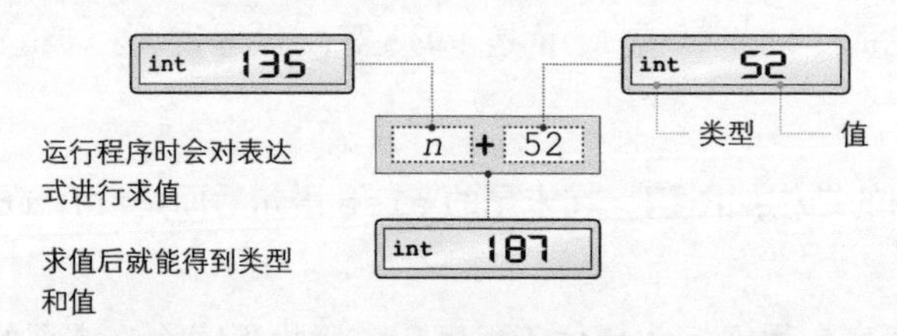

● Fig.1C-1 表达式的求值（int 型 + int 型）

List 1-1 的 **if** 语句最初的控制表达式是 *no* **>** *ans*。如果变量 *no* 读取的值是 5，那么求值过程就会如 Fig.1C-2 所示的那样。

关系运算符用于判断两个操作数的值（求值结果）的大小关系（1-2 节）。此时因为判断条件不成立，所以对表达式 *no* **>** *ans* 求值得到的是表示假的“**int** 型的 0”。

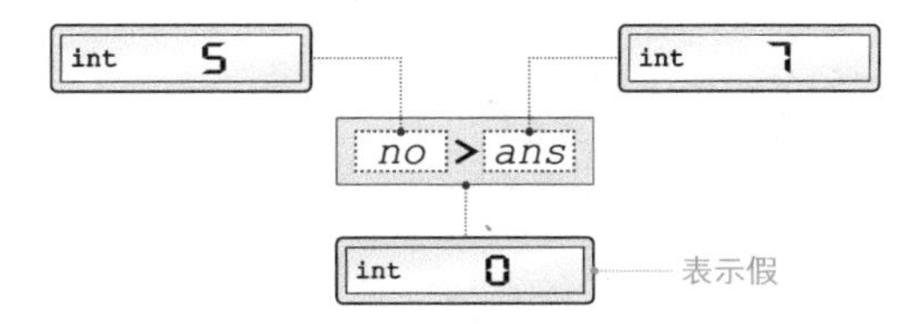

● Fig.1C-2　表达式的求值 (int 型 > int 型)

如果 *no* 的值大于 7，那么就会得到表示真的 "**int** 型的 1"。

*

在这个示例中，运算对象 (左边和右边的操作数) 的类型是 **int** 型，求值后得到的类型也是 **int** 型。对关系运算符而言，就算操作数的类型不是 **int** 型，它也会生成 **int** 型。如 Fig.1C-3 所示，对比较 **double** 型的 7.5 和 8.4 的表达式 7.5 **<** 8.4 求值，得到的结果是 **int** 型的 1。

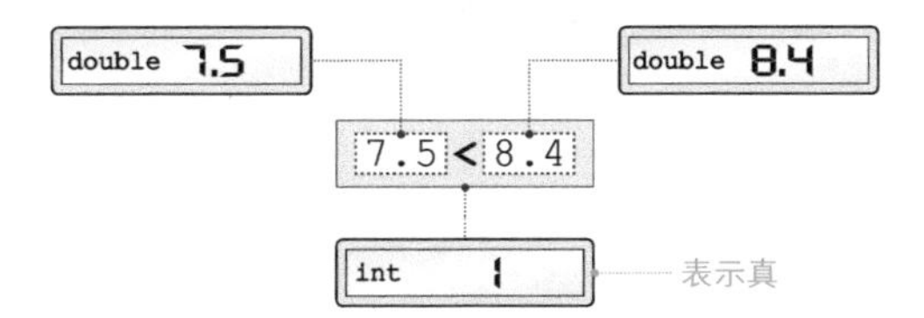

● Fig.1C-3　表达式的求值 (double 型 < double 型)

作为运算对象的操作数的类型不一定是相同的。Fig.1C-4 中把 **int** 型的 15 和 **double** 型的 15.0 分别除以了 **int** 型的 2 和 **double** 型的 2.0 (这张图中省略了对常量 15 和 15.0 的求值)。可见如果有一方的操作数是 **double** 型，那么运算结果就会是 **double** 型。

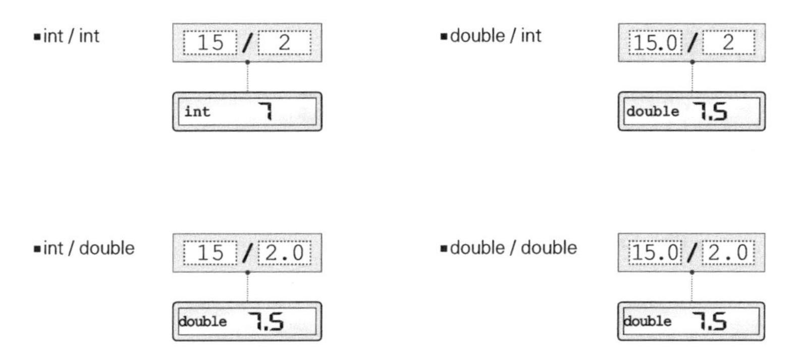

● Fig.1C-4　表达式的求值 (对 int 型和 double 型做除法运算)

1-2 重复到猜对为止

如果“猜数游戏”只允许玩家输入一次数值，那未免太无趣了。我们把程序改良一下，让玩家可以一直重复输入直到猜对为止。

通过 do 语句循环

如果玩家只能输入一次数值，那么想要猜对数值的话，就需要不停地重启程序直到猜对为止，这样一来不只是没意思，还麻烦得要命。

下面我们把程序改良一下，让玩家能够反复输入数值直到猜对为止，改良后的程序如 List 1-2 所示。

List 1-2 chap01/kazuate2.c

```c
/* 猜数游戏（其二：重复到猜对为止——利用do语句）*/

#include <stdio.h>

int main(void)
{
    int no;           /* 读取的值 */
    int ans = 7;      /* 目标数字 */

    printf("请猜一个0～9的整数。\n\n");

    do {
        printf("是多少呢：");
        scanf("%d", &no);

        if (no > ans)
            printf("\a再小一点。\n");
        else if (no < ans)
            printf("\a再大一点。\n");
    } while (no != ans);                /* 重复到猜对为止 */

    printf("回答正确。\n");

    return 0;
}
```

do语句

运行示例

```
请猜一个0～9的整数。

是多少呢：6
♪再大一点。
是多少呢：8
♪再小一点。
是多少呢：7
回答正确。
```

List 1-2 中删除了 List 1-1 中 **if** 语句的后半截，并在此基础上追加了阴影部分的 **do** 语句。

do 语句是通过**先循环后判断**（后述）重复进行处理的语句，其结构如右图所示。

do 语句的结构

do 语句 while（表达式）;

控制表达式

循环体

► 和之前学习的 **if** 语句，以及接下来要学习的 **while** 语句和 **for** 语句等语句的结构不同，**do** 语句的末尾带有分号“**;**”。

do 和 **while** 围起来的语句叫作**循环体**。只要 () 中的表达式，也就是**控制表达式**的求值结果不为 0，那么循环体就会被一直重复运行下去，直到控制表达式的求值结果为 0，才会结束重复运行。

下面参照 Fig.1-5 来理解如何通过本程序的 **do** 语句实现循环。

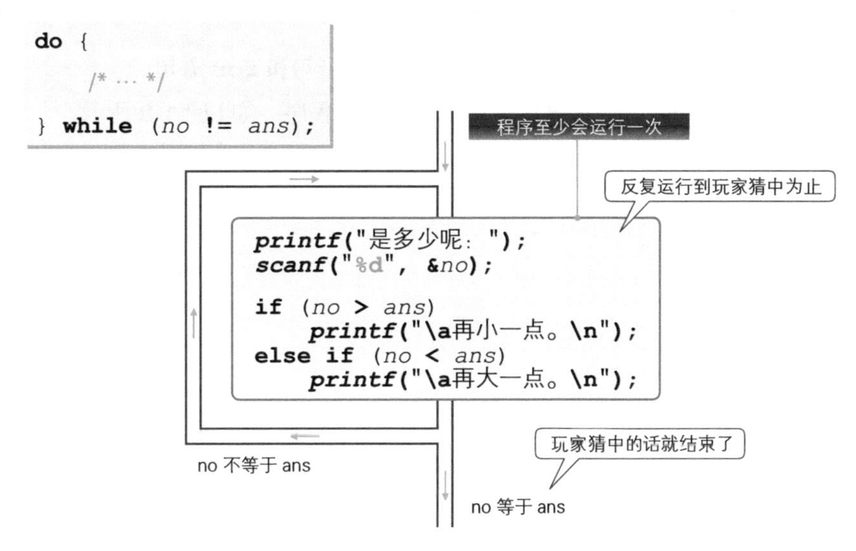

● **Fig.1-5 通过 do 语句来重复程序流程**

do 语句的控制表达式为 *no* **!=** *ans*。

运算符 **!=** 对左边和右边的操作数的值是否**不相等**这一条件进行判断。如果这个条件成立，程序就会生成 **int** 型的 1，不成立则会生成 **int** 型的 0。

如果读取的值 *no* 和目标数字 *ans* 不相等，那么对控制表达式 *no* **!=** *ans* 进行求值，得到的值就是 1。因此需要通过 **do** 语句来重复运行程序，再次运行用 {} 括起来的代码块，也就是循环体。

当程序读取到的 *no* 和目标数字 *ans* 是同一个值时，控制表达式的求值结果就是 0，循环就结束了，此时画面显示“回答正确。”，程序运行结束。

相等运算符和关系运算符

相等运算符（equality operator）和**关系运算符**（relational operator）的判断条件成立的话就会生成 **int** 型的 1，不成立就会生成 **int** 型的 0。

▶ **int** 型的 1 表示“真”，0 表示“假”（**专栏 1-2**）。

相等运算符“==”“!=”

判断两个操作数是否相等。

关系运算符“<”“>”“<=”“>=”

判断两个操作数的大小关系。

通过 while 语句循环

除了 **do** 语句外，C 语言的循环语句[①] 还有 **while** 语句和 **for** 语句。

我们用**先判断后循环的 while** 语句试着写出之前的程序，如 List 1-3 所示。

List 1-3　chap01/kazuate2while.c

```
/* 猜数游戏[其二（另一种解法）：重复到猜对为止——利用while语句]*/

#include <stdio.h>

int main(void)
{
    int no;              /* 读取的值 */
    int ans = 7;         /* 目标数字 */

    printf("请猜一个0~9的整数。\n\n");

    while (1) {
        printf("是多少呢：");
        scanf("%d", &no);

        if (no > ans)
            printf("\a再小一点。\n");
        else if (no < ans)
            printf("\a再大一点。\n");
        else
            break;
    }

    printf("回答正确。\n");

    return 0;
}
```

while语句

break语句

运行示例

```
请猜一个0~9的整数。

是多少呢：6
♪再大一点。
是多少呢：8
♪再小一点。
是多少呢：7
回答正确。
```

while 语句的结构如右图所示。

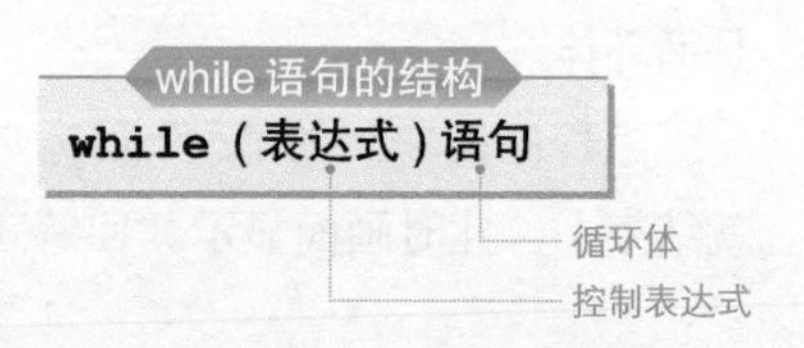

只要**控制表达式**的求值结果不为 0，那么作为循环体的**语句**就会永远重复运行下去。但是求值结果一旦为 0，就不再循环了。

因为本程序的 **while** 语句的控制表达式是 1，所以**循环会永远进行下去**。这样的循环一般称为“无限循环”。

break 语句

一直重复的话，程序会永无止境。为了强制跳出循环语句，我们在本程序中使用了 **break** 语句。

因为 **break** 语句是在 *no* 和 *ans* 相等时运行的，所以通过 **while** 语句进行的循环会被强制中断。

① 声明一组要反复执行的命令，直到满足某些条件为止。——译者注

▶使用 **break** 语句的程序往往不容易读也不容易理解，我们只在“某个特殊的条件成立时，因为某种原因想强制结束循环语句”的情况下使用 **break** 语句就好。这里所举的“猜数游戏”的循环结构很简单，因此实现这个程序不需要用到 **break** 语句，像 List 1-2 那样通过 **do** 语句（不使用 **break** 语句）就能实现。

while 语句和 do 语句

很难看出程序中的 **while** 是属于 **do** 语句的一部分还是属于 **while** 语句的一部分，下面我们结合右图中所示的程序来思考一下。

首先把 0赋给变量 *x*，然后通过 **do** 语句对变量 *x* 的值进行增量操作，直到 *x* 等于 5 为止。

接下来，在 **while** 语句中对 *x* 的值进行减量操作，并显示其结果。

▶关于增量（increment）运算符 **++** 和减量（decrement）运算符 **--**，在 1-4 节中会详细为大家讲解。

如右图所示，我们把 {} 括起来的代码块当作 **do** 语句的循环体。

do 语句的 while

```
x = 0;
do
    x++;
while (x <= 5);
while (x >= 0)
    printf("%d ", --x);
```

while 语句的 while

```
x = 0;
do {
    x++;
} while (x <= 5);
while (x >= 0)
    printf("%d ", --x);
```

这样一来，**只要看每一行的开头就能区分 while 属于哪一部分了。**

> **while**：如果开头是 **while**，则属于 **while** 语句的开头部分。
> }**while**：如果开头是 }，则属于 **do** 语句的结尾部分。

不管是 **do** 语句还是 **while** 语句抑或是 **for** 语句，只要其循环体是单一的语句，那么就没必要特意导入代码块。

话虽如此，对 **do** 语句来说，其循环体如果是单一的语句，导入代码块则会增加程序的易读性。

先判断后循环和先循环后判断

根据何时判断是否继续处理，循环可以分为两种。

先判断后循环（while 语句和 for 语句）

在进行处理前，先判断是否要继续处理。会出现循环体一次也没有运行的情况。

先循环后判断（do 语句）

在进行处理后，再判断是否要继续处理。循环体至少会被运行一次。

1-3 随机设定目标数字

在前面的“猜数游戏”中，“目标数字”都是事先在程序里设置好的，所以我们事先是知道答案的。为了提升游戏的趣味性，我们来让这个值自动变化。

rand 函数：生成随机数

为了每次游戏时都能改变“目标数字”，我们需要一个随机数。用于生成随机数的就是 ***rand*** 函数，如下所示。

	rand
头文件	**#include** <stdlib.h>
格式	**int** ***rand*****(void)**;
功能	计算 0~**RAND_MAX** 的伪随机整数序列。此外，其他库函数在运行时会无视本函数的调用
返回值	返回生成的伪随机数整数

这个函数生成的随机数是 **int** 型的整数。在所有编程环境中其最小值都为 0，但最大值则取决于编程环境，所以我们用 <stdlib.h> 头文件将其定义成一个名为 **RAND_MAX** 的对象宏（object-like macro），其定义的示例如下所示。

RAND_MAX
```
#define RAND_MAX   32767      /* 定义的示例：值根据编程环境而有所差别*/
```

RAND_MAX 的值根据规定不得低于 32767，因此 ***rand*** 函数的运行过程如 Fig.1-6 所示。

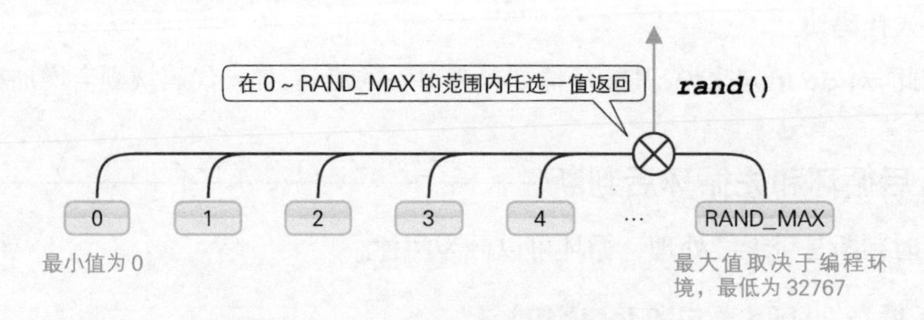

● Fig.1-6　通过 rand 函数生成随机数

下面我们来尝试实际生成并显示随机数。请运行 List 1-4 所示的程序。

List 1-4 chap01/random1.c

```
/* 生成随机数（其一）*/

#include <stdio.h>
#include <stdlib.h>

int main(void)
{
    int retry;              /* 再运行一次? */

    printf("在这个编程环境中能够生成0 ~ %d的随机数。\n", RAND_MAX);

    do {
        printf("\n生成了随机数%d。\n", rand());

        printf("再运行一次? …（0）否（1）是：");
        scanf("%d", &retry);
    } while (retry == 1);

    return 0;
}
```

rand 函数生成的最大随机数

生成 0~RAND_MAX 的随机数并返回

首先显示的是能够生成的随机数的“范围”。最小值是 0，最大值是 **RAND_MAX** 的值（值取决于编程环境）。

然后显示的是 ***rand()*** 返回的随机数值，当然这个值在 0 ~ **RAND_MAX** 的范围内。

对于“再运行一次?”的问题，如果选择了“是”，那么就能重复生成并显示随机数。

请多运行几次程序，结果如 Fig.1-7 所示，**总会生成一个相同的随机数序列**。这很令人费解，***rand*** **函数生成的值真的是随机的吗**?

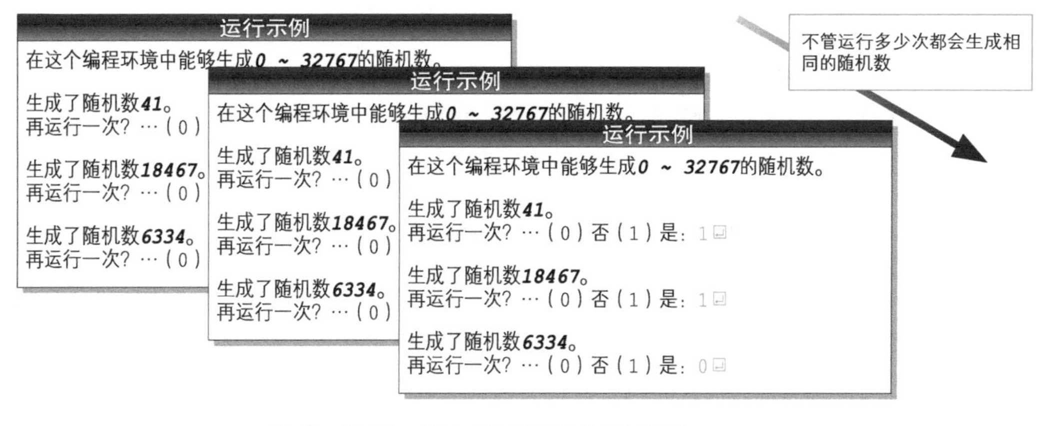

● Fig.1-7 List 1-4 的运行示例

srand 函数：设置用于生成随机数的种子

rand 函数是对一个叫作“种子”的基准值加以运算来生成随机数的。之所以先前每次运行

程序都会生成同一个随机数序列，是因为 ***rand*** 函数的**默认种子是常量 1**。要生成不同的随机数序列，就必须改变种子的值。

负责执行这项任务的就是 ***srand*** 函数，如下所示。

	srand
头文件	**#include** <stdlib.h>
格式	**void** ***srand***(**unsigned** *seed*);
功能	给后续调用的 ***rand*** 函数设置一个种子（*seed*），用于生成新的伪随机数序列。如果用同一个种子的值调用本函数，就会生成相同的伪随机数序列。如果在调用本函数之前调用了 ***rand*** 函数，就相当于程序在一开始调用了本函数，把 *seed* 设定成了 1，最后会生成一个种子值为 1 的序列。此外，其他库函数在运行时会无视本函数的调用
返回值	无

比如，假设我们调用了 ***srand***(50)。这样一来，之后调用的 ***rand*** 函数就会利用设定的新种子值 50来生成随机数。

Fig.1-8 所示为在某个编程环境中生成的随机数序列的示例。

当种子值为 1 时，在最初调用 ***rand*** 函数时生成的是 41，再调用时生成 18467，接下来是 6334……

如果种子值是 50，则会依次生成 201、20851、6334……

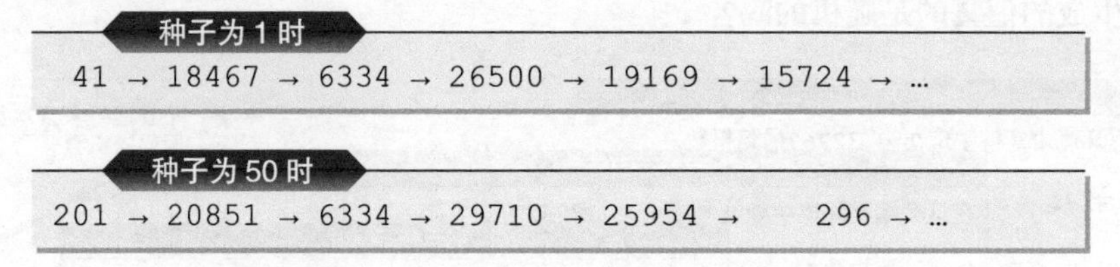

※ 这只是一个例子，实际生成什么值将取决于编程环境。

● Fig.1-8 种子和 rand 函数生成的随机数序列的示例

如上图所示，一旦决定了种子的值，之后生成的随机数序列也就确定了。因此如果想要每次运行程序时都能生成不同的随机数序列，**就必须把种子值本身从常量变成随机数**。

然而，为了生成随机数而需要随机数，这本身很矛盾。

▶ ***rand*** 函数生成的是叫作伪随机数的随机数。伪随机数看起来像随机数，却是基于某种规律生成的。因为能预测接下来会生成什么数值，所以才叫作伪随机数。真正的随机数是无法预测接下来会生成什么数值的。

我们一般使用的方法是**把运行程序时的时间当作种子**。List 1-5 的程序中就使用了这个方法。

List 1-5　　chap01/random2.c

```
/* 生成随机数（其二：根据当前时间设定随机数的种子）*/

#include <time.h>
#include <stdio.h>
#include <stdlib.h>

int main(void)
{
    int retry;                  /* 再运行一次？ */

    srand(time(NULL));          /* 根据当前时间设定随机数的种子 */

    printf("在这个编程环境中能够生成0～%d的随机数。\n", RAND_MAX);

    do {
        printf("\n生成了随机数%d。\n", rand());

        printf("再运行一次？…（0）否（1）是：");
        scanf("%d", &retry);
    } while (retry == 1);

    return 0;
}
```

请运行一下程序。如 Fig.1-9 所示，每次启动都会生成不同的随机数序列。

▶关于获取当前时间所使用的 ***time*** 函数，我们会在第 6 章详细学习，在此之前，只需把程序中的阴影部分当成是固定的一部分即可（**#include** <time.h> 也是必不可少的）。

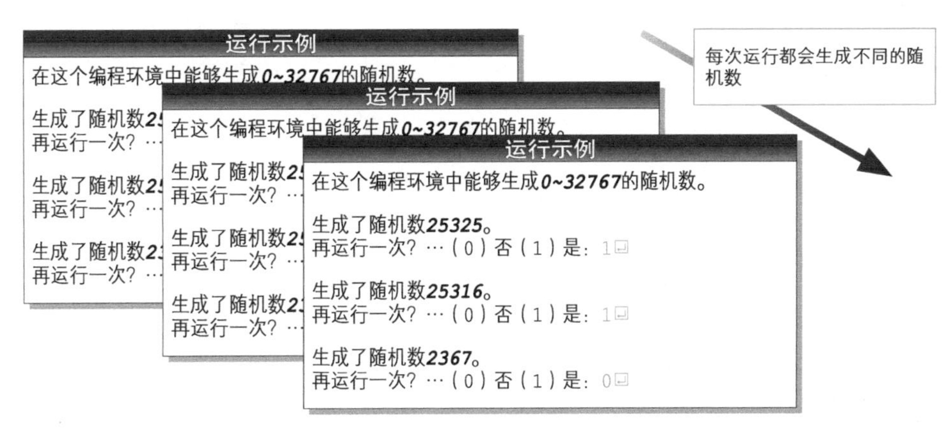

● Fig.1-9　List 1-5 的运行示例

随机设定目标数字

rand 函数生成的值范围是 0 ～ **RAND_MAX**，话虽如此，但我们需要的随机数不会每次都恰好在这个范围内。

一般情况下，我们需要的是**某个特定范围内的随机数**。如果我们需要“大于等于 0 且小于等于 10”的随机数，可以像下面这样求出。

```
rand() % 11            /* 生成大于等于0且小于等于10的随机数 */
```

这里使用的方法是把非负整数值除以 11，就得到余项(余数)为 0, 1, …, 10。

►大家注意不要把非负整数值错除以 10。用 10 除得到的余数是 0, 1, …, 9，无法生成 10。

*

现在大家已经掌握了如何生成随机数，那么我们就来把猜数游戏中的“目标数字”设定为 0 ~ 999 的随机数吧。对应的程序如 List 1-6 所示。

►笔者没有以 **while** 语句版本的 List 1-3 为基准，而只在 **do** 语句版本的 List 1-2 的基础上做了一些细微的修改，增加了部分内容。

List 1-6　　chap01/kazuate3.c

```
/* 猜数游戏（其三：目标数字是0 ~ 999的随机数）*/

#include <time.h>
#include <stdio.h>
#include <stdlib.h>

int main(void)
{
    int no;       /* 读取的值 */
    int ans;      /* 目标数字 */

    srand(time(NULL));          /* 设定随机数的种子 */
    ans = rand() % 1000;        /* 生成0~999的随机数 */

    printf("请猜一个0~999的整数。\n\n");

    do {
        printf("是多少呢：");
        scanf("%d", &no);

        if (no > ans)
            printf("\a再小一点。\n");
        else if (no < ans)
            printf("\a再大一点。\n");
    } while (no != ans);                        /* 重复到猜对为止 */

    printf("回答正确。\n");

    return 0;
}
```

运行示例

```
请猜一个0~999的整数。

是多少呢：499
♪再大一点。
是多少呢：749
♪再小一点。
是多少呢：624
回答正确。
```

阴影部分把生成的随机数除以 1000 后得到的余数赋给了变量 *ans*。

仅仅是把目标数字变成了随机数，就大大地提升了猜数游戏的趣味性。大家可以多运行几次感受一下。

话说回来，大家知道怎么才能**最快猜中**吗？一开始输入 499，然后根据程序的判定结果(是大还是小）再输入 749 或者 249，**每次都把范围缩小到一半**。

*

目标数字的范围很容易变更。下面举两个具体的例子。

把目标数字定为 1 ~ 999

将程序的阴影部分改写成下面这样。

```
ans = 1 + rand() % 999;            /* 生成1～999的随机数 */
```

把目标数字定为 3 位数的整数（100 ~ 999）

将程序的阴影部分改写成下面这样。

```
ans = 100 + rand() % 900;          /* 生成100～999的随机数 */
```

*

最后只要把测试版本的 kazuate1.c、kazuate2.c、kazuate3.c 再重复追加和修正 2 到 3 行，猜数游戏就完成了。

小结

生成随机数的准备工作（设定种子）

生成随机数之前需要基于当前时间设定“种子”的值。

```
#include <time.h>
#include <stdlib.h>
/* … */
srand(time(NULL));                 /* 设定随机数的种子 */
```

在最初调用 ***rand*** 函数之前先调用 ***srand*** 函数（至少调用一次，调用次数不限）。

如果没有做上述准备工作，那么种子的值就会默认为 1，会生成相同的随机数序列。

生成随机数

一旦调用 ***rand*** 函数，就会得到一个大于等于 0 且小于等于 **RAND_MAX** 的随机数。**RAND_MAX** 的值取决于编程环境，即大于等于 32767。

此外，如果想把随机数定在某个特定范围内，可以像下面这样操作。

```
■     rand() % (a + 1)             /* 大于等于0且小于等于a的随机数 */
■ b + rand() % (a + 1)             /* 大于等于b且小于等于b + a的随机数 */
```

限制输入次数

只要不断输入数值，终会猜对。为了**给玩家以紧张感**，我们把玩家最多可输入的次数限制在 10 次之内。变更后的程序如 List 1-7 所示。

List 1-7 chap01/kazuate4.c

```
/* 猜数游戏（其四：限制输入次数）*/

#include <time.h>
#include <stdio.h>
#include <stdlib.h>

int main(void)
{
    int no;                              /* 读取的值 */
    int ans;                             /* 目标数字 */
    const int max_stage = 10;            /* 最多可以输入的次数 */
    int remain = max_stage;              /* 还可以输入几次？ */

    srand(time(NULL));                   /* 设定随机数的种子 */
    ans = rand() % 1000;                 /* 生成0～999的随机数 */

    printf("请猜一个0～999的整数。\n\n");

    do {
        printf("还剩%d次机会。是多少呢：", remain);
        scanf("%d", &no);
        remain--;                    /* 把所剩次数进行减量 */

        if (no > ans)
            printf("\a再小一点。\n");
        else if (no < ans)
            printf("\a再大一点。\n");
    } while (no != ans && remain > 0);

    if (no != ans)
        printf("\a很遗憾，正确答案是%d。\n", ans);
    else {
        printf("回答正确。\n");
        printf("您用了%d次猜中了。\n", max_stage - remain);
    }

    return 0;
}
```

变量 *max_stage* **表示玩家最多可输入的次数**，在这里是 10 次。

另一个新的变量 *remain* 表示**还能够输入多少次**。当然，其初始值是 *max_stage*，也就是 10。如 Fig.1-10 所示，玩家每次输入数值时，都会对 *remain* 的值进行减量操作（如 10, 9, 8, …），即在原基础上减去 1。

当这个值为 0 时，游戏就结束了，因此 **do** 语句的判断不仅包含表达式 *no* **!=** *ans*，还要加上阴影部分的 *remain* **>** 0。

连接两个表达式的逻辑与运算符 **&&** 只会在两边的操作数都不为 0 时生成 **int** 型的 1，否则便生成 0。

因此，不仅当玩家猜中时（图 a）循环会结束，当玩家输入 10 次都没猜中，*remain* 变成 0（图 b）时，循环也会结束。

▶关于循环结束的条件和 **&&** 运算符，我们会在**专栏 1-2** 中学到。

此外，用 *max_stage* 减去 *remain* 就可以知道玩家是在第几次猜中了目标数字。如图 a 所示，游戏结束时的 *remain* 值是 7，所以用 *max_stage* 减去 *remain*，也就是用 10减去 7，答案为 3。

► 因为 *max_stage* 的声明中已经指定了 **const**，所以 *max_stage* 的值无法变更。这样一来，如果把应该写成 *remain*-- 的部分写成了 *max_stage*--，就会发生编译错误（防止遗漏）。

a 猜125（猜到第3次就猜对了）

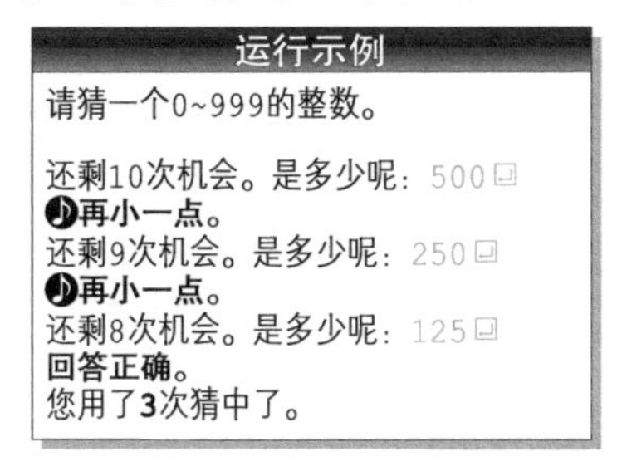

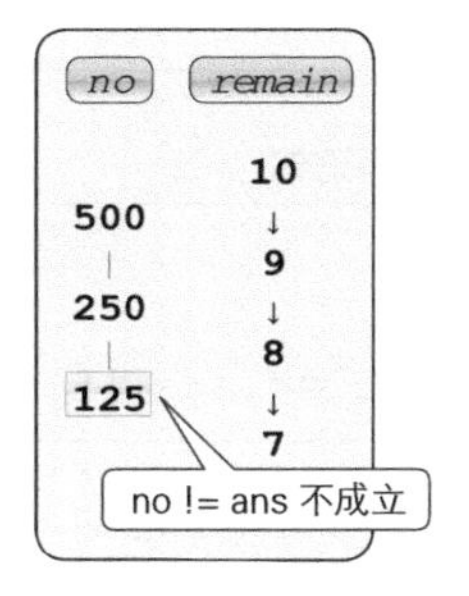

b 猜139（猜了10次也没猜对）

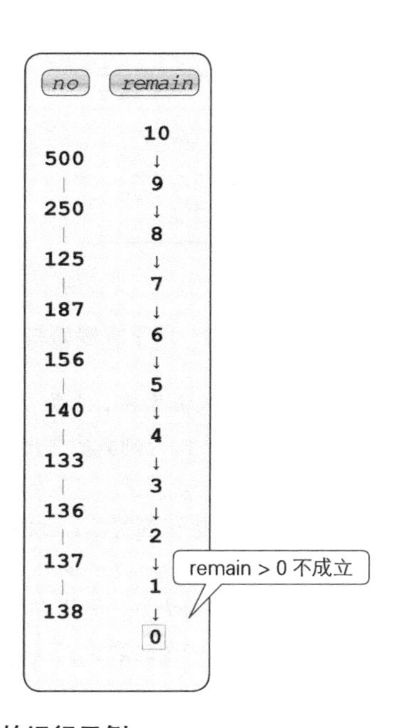

● Fig.1-10　List 1-7的运行示例

专栏 1-2　逻辑运算和德 · 摩根定律

我们编写了一个限制玩家输入次数的“猜数游戏”程序，用于控制输入次数的 **do** 语句如 Fig.1C-5 ⓐ所示。这个 **do** 语句即使像图ⓑ这样实现也一样能运行。

ⓐ List 1–7的do语句

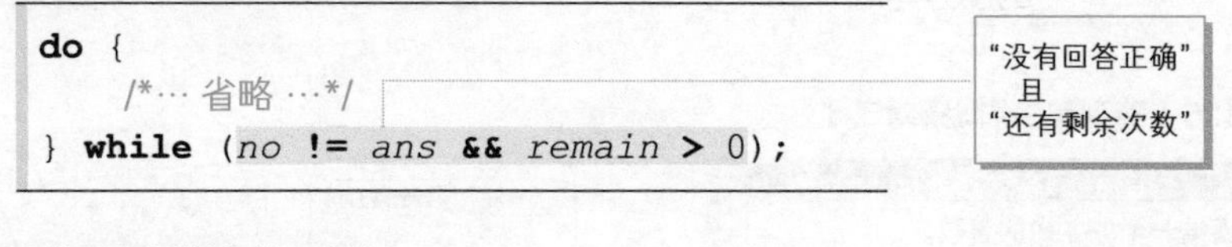

ⓑ 执行相同操作的do语句

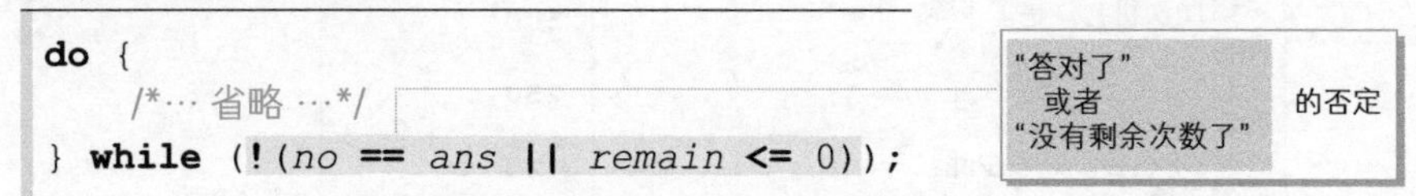

● Fig.1C-5　do 语句的控制表达式

图ⓐ中用到了求逻辑与的逻辑与运算符 **&&**，图ⓑ中用到了求逻辑或的逻辑或运算符 **||**。Fig.1C-6 中总结了这些运算符的动作。

■**逻辑与**　如果 x 和 y 都为真，则结果为真

x	*y*	*x* && *y*
非 0	非 0	1
非 0	0	0
0	非 0	0
0	0	0

当 x 为 0 时不求值

■**逻辑或**　x 或 y 有一方为真，则结果为真

x	*y*	*x* || *y*
非 0	非 0	1
非 0	0	1
0	非 0	1
0	0	0

当 x 为非 0 时不求值

● Fig.1C-6　用于求逻辑与的运算符 && 和用于求逻辑或的运算符 ||

C 语言中规定 0 以外的值为真，0 为假，因此对逻辑与运算符 **&&** 而言，如果两边的操作数都为真（0 以外的值）就会生成 1，否则就会生成 0。而逻辑或运算符 **||** 在操作数有一方为真（0 以外的值）时会生成 1，否则就会生成 0。

假设变量 *no* 读取的值是正确答案，此时表达式 *no* **!=** *ans* 的求值结果是表示假的 **int** 型的 0。因此不用特意去判断右操作数 *remain* **>** 0，也能得知控制表达式 *no* **!=** *ans* **&&** remain **>** 0 为假，也就是说，此控制表达式的值为 0。因为左操作数 *x* 和右操作数 *y* 两者只要有一方是 0，就说明整个逻辑表达式 *x* **&&** *y* 是假，即逻辑表达式 *x* **&&** *y* 为 0。

这样一来，如果程序对 **&&** 运算符的左操作数求值后得出的结果为 0，那么程序就**不会再对右操作数进行求值**（不再对表格中灰色部分的表达式 *y* 进行求值）。

|| 运算符也是一样。如果左操作数的求值结果为 1，那么程序就**不会再对右操作数进行求值**（不再对表格中灰色部分的表达式 *y* 进行求值）。因为如果 *x* 和 *y* 中有一方为真（0 以外的值），那么整个表达式都为真，即整个表达式的结果为 1。

这种只用左操作数的求值结果就可以确定整个表达式的求值结果，而不用对右操作数进行求值的情况称为**短路求值**（short circuit evaluation）。

*

现在回到 Fig.1C-5 的程序。图b的控制表达式中使用了逻辑非运算符 `!`。逻辑非运算符的动作如 Fig.1C-7 所示（表达式 `!x` 生成的值和表达式 `x == 0` 生成的值相同）。

■逻辑非 如果 x 为假则 y 为真

x	**!** *x*
非 0	0
0	1

● Fig.1C-7 用于求逻辑非的 ! 运算符

对原命题取非，等于对该命题的各个子命题取非，再互换其中所有的逻辑与和逻辑或，这叫作**德·摩根定律**。该定律一般表示为下面这样。

① *x* **&&** *y* 和 **!**(**!***x* **||** **!***y*) 相等。
② *x* **||** *y* 和 **!**(**!***x* **&&** **!***y*) 相等。

图a的控制表达式 `no != ans && remain > 0` 是用于继续循环的"继续条件"，而图b的表达式 `!(no == ans || remain <= 0)` 是对结束循环的"结束条件"取非。

总之，上述概念如 Fig.1C-8 所示。

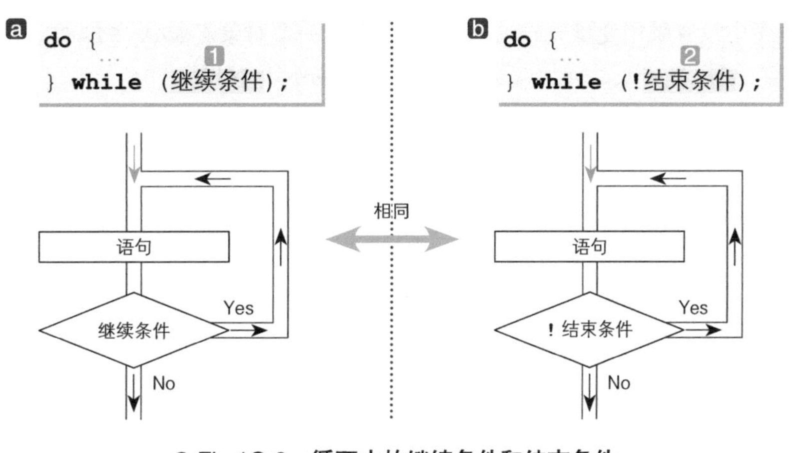

● Fig.1C-8 循环中的继续条件和结束条件

1-4 保存输入记录

如果程序能保存玩家输入的值，玩家就能在游戏结束时确认自己猜的数字距离目标数字有多近（或者有多远）。

数组

下面我们来把程序改良一下，令其能保存玩家已输入的数值，并在游戏结束时显示这些数值。改良后的程序如 List 1-8 所示。

▶程序的运行示例可以在第 26 页看到。

本程序利用**数组**（array）来存储已输入的值。数组是一种将同一类型的变量排成一列的数据结构，数组内的各个变量就是**数组元素**。

在声明数组时，数组元素的个数必须是常量表达式。也就是说，下面这样的声明会引起编译错误。

```
int max_stage = 10;
int num[max_stage];        /* 错误：max_stage不是常量表达式 */
```

因此本程序中没有采用变量 *max_stage*，而设了一个对象宏 *MAX_STAGE*，将其声明为❶。

▶编译初期，要把宏 *MAX_STAGE*（程序的 3 处灰色阴影部分）替换成 10。

接下来把存储所输入数值的数组 *num* 声明为❷。如 Fig.1-11 所示，数组 *num* 的元素类型是 **int** 型，元素个数是 10。

▶因为这个声明 **int** *num*[*MAX_STAGE*]; 会被替换成 **int** *num*[10];，所以不会发生错误。

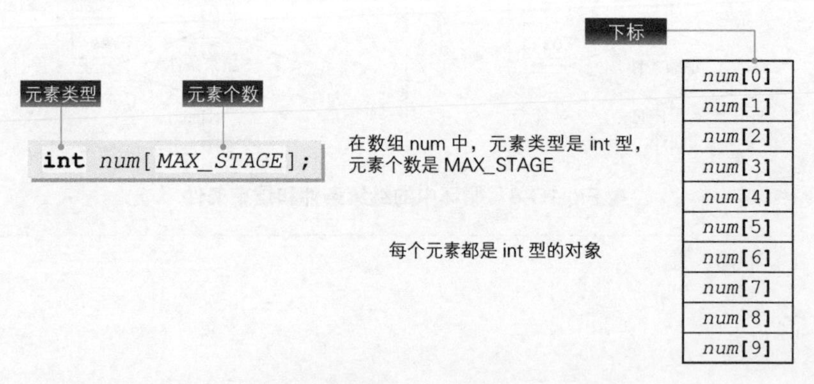

● Fig.1-11　数组

List 1-8　chap01/kazuate5.c

```
/* 猜数游戏（其五：显示输入记录）*/

#include <time.h>
#include <stdio.h>
#include <stdlib.h>  1

#define MAX_STAGE   10          /* 最多可以输入的次数 */

int main(void)
{
    int i;
    int stage;                  /* 已输入的次数 */
    int no;                     /* 读取的值 */
    int ans;                    /* 目标数字 */
2   int num[MAX_STAGE];         /* 读取的值的历史记录 */          替换成10

    srand(time(NULL));          /* 设定随机数的种子 */
    ans = rand() % 1000;        /* 生成0~999的随机数 */

    printf("请猜一个0~999的整数。\n\n");

    stage = 0;
    do {
        printf("还剩%d次机会。是多少呢：", MAX_STAGE - stage);
        scanf("%d", &no);
        num[stage++] = no;             /* 把读取的值存入数组 */

        if (no > ans)
            printf("\a再小一点。\n");
        else if (no < ans)
            printf("\a再大一点。\n");
    } while (no != ans && stage < MAX_STAGE);

    if (no != ans)
        printf("\a很遗憾，正确答案是%d。\n", ans);
    else {
        printf("回答正确。\n");
        printf("您用了%d次猜中了。\n", stage);
    }

    puts("\n--- 输入记录 ---");
    for (i = 0; i < stage; i++)
        printf(" %2d : %4d %+4d\n", i + 1, num[i], num[i] - ans);

    return 0;
}
```

在数组的声明中，[] 里的值是**元素个数**，而 **[]** 里的值是**下标**（subscript），用于访问（读取）各个元素。

首个元素的下标是 0，之后的下标逐一递增，因此可以用表达式 *num*[0]，*num*[1]，…，*num*[9] 依次访问数组 *num* 的元素。由于末尾元素的下标值等于元素个数减 1，因此不存在 *num*[10] 这个元素。

数组 *num* 的各个元素和一般的（非数组的单独的）**int** 型对象具有相同的性质，能够赋值和获取值。

▶声明 **int** *a*[10]；中的 [] 是用于声明的符号（标点），用于访问元素的 *a*[3] 中的 **[]** 是**下标运算符**（subscript operator）。

本书中将前者用 [] 表示，后者用**粗体**的 **[]** 表示。

把输入的值存入数组

让我们结合 Fig.1-12 来理解如何把玩家输入的值存入数组的元素中。

本程序中新引入的变量是 *stage*。这个变量用于代替 List 1-7 中表示剩余输入次数的变量 *remain*。游戏开始时其初始值为 0，之后玩家每输入一个数值，*stage* 的值都会逐次递增，当值等于 *MAX_STAGE*，也就是等于 10时，游戏结束。

负责把读取的值存入数组的正是图中的阴影部分。这里共有三个运算符，即 **[]**、**++**、**=**。

*

增量运算符 **++**（也称为递增运算符）包括前置形式的 **++***a* 和后置形式的 *a***++** 两种形式。我们先来了解一下它们都有哪些不同之处。

前置增量运算符 ++a

前置形式的 **++***a* 会在对整个表达式进行求值**之前**，先对操作数的值进行增量。因此当 *a* 的值为 3 时，运行以下代码的话，*a* 首先被增量成 4，然后程序会把表达式 **++***a* 的求值结果 4 赋给 *b*，最终 *a* 和 *b* 都等于 4。

```
b = ++a;                    /* 先对a进行增量再赋给b */
```

后置增量运算符 a++

后置形式的 *a***++** 会在对整个表达式进行求值**之后**，再对操作数的值进行增量。因此当 *a* 的值为 3 时，运行以下代码的话，表达式 *a***++** 的求值结果 3 首先被赋给 *b*，然后程序会对 *a* 进行增量，增量结果为 4。最后的结果 *a* 等于 4，*b* 等于 3。

```
b = a++;                    /* 先赋给b再对a进行增量 */
```

▶这里所说的前置和后置的求值时间也同样适用于进行减量操作的减量运算符 **--**。

本程序的阴影部分中使用了**后置形式**的增量运算符。下面我们来了解一下玩家输入的值是如何一个一个地保存到数组元素中的。

▶ 1-4 节的 **Fig.1-11** 把数组的各个元素纵向排列，方框中写有访问各个元素的“表达式”。这次 **Fig.1-12** 则把各个元素横向排列，方框中写着各个元素的“值”，各个元素的下标是方框上面的小数字。

另外，实心圆符号●中所写的下标值和变量 *stage* 的值是一致的。

```
stage = 0;
do {
    printf("还剩%d次机会。是多少呢：", MAX_STAGE - stage);
    scanf("%d", &no);
    num[stage++] = no;        /* 把读取的值存入数组 */
    /*… 省略 …*/
} while (no != ans && stage < MAX_STAGE);
```

a 存入玩家第1次输入的值（stage为0）

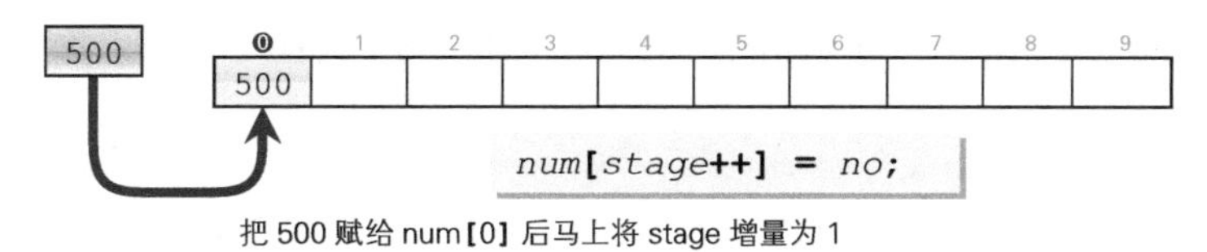

b 存入玩家第2次输入的值（stage为1）

c 存入玩家第3次输入的值（stage为2）

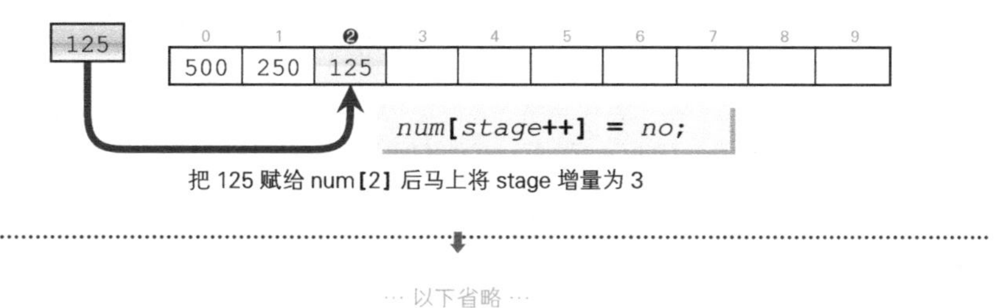

… 以下省略 …

● Fig.1-12　把输入记录存入数组中

a玩家输入 500，因为变量 *stage* 的值是 0，所以程序会把 500赋给 *num*[0]，再把 *stage* 的值增量为 1。

b玩家输入 250，因为变量 *stage* 的值是 1，所以程序会把 250赋给 *num*[1]，再把 *stage* 的值增量为 2。

通过反复进行上述处理，即可把玩家输入的值按顺序依次存入数组。

通过 for 语句来显示输入记录

一旦游戏结束，程序就会显示出玩家的输入记录。负责进行这项操作的就是下面这个 **for** 语句。

```
for (i = 0; i < stage; i++)
    printf(" %2d : %4d %+4d\n", i + 1, num[i], num[i] - ans);
```

可以像下面这样解释这个 **for** 语句所进行的循环。

> 首先把 *i* 的值设为 0，当 *i* 的值小于 *stage* 时，就不断往 *i* 的值上加 1，以此来让循环体运行 *stage* 次。

猜数游戏的主体 **do** 语句结束时，变量 *stage* 的值等于玩家输入数值的次数。如果玩家输入到第 7 次就猜对了，那么 *stage* 的值就是 7。此时通过 **for** 语句循环的次数是 7 次。

如 Fig.1-13 所示，在各个循环中，数组 *num* 内元素 *num*[*i*] 的下标是 *i*。实心圆符号●内的下标和变量 *i* 的值是一致的。

我们在循环体内通过 ***printf*** 函数来显示 3 个值。

① 第几次输入	*i* + 1
② 玩家输入的值	*num*[*i*]
③ 玩家输入的值与正确答案之差	*num*[*i*] - *ans*

运行示例

```
请猜一个0~999的整数。

还剩10次机会。是多少呢：500
再小一点。
还剩9次机会。是多少呢：250
再小一点。

…省略…

还剩4次机会。是多少呢：116
回答正确。
您用了7次猜中了。

--- 输入记录 ---
 1 :  500 +384
 2 :  250 +134
 3 :  125   +9
 4 :   62  -54
 5 :   93  -23
 6 :  108   -8
 7 :  116   +0
```

① 表示的是变量 *i* 加上 1 之后的值。下标是从 0开始的，而我们数数是从 1 开始的，加上 1 是为了弥补变量的值和显示的值之间的差距。

▶如图 C，变量 *i* 的值是 2，加上 1 后显示结果就是 3。

② 则会直接显示出玩家输入的值 *num*[*i*]。

▶如图 C，*num*[*i*] 也就等于 *num*[2]，显示结果是 125。

③ 表示的是玩家输入的值和正确答案之差，如果玩家输入的值大于正确答案，就在显示结果中加上符号“**+**”来表示，如果玩家输入的值小于正确答案，就在显示结果中加上符号“**-**”来表示。

▶如图 C，因为 *num*[*i*] 的值为 125，减去正确答案 116，得出差值为 9，显示结果就是“+9”。

大家都知道（通过平日的积累也应该有所了解），在使用格式字符串 "**%d**" 表示 **int** 型的数值时，只有当数值为负值时才会在数值前加上符号“**-**”。

一旦将格式字符串设为 "**%+d**"，那么**数值即使是正值和 0 也会带有符号**。

▶我们将会在第 2 章详细学习 **printf** 函数和格式字符串。

```
for (i = 0; i < stage; i++)
    printf(" %2d : %4d %+4d\n", i + 1, num[i], num[i] - ans);
```

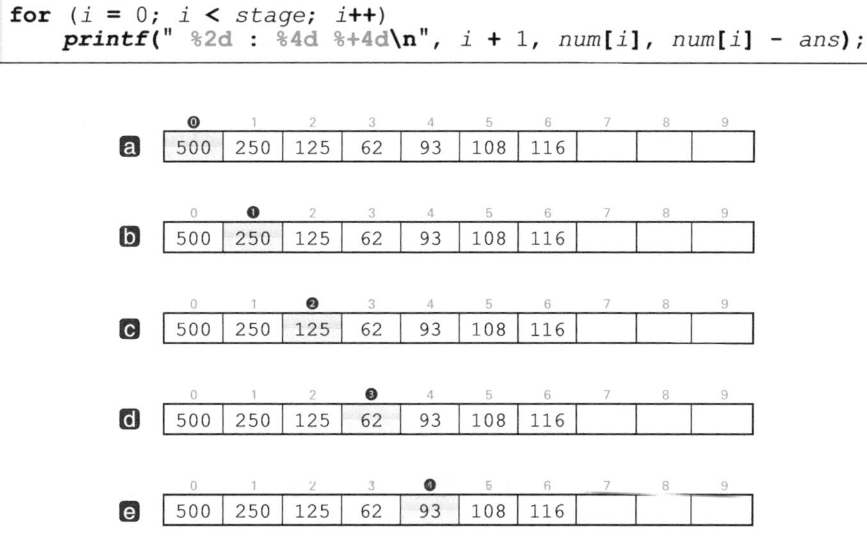

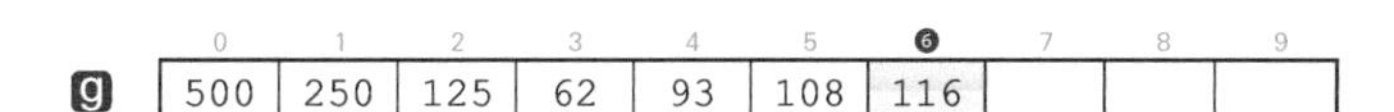

● Fig.1-13　**通过遍历数组 num 来显示输入记录**

按顺序逐个访问数组内的各个元素就叫作**遍历**（traverse）。这是一个基础术语，还请大家务必牢记。

*

接下来，**for** 语句会在变量 *i* 的值小于 *stage* 的期间一直循环。因此，**for** 语句结束时变量 *i* 的值就等于 *stage*，而不是 *stage* - 1。

▶把本程序的 **for** 语句改写成 **while** 语句时的代码如下所示。

```
i = 0;
while (i < stage) {
    printf(" %2d : %4d %+4d\n", i + 1, num[i], num[i] - ans);
    i++;
}
```

循环体会在变量 *i* 的值为 0，1，…，*stage* - 1 时运行，共运行 *stage* 次。最后调用 **printf** 函数时，变量 *i* 的值为 *stage* - 1。当这个值增量后等于 *stage* 时，控制表达式 *i* < *stage* 不成立，循环结束。

数组元素的初始化

我们再来详细学习一下数组。首先是用于初始化的声明。

要将元素初始化，需要对应各个元素把初始值按顺序依次排列并用逗号“,”一一隔开，再用“{}”把它们括起来。

例如像下面这样，一旦进行了声明，元素 *a*[0]、*a*[1]、*a*[2]、*a*[3]、*a*[4] 就会依次被初始化为 1、2、3、4、5。

```
int a[5] = {1, 2, 3, 4, 5};
```

下面是把所有元素初始化为 0的声明。

```
int a[5] = {0, 0, 0, 0, 0};       /* 把所有元素都初始化为0 */
```

但是，在给出了“{}”形式的初始值的数组声明中，**没有被赋予初始值的元素会被初始化为** 0。因此如果我们像下面这样声明的话，*a*[1] 之后没有被赋予初始值的所有元素都会被初始化为 0。这样看上去会更简洁一些。

```
int a[5] = {0};                   /* 把所有元素都初始化为0 */
```

►对有静态存储期（5-3 节）的数组（包括在函数外定义的数组和在函数内加上 **static** 定义的数组）而言，即使不赋予该数组初始值，所有的元素也都会被初始化为 0。

在赋予了初始值的数组的声明中，可以**省略元素个数**。

```
int a[] = {1, 2, 5};              /* 省略元素个数 */
```

此时根据初始值的个数，数组 *a* 的元素个数被视为 3 个。也就是说，上面的声明和下面的声明是一样的。

```
int a[3] = {1, 2, 5};
```

另外，如果初始值的个数超过了数组的元素个数，程序就会报错。

```
int a[3] = {1, 2, 3, 5};          /* 错误：初始值太多了 */
```

此外，初始值 {1, 2, 3} 不能作为右侧表达式用于赋值，因此以下赋值会导致程序报错。

```
int a[3];
a = {1, 2, 3};                        /* 错误: 不能这样赋值*/
```

▶关于初始值我们还会在后面的章节继续学习。

获取数组的元素个数

List 1-8 在声明数组以前把该数组的元素个数定义成了宏。

在一些不太适合用宏定义元素个数的情况下，首先要声明数组，再求元素个数。

求数组元素个数最常用的方法是使用 **sizeof** 运算符，List 1-9 中的程序就采用了这个方法。

List 1-9 chap01/array.c

```
/* 显示数组的元素个数和各个元素的值 */

#include <stdio.h>

int main(void)
{
    int i;
    int a[] = {1, 2, 3, 4, 5};
    int na = sizeof(a) / sizeof(a[0]);    /* 元素个数 */

    printf("数组a的元素个数是%d。\n", na);

    for (i = 0; i < na; i++)
        printf("a[%d] = %d\n", i, a[i]);

    return 0;
}
```

运行结果

```
数组a的元素个数是5。
a[0] = 1
a[1] = 2
a[2] = 3
a[3] = 4
a[4] = 5
```

如 Fig.1-14 所示，通过 **sizeof**(*a*) 可求出数组的大小，通过 **sizeof**(*a*[0]) 则可求出各个元素的大小。

int 型的大小根据编程环境的不同而有所不同，但通过 **sizeof**(*a*) / **sizeof**(*a*[0]) 求出的值是数组的元素个数，跟 **int** 型的大小无关。例如，如果 **int** 型是 2 字节，那么 **sizeof**(*a*) 就是 10，**sizeof**(*a*[0]) 就是 2，因此可求出元素个数等于 10 / 2，也就是 5。此外，如果 **int** 型是 4 字节，那么通过计算 20 / 4，可得到元素个数仍为 5。

数组的元素个数

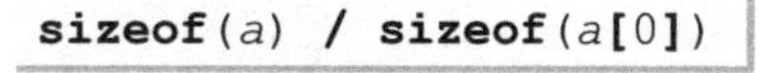

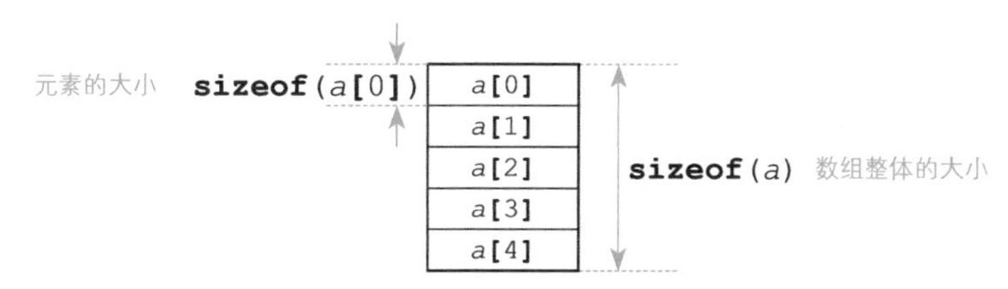

● Fig.1-14 求数组元素个数的表达式

由前文可知，变量 *na* 会被初始化为数组 *a* 的元素个数 5。如果把数组 *a* 的声明进行如下变更，那么变量 *na* 就会被初始化为 6。实际的运行示例也是如此（如右图所示）。

```
数组a的元素个数是6。
a[0] = 1
a[1] = 3
a[2] = 5
a[3] = 7
a[4] = 9
a[5] = 11
```

```
int a[] = {1, 3, 5, 7, 9, 11};
```

不需要随着初始值的增减去**修改程序的其他地方**。

▶有些教材介绍的是采用 **sizeof**(*a*) **/ sizeof**(**int**) 而非 **sizeof**(*a*) **/ sizeof**(*a***[**0**]**) 来求数组元素个数的方法，但这种方法并不可取。

各位想象一下，如果因为某种原因要变更元素类型的话，那我们该怎么办？假设“因为要存入数组元素中的数值超出了 **int** 型的范围，所以需要将元素类型变更成 **long** 型”，在这种情况下，就必须把表达式 **sizeof**(*a*) **/ sizeof**(**int**) 改成 **sizeof**(*a*) **/ sizeof**(**long**)。

采用表达式 **sizeof**(*a*) **/ sizeof**(*a***[**0**]**) 就不必考虑元素类型。

小结

增量运算符和减量运算符

对操作数的值进行增量操作的增量运算符“**++**”，以及对操作数的值进行减量操作的减量运算符“**--**”都包括前置形式和后置形式。前置形式会在对表达式进行求值之前对操作数进行增量或减量操作，后置形式则会在对表达式进行求值之后再对操作数进行增量或减量操作。

数组

数组是一种将同一类型的元素排成一列的数据结构。声明数组时需要赋予数组元素类型和元素个数。此时元素个数必须是一个常量表达式。我们在访问各个元素时使用下标运算符“**[]**”，第一个元素的下标是 0。

数组的初始值的形式是对应各个元素把初始值按照顺序依次排列并用逗号“,”一一隔开，再用“{}”把它们括起来。

```
int a[] = {1, 2, 3};
```

数组的元素个数

一般情况下，即使我们不进行声明，也需要知道数组的元素个数，大家可以像下面这样声明。

① 事先用对象宏定义元素个数。

```
#define NA 7                /* 先定义数组a的元素个数 */
int a[NA];
```

② 声明数组后获取元素个数。

```
int a[7];
int na = sizeof(a) / sizeof(a[0]);      /* 后获取数组a的元素个数 */
```

✍ 自由演练

建议大家不要满足于读懂本书中的程序，还要试着解答下述问题，自己来设计和开发程序，锻炼自己的编程能力。

* 因为是自由演练，所以没有答案。

练习 1-1

编写一个“抽签”的程序，生成 0~6 的随机数，根据值来显示“大吉”“中吉”“小吉”“吉”“末吉”“凶”“大凶”。

练习 1-2

把上一练习中的程序加以改良，使求出某些运势的概率与求出其他运势的概率不相等（例如可以把求出“末吉”“凶”“大凶”的概率减小）。

练习 1-3

编写一个“猜数游戏”，让目标数字是一个在-999 和 999 之间的整数。

同时还需思考应该把玩家最多可输入的次数定在多少合适。

练习 1-4

编写一个“猜数游戏”，让目标数字是一个在 3 和 999 之间的 3 的倍数（例如 3, 6, 9, …, 999）。编写以下两种功能：一种是当输入的值不是 3 的倍数时，游戏立即结束；另一种是当输入的值不是 3 的倍数时，不显示目标数字和输入的数值的比较结果，直接让玩家再次输入新的数值（不作为输入次数计数）。

同时还需思考应该把玩家最多可输入的次数定在多少合适。

练习 1-5

编写一个“猜数游戏”，不事先决定目标数字的范围，而是在运行程序时才用随机数决定目标数字。打个比方，如果生成的两个随机数是 23 和 8124，那么玩家就需要猜一个在 23 和 8124 之间的数字。

另外，根据目标数字的范围自动（根据程序内部的计算）选定一个合适的值，作为玩家最多可输入的次数。

练习 1-6

编写一个“猜数游戏”，让玩家能在游戏开始时选择难度等级，比如像下面这样。

请选择难度等级 (1)1 ~ 9 (2)1 ~ 99 (3)1 ~ 999 (4)1 ~ 9999:

练习 1-7

使用 List 1-8 的程序时，即使玩家所猜数字和正确答案的差值是 0，输入记录的显示结果也会带有符号，这样不太好看。请大家改进一下程序，让差值 0不带符号。

练习 1-8

把 List 1-8 里的 **do** 语句改写成 **for** 语句。

第 2 章

专注于显示

本章要编写的程序是“字幕”和“心算训练”。我们将通过编写一个能操纵时间、能消去和移动字符的程序，来学习各种有关时间和显示的技巧。

本章主要学习的内容

- 转义字符
- 警报符
- 换行符和回车符
- 退格符
- tab
- 引号
- 消除或改写已显示的字符
- 暂停处理一段时间
- 计算处理时间
- 类型转换
- 字符串
- 空字符
- typedef 声明
- 格式化输入 / 输出

⊙ clock_t 型
⊙ clock 函数
⊙ printf 函数
⊙ putchar 函数
⊙ scanf 函数
⊙ strlen 函数
⊙ CLOCKS_PER_SEC

2-1 熟练运用转义字符

灵活应用转义字符可以实现各种各样的显示效果，例如让画面上的字符消失或移动等。本节的目标就是让大家成为运用转义字符的高手。

转义字符

转义字符[①]（escape sequence）是一种通过在字符开头加上反斜杠“****”来表示单个字符的方法，大体如 Table 2-1 所示。

首先我们来学习如何熟练运用这些转义字符。

● Table 2-1 转义字符

简单转义字符（simple escape sequence）		
`\a`	警报符（alert）	发出听觉上或视觉上的警报
`\b`	退格符（backspace）	将当前位置移到前一列
`\f`	换页符（form feed）	换页，将当前位置移到下一页开头
`\n`	换行符（new line）	换行，将当前位置移到下一行开头
`\r`	回车符（carriage return）	将当前位置移到本行开头
`\t`	水平制表符（horizontal tab）	将当前位置移动到下一个水平制表位置
`\v`	垂直制表符（vertical tab）	将当前位置移动到下一个垂直制表位置
`\\`	字符 \	
`\?`	字符 ?	
`\'`	字符 '	
`\"`	字符 "	
八进制转义字符（octal escape sequence）		
`\ooo`	*ooo* 是 1 到 3 位的八进制数	八进制数，值为 *ooo* 的字符
十六进制转义字符（hexadecimal escape sequence）		
`\xhh`	*hh* 是任意位数的十六进制数	十六进制数，值为 *hh* 的字符

▶转义字符虽然由两个及两个以上的字符构成，但它所表示的是单个字符。

① 也称为转义序列。——译者注

\a：警报符

输出警报符 **\a** 后，系统会发出**听觉上或视觉上的警报**。事实上在大多数环境下发出的是“蜂鸣音”（也有某些环境不发出声音，只令画面闪烁）。

此外，即使输出警报符，也不会变更**当前显示位置**（控制台画面中**光标**所在的位置）。

▶本书中用♪来表示警报符的输出结果，大家应该还记得吧（1-1 节）。

\n：换行符

输出换行符 **\n** 后，当前显示位置就会移动到**下一行的开头**。

List 2-1 是输出警报符和换行符的程序示例。

List 2-1　chap02/alert_newline.c

```
/* 输出警报符\a和换行符\n */

#include <stdio.h>

int main(void)
{
    printf("你好。\n初次见面。\n");
    printf("\a警告。\n\n");
    printf("\a\a这次是第2次警告。\n");

    return 0;
}
```

运行结果

```
你好。
初次见面。
♪警告。

♪♪这次是第2次警告。
```

因为在“你好。”后面输出了换行符 **\n**，所以“初次见面。”会在下一行显示，请参照 Fig.2-1。

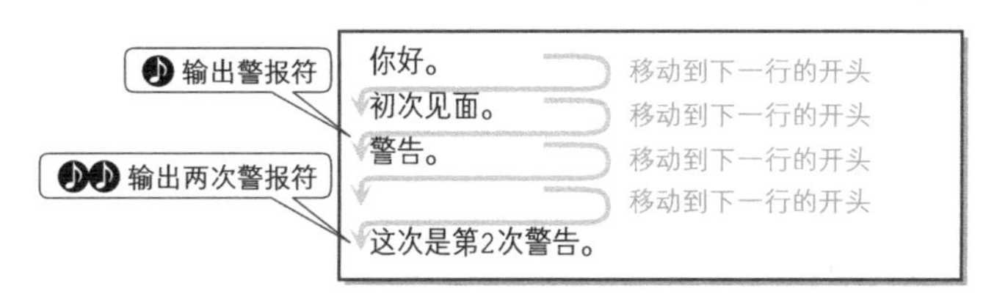

● Fig.2-1　警报符 \a 和换行符 \n 的动作

在第 2 次显示的字符串的末尾有两个连续的换行符，因此最后输出的“这次是第 2 次警告。”会跟前面的内容空一行显示。

▶利用连续的换行符输出空行的技巧，我们在第 1 章的“猜数游戏”中也曾用到过。

\f：换页符

输出换页符 **\f** 后，当前显示位置就会移动到**下一个逻辑页面的开头位置**。在一般环境下，即使往控制台画面输出换页符，也不会发生任何事情。

在打印输出需要换页时会用到换页符。

\b：退格符

输出退格符 **\b** 后，当前显示位置就会移动到**当前所在行的前一个字符**。

▶并没有规定当前显示位置处于所在行的开头时输出退格符会怎么样，这是因为光标在某些环境下回不到前一行（上一行）。

List 2-2 所示为通过退格符来制造**带有动画显示效果**的例子。我们先来运行一下。刚开始显示出了字符串 "ABCDEFG"，接下来每隔一秒都会有一个字符从字符串的末尾消失，等全部字符消失后程序就结束了。

List 2-2 chap02/backspace.c

```
/* 退格符\b的使用示例：每隔1秒消去1个字符 */

#include <time.h>
#include <stdio.h>

/*--- 等待x毫秒 ---*/
int sleep(unsigned long x)
{
    clock_t c1 = clock(), c2;

    do {
        if ((c2 = clock()) == (clock_t)-1) /* 错误 */        ―1
            return 0;
    } while (1000.0 * (c2 - c1) / CLOCKS_PER_SEC < x);
    return 1;
}

int main(void)
{
    int i;

    printf("ABCDEFG");

    for (i = 0; i < 7; i++) {
        sleep(1000);                /* 每隔1秒 */          ―2
        printf("\b \b");            /* 从后面逐个消除字符 */
        fflush(stdout);             /* 清空缓冲区 */        ―3
    }

    return 0;
}
```

运行示例

ABCDEFG →(1秒) ABCDEF →(1秒) ABCDE →(1秒) ABCD →(1秒) ABC →(1秒) AB →(1秒) A →(1秒)

1的 *sleep* 函数用来让程序**只等待** *x* **毫秒**（停止处理）。如果像2那样调用 *sleep*(1000)，那么约 1 秒后就能返回到调用方。

我们会在 2-2 节详细学习这个函数，在此之前大家只需记住“只要调用 *sleep*(*x*)，就能让程序只等待 *x* 毫秒”即可。

下面我们来研究一下 **main** 函数。首先程序显示出 "ABCDEFG"，然后通过 **for** 语句使程序每隔 1 秒输出 1 次 "**\b \b**"，共 7 次。由此可知，输出 "**\b \b**" 后，**已经显示的字符中的末尾字符就会消失**。Fig 2-2 所示为消去字符的原理。

▶下图所示为 **for** 语句第一次循环中消去末尾字符 'G' 的情形。

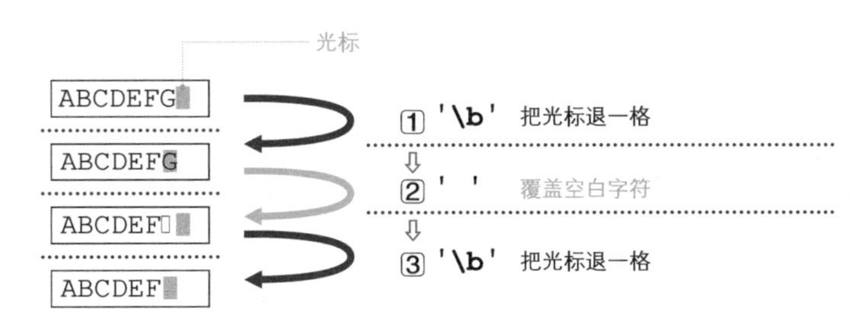

●Fig.2-2 通过退格符 \b 消去字符

字符串 "ABCDEFG" 显示出来的时候，光标位于字符 'G' 的后面。在此状态下，程序将按照以下顺序消除字符 'G'。

① 输出退格符 '**\b**'：把光标退一格，移动到 'G' 的位置。
② 输出空白字符 ' '：在字符 'G' 的位置上覆盖空白字符。
③ 输出退格符 '**\b**'：把光标退一格，移动到 'F' 后面。

虽然下了输出的命令，但结果并不会马上反映出来，因此才要在③中调用 ***fflush*** 函数来落实结果。

▶每次程序下达输出命令时，若把字符写入画面和文件，输出速度都不会很快。因此大多数编程环境都会把要输出的字符暂时放到“缓冲区”（数据临时储藏库）里，在“接到输出换行字符的指示”或“缓冲区已满”等条件下再实际输出这些字符。

因此，即使在程序中输出 "**\b \b**"，这 3 个字符也有可能依然存放在缓冲区。为了确保能消除字符，需要强制刷新（清空）缓冲区里的内容，为此需要调用 ***fflush*** 函数（也有些环境无需调用此函数，但是省略这步操作后，字符会不会马上消失将取决于操作环境）。

关于流、缓冲区以及 ***fflush*** 函数我们会在第 9 章中详细学习。

消除末尾的字符 'G' 后，按照同样的步骤即可从后往前依次消掉字符 'F'、'E'……等 7 个字符都被消除了，程序也就结束了。

*

我们可以尝试改写一下程序，改变❷中赋给函数 *sleep* 的值 1000后，会发现 **字符消除的速度发生了变化**。

\r：回车符

输出回车符 **\r** 后，当前显示位置就会移动到**本行开头**。

灵活应用回车符，我们就能重写已经在画面上显示出来的字符，程序示例如 List 2-3 所示。

运行程序。3 个字符串 "My name is BohYoh."、"How do you do?" 以及 "Thanks." 会每隔 2 秒依次切换显示。

►这里的 *sleep* 函数和上一个程序中的相同。

List 2-3　　chap02/return.c

```
/* 回车符\r的使用示例：重写行 */

#include <time.h>
#include <stdio.h>

/*--- 等待x毫秒 ---*/
int sleep(unsigned long x)
{
    clock_t c1 = clock(), c2;

    do {
        if ((c2 = clock()) == (clock_t)-1) /* 错误 */
            return 0;
    } while (1000.0 * (c2 - c1) / CLOCKS_PER_SEC < x);
    return 1;
}

int main(void)
{
    printf("My name is BohYoh.");
    fflush(stdout);

    sleep(2000);
    printf("\rHow do you do?    ");
    fflush(stdout);

    sleep(2000);
    printf("\rThanks.           ");

    return 0;
}
```

运行示例

```
My name is BohYoh.
   ↓ 2秒
How do you do?
   ↓ 2秒
Thanks.
```

重写字符的原理很简单。只是使用回车符 **\r** 把光标返回到本行开头，再从开头显示其他的字符串，这样一来本行内容**看上去就像是**被重写了一样。

另外大家需要注意，上面的程序中用空白字符填补了第 2 次之后显示的字符串的结尾部分。其原因如 Fig.2-3 所示，如果新输出的字符串比原先显示的字符串短，那么原先显示的字符就不会消失，始终留在原位。

▶在打印输出的时候使用回车符，能够“覆盖打印”字符。例如，打印字符串 `"ABCD\r----"`，就会得到“`----`”。

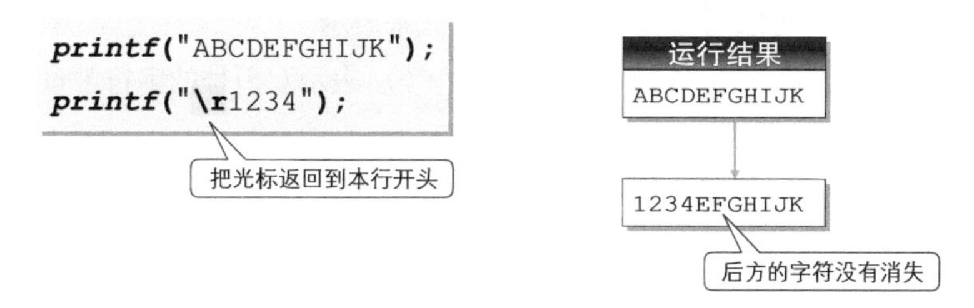

● Fig.2-3 运行回车符 \r时的注意事项

\t：水平制表符

输出水平制表符 **\t** 后，当前显示位置就会移动到本行的**下一个水平制表位置**。没有规定当前位置位于或超过本行最后的水平制表位置时程序该如何运作。

水平制表位置要取决于OS等环境。有些环境把水平制表位置设定在距每行开头8位的地方，其运行示例如 Fig.2-4①所示。还有些环境把水平制表位置设定在距每行开头 4 位的地方，这种情况下就会得到如②所示的运行示例。

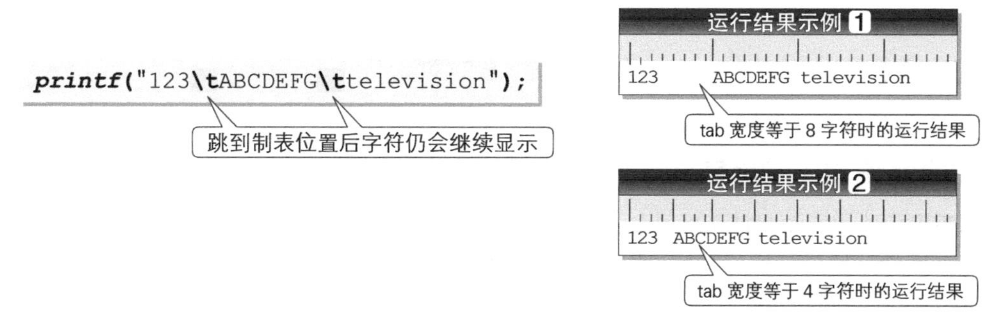

● Fig.2-4 水平制表符 \t 的运行

▶第 9 章会教大家编写一个方便实用的程序，来实现文件内的制表符与空白字符互相转换。

\v：垂直制表符

输出垂直制表符 **\v** 后，当前显示位置就会移动到**下一个垂直制表位置中最开始的位置**。没有规定当前位置位于或超过本行最后的垂直制表位置时程序该如何运作。

垂直制表符 **\v** 和换页符 **\f** 一样，**都主要在打印输出时使用**。

\' 和 \"：单引号和双引号

表示单引号和双引号的转义字符分别是 **\'** 和 **\"**。

在字符串常量中，双引号必须用 **\"** 来表示，因此表示字符串 AB"C 的字符串常量就是 "AB**\"**C"。另外，单引号可以用 ' 和 **\'** 这两种方式来表示。

表示单引号的字符常量写为 '**\'**'（不能写为 '''）。表示双引号的字符常量则可以写为 '"' 或 '**\"**'。

List 2-4 所示为使用了这些转义字符的程序。

List 2-4　　chap02/quotation.c

```
/* 转义字符\'和\"的使用示例 */

#include <stdio.h>

int main(void)
{
    printf("关于字符串常量和字符常量。\n");

    printf("双引号");
    putchar('"');                                          /* 可以用\" */
    printf("用双引号括起来的\"ABC\"是字符串常量。\n");     /* 不可以用" */

    printf("单引号");
    putchar('\'');                                         /* 不可以用' */
    printf("用单引号括起来的'A'是字符常量。\n");           /* 可以用\' */

    return 0;
}
```

运行结果

```
关于字符串常量和字符常量。
用双引号括起来的"ABC"是字符串常量。
用单引号括起来的'A'是字符常量。
```

▶蓝色阴影部分是转义字符，灰色阴影部分是一般的字符。

putchar 函数：输出字符

本程序中输出字符时使用的是 ***putchar*** 函数，此函数用于显示已被赋给了参数的字符。

	putchar
头文件	**#include** <stdio.h>
格式	**int *putchar*(int** *c*);
功能	作为第 2 实参，等价于指定了 stdout 的 ***putc*** 函数
返回值	返回写入的字符。一旦发生写入错误，就设置该流的错误指示符并返回 **EOF**

▶关于 ***putc*** 函数、stdout、**EOF**，我们会在第 9 章学习。

\?：问号符

表示问号的转义字符是 **\?**。因为可以不用 **\?** 而只用 ?，所以基本上没什么人使用这个转义字符。

▶会出现转义字符 `\?` 是因为考虑到某些键盘上没有“?”的情况。

\\：反斜杠字符

我们用转义字符 `\\` 来表示反斜杠字符 \。

八进制转义字符和十六进制转义字符

用八进制数和十六进制数的编码来表示字符的就是**八进制转义字符**和**十六进制转义字符**。前者用 1 到 3 位的八进制数来表示，后者则用任意位数的十六进制数来表示。

例如，在 ASCII 编码和 GB2312 编码体系中，因为数字字符 `'0'` 的字符编码换算成十进制数是 48，所以用八进制转义字符可以表示为 `'\60'`，用十六进制转义字符则可以表示为 `'\x30'`。

▶这些转义字符在不同的编码系统环境下会被解释成不同的字符，因此不能草率使用。

小结

转义字符是一种通过在字符开头加上反斜杠“\”来表示单个字符的表示方法。

警报符 \a

发出警报。在大多数环境下发出的是“蜂鸣音”。

换行符 \n

将光标移到下一行的开头。连续输出 2 次能够输出空行。

退格符 \b

将光标往后退一格。输出 `"\b \b"` 能够消除最后一个字符。

回车符 \r

将光标移到本行开头。要重写本行已显示的字符时，可输出回车符 `\r`，然后直接输出想重写的内容。

引号

字符常量：表示单引号必须使用 `\'`，表示双引号可以用 `"` 或 `\"`。

字符串常量：表示双引号必须使用 `\"`，表示单引号可以用 `'` 或 `\'`。

八进制转义字符和十六进制转义字符

用编码表示字符（不同编码系统环境间不存在可移植性）。

2-2 操纵时间

如果能随意操纵时间，那么就能选择在某个时间点显示动态画面。下面我们来学习一下这个技巧。

clock 函数：获取程序启动后经过的时间

我们来编写一个能够操纵时间，显示动态画面的程序。

首先请运行 List 2-5 的程序。程序每隔 1 秒会逐个倒数：10, 9, …，数到 0 的时候会响起警报，同时画面上出现 "FIRE!!"。而且在程序结束之前，画面上还会显示出程序开始运行后经过了多长时间。

List 2-5 chap02/countdown.c

```c
/* 倒计时后显示程序运行时间 */

#include <time.h>
#include <stdio.h>

/*--- 等待x毫秒 ---*/
int sleep(unsigned long x)
{
    clock_t c1 = clock(), c2;

    do {
        if ((c2 = clock()) == (clock_t)-1)      /* 错误 */
            return 0;
    } while (1000.0 * (c2 - c1) / CLOCKS_PER_SEC < x);
    return 1;
}

int main(void)
{
    int     i;
    clock_t c;

    for (i = 10; i > 0; i--) {                  /* 倒数 */
        printf("\r%2d", i);
        fflush(stdout);
        sleep(1000);                            /* 暂停1秒 */
    }
    printf("\r\aFIRE!!\n");

    c = clock();
    printf("程序开始运行后经过了%.1f秒。\n",
                         (double)c / CLOCKS_PER_SEC);

    return 0;
}
```

运行结果

```
10 → 9 → 8 → 7 → 6 → 5 → 4 → 3 → 2 → 1 （每隔1秒）
♪FIRE!!
程序开始运行后经过了10.1秒。
```

本程序中使用的 ***clock*** 函数用来求**程序开始运行后经过的时间**。

	clock
头文件	**#include** <time.h>
格式	**clock_t *clock*(void);**
功能	求处理器调用某个进程所花费的时间
返回值	从定义与程序启动相关的编程环境的时间点起，用处理系统的最佳逼近[1]返回程序占用处理器的时间。为了以秒为计量单位，必须用本函数的返回值除以 **CLOCKS_PER_SEC** 宏的值。如果无法获取处理器调用该进程所花费的时间，或无法显示数值，就返回值 **(clock_t)**-1

可以使用 <time.h> 头文件把返回值的类型 **clock_t** 型定义为**等同于算数型**（专栏 2-1）。

clock_t

```
typedef unsigned clock_t;     /* 定义示例：类型根据编程环境不同而有所差别 */
```

▶以上是在将 **clock_t** 等同于 **unsigned** 型的编程环境中的定义示例。**clock_t** 型等同于哪种类型（**unsigned**、**unsigned long**……）要取决于编程环境。

专栏 2-1 typedef 声明

typedef 声明用于声明一个新的类型名来代替原有的类型名（并不是创造了一个新的类型）。例如下列声明赋予了原类型 *a* 一个新的类型名 *b*。

```
typedef a  b;      /* 把新类型名b赋给原类型a */
```

当给出了正文中所示的 **clock_t** 型的 **typedef** 声明时，**clock_t** 型就等同于 **unsigned** 型。此时，List 2-5 的 **main** 函数中变量 *c* 的声明可以改成下面这种形式。

```
unsigned c;
```

但是这个声明存在以下缺点。

- **难以理解变量的用途**

弄不清楚变量 *c* 是被用作（一般的）无符号整数，还是用于表示时间（时钟）。

- **影响程序的可移植性**

在某些编程环境中 **clock_t** 型并不等同于 **unsigned** 型，程序在这些编程环境中不一定能顺畅运行，因此在往那些 **clock_t** 型等同于 **unsigned long** 型的编程环境中移植时，必须像下面这样重写声明。

```
unsigned long c;
```

---

① 最佳逼近：best approximation，最小的逼近偏差。——译者注

除此之外，因为不同的硬件和 OS 会导致时钟的精确度也不同，所以 **clock_t** 型表示数值的单位也取决于编程环境，因此通常用 <time.h> 头文件定义 **CLOCKS_PER_SEC** 这一对象宏。**CLOCKS_PER_SEC** 直接翻译过来就是 **"每秒的时钟数"**。如果时钟的精确度在 0.001 秒，那么 1 秒内就有 1000 个时钟，这个宏的值就定义为 1000。

CLOCKS_PER_SEC

```
#define CLOCKS_PER_SEC 1000  /* 定义示例：值根据编程环境的不同而有所差别 */
```

在程序开始运行后的 2.5 秒调用 ***clock*** 函数，就会如 Fig.2-5 那样返回 2500，把这个值除以 **CLOCKS_PER_SEC**，就可得到以秒为单位的数值 2.5。

►用 **CLOCKS_PER_SEC** 把时钟数换算成秒数的方法是固定的，需要大家牢记。

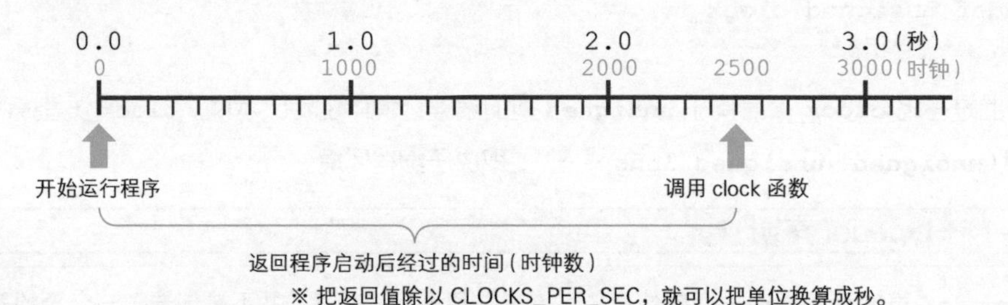

● Fig.2-5 clock 函数的运行和 CLOCKS_PER_SEC

本程序中用 1 位小数的实数值来表示程序启动后经过的秒数。

```
c = clock();
printf("程序开始运行后经过了%.1f秒。\n",
                                    (double)c / CLOCKS_PER_SEC);
```

阴影部分把 *c* **强制类型转换**（cast）成了 **double** 型，来求出经过的秒数（**专栏 2-2**），这是因为 **"整数 / 整数"** 的运算中会**舍去小数部分**。

另外，因为 ***clock*** 函数返回的值只用于求经过的时间，所以不加入变量 *c* 也能够实现（这样一来就不需要变量 *c* 了），如下所示。

```
printf("程序开始后经过了%.1f秒。\n",
                        (double)clock() / CLOCKS_PER_SEC);
```

专栏 2-2 强制类型转换

() 运算符称为**强制类型转换运算符**（cast operator），其使用形式如下所示。

（类型） 表达式

使用 **()** 运算符能把**表达式**的值转换成**类型**的值，这种**显式转换**[①] 就叫作**强制类型转换**（cast）。

顺带一提，英语 "cast" 所包含的含义非常多，及物动词 cast 有 "分配任务" "抛投" "转向" "计算" "使弯曲" "使扭曲" 等意思。

*

(int) 9.6 会将 **double** 型的浮点常数的值 9.6 强制转换成去掉小数部分的 **int** 型的 9（如 Fig.2C-1 的图a）。另外，**(double)** 5 则会把 **int** 型的整数常量 5 强制转换成 **double** 型的浮点数值 5.0（如图b）。

a 把double型的浮点数强制转换成int型

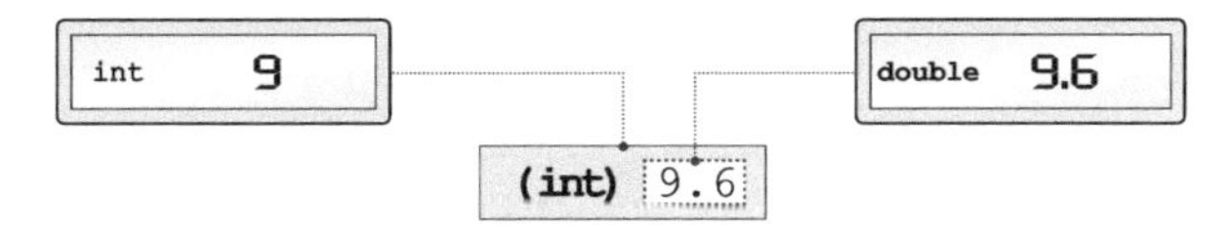

b 把int型的整数数值强制转换成double型

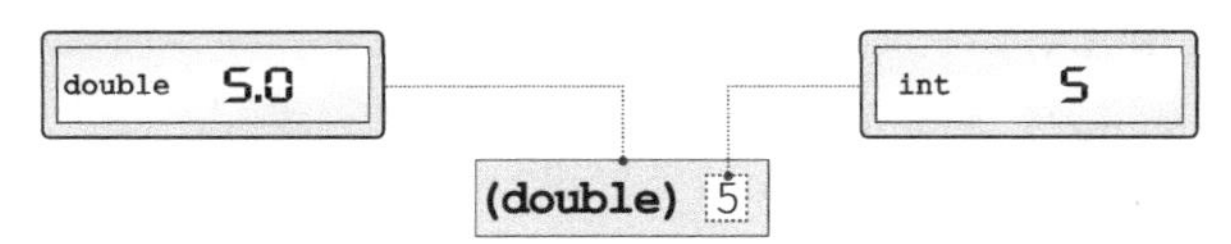

● Fig.2C-1 强制类型转换表达式的求值

举个具体的例子，假设有一个求 **int** 型变量 *x* 和 *y* 的平均值的表达式。*x* 的值为 4，*y* 的值为 3，我们来比较一下进行强制类型转换和不进行强制类型转换这两种情况。

- (*x* **+** *y*) **/** 2

因为加法和除法都是整数之间的运算，所以该表达式的结果也是整数。如下所示，去掉小数点后面的数字，结果得 3。

7 **/** 2 → 3

- **(double)**(*x* **+** y) **/** 2

double 型和 **int** 型的算术运算在运算前会进行**隐式类型转换**，将 **int** 型的值转换成 **double** 型。这样一来，就变成在 **double** 型之间做除法运算，结果得 3.5。

(double)7 **/** 2 → 7.0 **/** 2 → 7.0 **/** 2.0 → 3.5

另外，如果把除数换成实数 2.0，就不用进行强制类型转换了。

(*x* **+** *y*) **/** 2.0 → 7 **/** 2.0 → 7.0 **/** 2.0 → 3.5

---

① 一般情况下，编译系统会自动转换数据的类型，但如果程序要求一定要将某一类型的数据转换为另外一种类型，则可以利用强制类型转换运算符进行转换，这种强制转换过程称为显式转换。——译者注

计算处理所需的时间

讲完了如何计算程序启动后经过的时间，下面来教大家如何计算**处理特定部分所需要的时间**。

“心算训练”程序如 List 2-6 所示。看上去很简单，**但实际运行起来可能就没那么容易了**。

我们来试着运行一下。提示的问题是要把 3 个三位数的整数相加。输入正确答案后，画面上会显示出解题总共花了多少时间。

▶因为程序不接受错误答案，所以在回答正确之前程序都不会结束。

List 2-6　　chap02/mental.c

```c
/* 心算训练（连加3个三位数的整数）*/

#include <time.h>
#include <stdio.h>
#include <stdlib.h>

int main(void)
{
    int a, b, c;                    /* 要进行加法运算的数值 */
    int x;                          /* 已读取的值 */
    clock_t start, end;             /* 开始时间・结束时间 */
    double req_time;                /* 所需时间 */

    srand(time(NULL));              /* 设定随机数的种子 */

    a = 100 + rand() % 900;         /* 生成100~999的随机数 */
    b = 100 + rand() % 900;         /*          〃          */
    c = 100 + rand() % 900;         /*          〃          */

    printf("%d + %d + %d等于多少：", a, b, c);

    start = clock();                /* 开始计算 */

    while (1) {
        scanf("%d", &x);
        if (x == a + b + c)
            break;
        printf("\a回答错误!! \n请重新输入：");
    }

    end = clock();                  /* 计算结束 */

    req_time = (double)(end - start) / CLOCKS_PER_SEC;

    printf("用时%.1f秒。\n", req_time);

    if (req_time > 30.0)
        printf("花太长时间了。\n");
    else if (req_time > 17.0)
        printf("还行吧。\n");
    else
        printf("真快啊。\n");

    return 0;
}
```

在处理前后调用clock函数

❶

处理所需的时间

运行示例

```
535 + 236 + 987等于多少：1757↵
♪回答错误!!
请重新输入：1758↵
用时35.2秒。
花太长时间了。
```

首先来理解1中的 **while** 语句。这个 **while** 语句是为了不接受错误答案而设置的循环。因为控制表达式是 1，所以循环会一直进行下去。当玩家回答正确时，程序会通过 **break** 语句强制中断 **while** 语句的循环。

如果不想使用 **break** 语句，也可以像下面这样通过 **do** 语句来中断循环。

```
do {
    scanf("%d", &x);
    if (x != a + b + c)
        printf("\a回答错误!!\n请重新输入: ");
} while (x != a + b + c);
```

但是这样一来，程序就会在上面两处阴影部分进行两次相同的判断。

*

想求出某项处理所需的时间，只要求出这项处理的开始时间和结束时间的“差”即可。

于是，如 Fig.2-6 所示，在处理前后调用 ***clock*** 函数。本程序把开始处理时的 ***clock*** 函数的返回值存入 *start* 中，把处理结束时的 ***clock*** 函数的返回值存入 *end* 中。这样一来，就可以用 *end* 减去 *start* 来求出处理所需的时间。

不过，由于这个值的单位是时钟数，因此需要除以 **CLOCKS_PER_SEC 换算成以秒为单位的数值**。

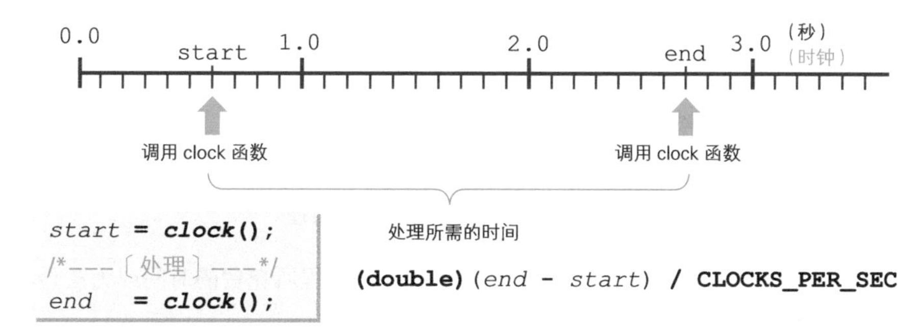

● Fig.2-6　计算处理所需的时间

心算所需时间存放在 **double** 型变量 *req_time* 中，程序会根据这个值来选择显示“花太长时间了。”“还行吧。”“真快啊。”，随后结束运行。

暂停处理一段时间

本章的几个程序（如 List 2-2 等）中，为了将处理暂停一段时间，使用了如 List 2-7 所示的 *sleep* 函数。

List 2-7　chap02/sleep.c

```
/*--- 等待x毫秒 ---*/
int sleep(unsigned long x)
{
    clock_t c1 = clock(), c2;

    do {
        if ((c2 = clock()) == (clock_t)-1) /* 错误 */
            return 0;
    } while (1000.0 * (c2 - c1) / CLOCKS_PER_SEC < x);
    return 1;
}
```

函数开始后经过的时间（毫秒）

让我们结合 Fig.2-7 来了解这个函数的结构。

首先程序一开始调用了 ***clock*** 函数，把程序启动后经过的时间存入 *c1*，然后运行 **do** 语句，在每次循环时调用 ***clock*** 函数，把获取的数值赋给 *c2*。

程序的阴影部分**以毫秒为单位**表示 *sleep* 函数开始运行后经过的时间。当这个数值大于等于 *x* 时，通过 **do** 语句进行的循环就结束了。

这样就只花费了 *x* 毫秒的时间。

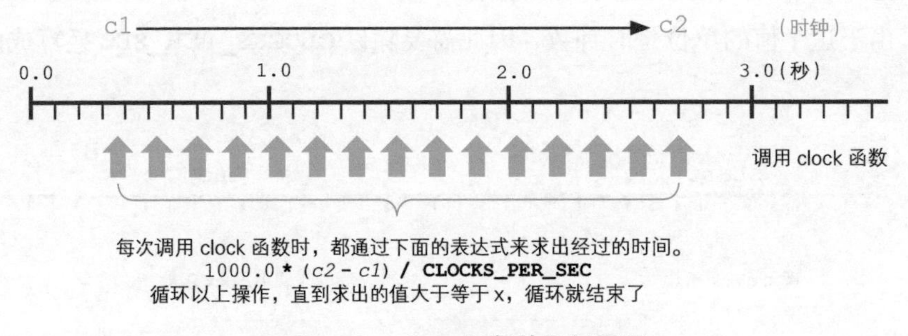

● Fig.2-7　sleep 函数的运行原理

如前文所示，***clock*** 函数“在无法获取处理器调用该进程所花费的时间或无法显示数值时，返回值 **(clock_t)**-1”。

▶这里返回的是把 **int** 型的整数值 -1 强制转换成 **clock_t** 型后的值，绝不是“**clock_t** 减去 1 后的值”。

当 ***clock*** 函数返回表示错误的 -1 时，*sleep* 函数会通过返回 0 来通知调用方发生了错误。

▶请大家注意，*sleep* 函数会占用 CPU。与其说“运行函数花了 *x* 毫秒的时间”，倒不如说“函数让 CPU 这个大脑持续运行了 *x* 毫秒”。

小结

获取程序启动后经过的时间

调用 ***clock*** 函数后，就能以 **clock_t** 型的数值形式获取程序启动后经过的时钟数。时钟的单位根据编程环境不同而有所差别，但都能通过除以 **CLOCKS_PER_SEC** 来换算成以秒为单位的数值。

然而，这样直接进行除法运算的话会舍去小数部分，因此求实数值时，需要将时间强制转换成 **double** 型，再进行 **(double)*clock*() / CLOCKS_PER_SEC** 的操作。

计算处理所需的时间

准备两个 **clock_t** 型的变量，分别保存 ***clock*** 函数在处理前和处理后的返回值。

```
clock_t start, end;          /* 开始时间・结束时间 */

start = clock();
/*---（处理）---*/
end   = clock();
```

此时的（处理）所需的时间是 *end* 减去 *start* 的时钟数。

把这个值除以 **CLOCKS_PER_SEC** 就能换算成以秒为单位的值。直接进行除法运算的话会舍去小数部分，所以想求出实数值的话，就必须将其强制转换成 **double** 型。

```
(double)(end - start) / CLOCKS_PER_SEC    /*（处理）所需的时间 */
```

变量名称随意，不用 *start* 和 *end* 也行。

暂停处理一段时间

事先准备并调用下面的 *sleep* 函数，参数的单位是毫秒。

```
/*--- 等待x毫秒 ---*/
int sleep(unsigned long x)
{
    clock_t c1 = clock(), c2;

    do {
        if ((c2 = clock()) == (clock_t)-1)     /* 错误 */
            return 0;
    } while (1000.0 * (c2 - c1) / CLOCKS_PER_SEC < x);
    return 1;
}
```

※ 因程序运行时间过长而导致数值无法用 **clock_t** 型表示，从而发生溢出时，采用上述方法可能无法得到期望的结果。

这种情况下就需要放弃以毫秒为单位，而采用秒为单位来进行处理（详见第 6 章）。

2-3 字幕显示

本节我们将编写一个能灵活操纵时间，让画面上的字符呈现动态的程序。

逐个显示并消除字符

在 List 2-8 所示的程序中，先是从前往后逐个显示字符，当所有字符显示完毕后再反过来从后往前逐个消去字符。我们实际运行一下。字符串看起来就像弹簧一样**重复进行着伸缩**。

*

本程序显示的字符串是笔者的名字 `"BohYoh Shibata"`。大家也可以把字符串换成自己的名字。

用于存放这个字符串的是数组 *name*，其元素类型是 **char** 型，元素个数是 15。

如 Fig.2-8 所示，每个元素 *name*[0]，*name*[1]，…，*name*[14] 从前往后依次被初始化为字符 'B'，'o'，'h'，…，'a'，'\0'，末尾的 **\0** 是表示字符串末尾的**空字符**（null character）。

▶关于字符串的初始化我们会在**专栏 2-3** 中学习。

● Fig.2-8　字符串的内部及其长度

strlen 函数：查询字符串的长度

变量 *name_len* 的初始值是函数调用表达式，被调用的 ***strlen*** 函数用于求字符串的长度（不包含空字符的字符数）。

	strlen
头文件	`#include <string.h>`
格式	`size_t strlen(const char *s);`
功能	计算 *s* 所指定的字符串的长度
返回值	返回表示末尾的空字符前面的字符的个数

数组 *name* 的元素个数是 15，字符串本身的“长度”不包括空字符，长度为 14，因此变量 *name_len* 就被初始化为 14。

▶关于返回值的类型 **size_t** 会在 5-1 节为大家讲解。

List 2-8 chap02/elastic.c

```
/* 逐个显示字符，待字符串显示完毕后，再从后往前逐个消去字符，反复执行此操作 */

#include <time.h>
#include <stdio.h>
#include <string.h>

/*--- 等待x毫秒 ---*/
int sleep(unsigned long x)
{
    /*--- 省略：与List 2-7中相同 ---*/
}

int main(void)
{
    int  i;
    char name[] = "BohYoh Shibata";          /* 要显示的字符串 */
    int  name_len = strlen(name);            /* 字符串name的字符数 */

    while (1) {       /* 无限循环 */
        for (i = 0; i < name_len; i++) {     /* 从开头开始逐个显示字符 */
            putchar(name[i]);
            fflush(stdout);
            sleep(500);
        }
        for (i = 0; i < name_len; i++) {     /* 从末尾开始逐个消去字符 */
            printf("\b \b");
            fflush(stdout);
            sleep(500);
        }
    }
    return 0;
}
```

由于篇幅有限，此处省略了函数的主体部分。
在此必须写入和 List 2-7 中一样的代码。

运行结果

❶的 **for** 语句把 *i* 的值从 0，1，…逐个递增，同时输出 *name*[*i*]。这样，数组 *name* 中存放的字符串中的字符 'B'，'o'，'h'，…，'a' 就会从前往后依次显示出来。

❷的 **for** 语句则通过显示 "\b \b" 从字符串末尾往前逐个消去字符，这项技巧大家已经在前面学习过了。

▶通过调用 *sleep* 函数，每隔 0.5 秒就会显示和消去一个字符，如果改变赋给 *sleep* 函数的值，字符伸缩的速度也会改变。

此外，这两个 **for** 语句因为外面有被 **while** (1) 括起来，所以会无限循环，需要强制结束程序。

▶可以通过以下步骤来强制结束程序。

- MS-Windows/MS-DOS 等：按下“Control”键的同时按下“C”键。
- UNIX 等：按下“Control”键的同时按下“D”键。

字幕显示（从右往左）

接下来要编写的程序能让字符串像字幕一样滚动显示。运行 List 2-9 的程序，字符串 "BohYoh" 会从右往左滚动显示。

►此程序和上一页的程序一样都会无限循环，所以想终止程序运行就需要强制结束程序。

List 2-9　　chap02/telop1.c

```
/* 用字幕显示名字（其一：从右往左滚动字符）*/

#include <time.h>
#include <stdio.h>
#include <string.h>

/*--- 等待x毫秒 ---*/
int sleep(unsigned long x)
{
    /*--- 省略：与List 2-7中相同 ---*/
}

int main(void)
{
    int  i;
    int  cnt = 0;                        /* 第几个字符在最前面 */
    char name[] = "BohYoh ";             /* 要显示的字符串 */      ← 空白字符
    int  name_len = strlen(name);        /* 字符串name的字符数 */

    while (1) {
        putchar('\r');                   /* 把光标移到本行开头 */

        for (i = 0; i < name_len; i++) {
            if (cnt + i < name_len)
                putchar(name[cnt + i]);              ―1
            else
                putchar(name[cnt + i - name_len]);   ―2
        }

        fflush(stdout);
        sleep(500);

        if (cnt < name_len - 1)
            cnt++;      ―3               /* 下次从后一个字符开始显示 */
        else
            cnt = 0;    ―4               /* 下次从最前面的字符开始显示 */
    }

    return 0;
}
```

运行结果

```
BohYoh → ohYoh B → hYoh Bo → Yoh Boh → oh BohY → h BohYo → BohYoh
  (每次间隔0.5秒，最后经0.5秒回到开头)
```

因为字符串常量 "BohYoh" 的末尾有空白字符，所以数组 name 的元素个数是 8（但是变量 name_len 的值是 7）。

本程序将上述字符串 "BohYoh" 从右往左按每隔 0.5 秒的速度循环滚动显示。我们结合 Fig.2-9 来理解其显示原理。

	要显示的字符	要显示的字符的下标
a	BohYoh␣	⓿①②③④⑤⑥
b	ohYoh␣B	❶②③④⑤⑥⓪
c	hYoh␣Bo	❷③④⑤⑥⓪①
d	Yoh␣Boh	❸④⑤⑥⓪①②
e	oh␣BohY	❹⑤⑥⓪①②③
f	h␣BohYo	❺⑥⓪①②③④
g	␣BohYoh	❻⓪①②③④⑤

● Fig.2-9 字幕显示中字符的显示过程（从右往左）

a 用于控制 **for** 语句的变量 *i* 的值在 0，1，…，6 之间变化。变量 *cnt* 的值是 0，经过 7 次循环后 **if** 语句的判断条件 *cnt* **+** *i* **<** *name_len* 必定成立。

执行 7 次后，程序会按顺序输出 *name*[0]，*name*[1]，…，*name*[5]，*name*[6]（也就是 'B'，'o'，…，'h'，' '），最终显示出 "BohYoh"。

然后通过 ***fflush*** 函数落实输出结果，通过 *sleep* 函数暂停 0.5 秒。因为后面的 **if** 语句的条件 *cnt* **+** *i* **<** *name_len* **-** 1 成立，所以通过 3，变量 *cnt* 的值被增量为 1。

▶图中的●中的数值是 *cnt* 的值。

b 通过回车符 **\r** 把光标返回到字符串开头后，运行 **for** 语句，执行 7 次循环。这次变量 *cnt* 的值是 1。前 6 次循环中，**if** 语句的判断条件 *cnt* **+** *i* **<** *name_len* 成立，运行 1，最后 1 次循环中，判断条件不成立，运行 2。最后程序输出的是 *name*[1]，*name*[2]，…，*name*[6]，*name*[0]，也就是 "ohYohB"。

接下来的步骤也一样。在 **for** 语句中把 *name*[*cnt*] 放到最前面，显示 7 个字符，然后通过 3 来对变量 *cnt* 的值进行增量操作。然而，在图 g 的显示结束后再对 *cnt* 进行增量的话，就会超过字符串末尾的下标，因此要通过 4 来让 *cnt* 的值返回到 0，然后再次回到图 a。

像上面这样循环把字符逐个移位并显示，就会产生字幕滚动般的显示效果。

字幕显示（从左往右）

我们把字幕的滚动方向反过来，变成“从左往右”。Fig.2-10 中采用了和前面一样的图来表示字符的移动。

	要显示的字符	要显示的字符的下标
a	BohYoh□	⓿ ① ② ③ ④ ⑤ ⑥
b	□BohYoh	❻ ⓪ ① ② ③ ④ ⑤
c	h□BohYo	❺ ⑥ ⓪ ① ② ③ ④
d	oh□BohY	❹ ⑤ ⑥ ⓪ ① ② ③
e	Yoh□Boh	❸ ④ ⑤ ⑥ ⓪ ① ②
f	hYoh□Bo	❷ ③ ④ ⑤ ⑥ ⓪ ①
g	ohYoh□B	❶ ② ③ ④ ⑤ ⑥ ⓪

显示字符

```
if (cnt + i < name_len)
    1 判断成立时显示的内容
else
    2 判断不成立时显示的内容
```

更新要显示的开头字符的下标cnt

```
if (cnt > 0)
    cnt--;                  ← 3
else
    cnt = name_len - 1;     ← 4
```

●Fig.2-10　字幕显示中字符的显示过程（从左往右）

在从右往左滚动字幕的程序中，开头字符的下标 *cnt*（●中的数值）如下循环（Fig.2-9）。

> 0 → 1 → 2 → 3 → 4 → 5 → 6 → 0 →⋯　　在从右往左滚动的字幕中，开头字符下标的变化

在从左往右滚动的字幕中，*cnt* 如下循环。

> 0 → 6 → 5 → 4 → 3 → 2 → 1 → 0 →⋯　　在从左往右滚动的字幕中，开头字符下标的变化

因此大家没有必要大幅度重写程序，只要把用于更新 *cnt* 值的 **if** 语句照 Fig.2-11 这样稍微改动一下即可。

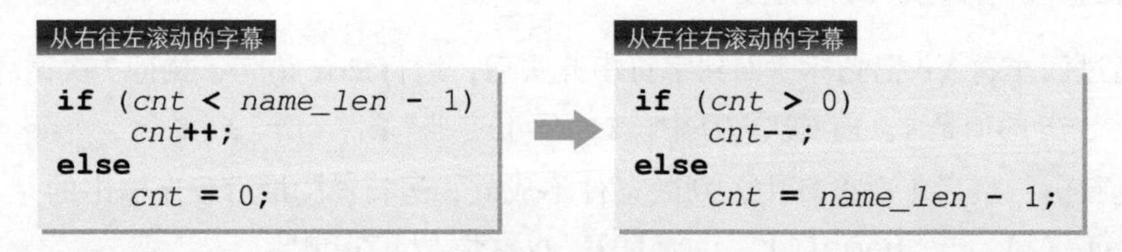

●Fig.2-11　如何在从右往左滚动的字幕和从左往右滚动的字幕中更新 cnt

更改代码，让每次显示时不再对 *cnt* 的值进行增量操作，而是对其进行减量操作（3）。不过 *cnt* 的值如果超过开头字符的下标 0 要变成 -1 时，它就会回到字符串末尾字符的下标 *name_len* -1，也就是 6（4）。

*

程序如 List 2-10 所示，我们来运行并检查一下程序的运行情况。

List 2-10 chap02/telop2.c

```
/* 用字幕显示名字（其二：从左往右滚动字符）*/

#include <time.h>
#include <stdio.h>
#include <string.h>

/*--- 等待x毫秒 ---*/
int sleep(unsigned long x)
{
    /*--- 省略：与List 2-7中相同 ---*/
}

int main(void)
{
    int  i;
    int  cnt = 0;                       /* 第几个字符在最前面 */
    char name[] = "BohYoh  ";           /* 要显示的字符串 */
    int  name_len = strlen(name);       /* 字符串name的字符数 */

    while (1) {
        putchar('\r');                  /* 把光标移到本行开头 */

        for (i = 0; i < name_len; i++) {
            if (cnt + i < name_len)
                putchar(name[cnt + i]);             ←1
            else
                putchar(name[cnt + i - name_len]);  ←2
        }

        fflush(stdout);
        sleep(500);                      只有这部分代码和之前的代码不同

        if (cnt > 0)
            cnt--;                   ←3
        else
            cnt = name_len - 1;      ←4     /* 下次从最前面的字符开始显示 */
    }

    return 0;
}
```

运行结果

```
BohYoh  →(0.5秒)→  BohYoh →(0.5秒)→ h BohYo →(0.5秒)→ oh BohY →(0.5秒)→ Yoh Boh →(0.5秒)→ hYoh Bo →(0.5秒)→ ohYoh B
(0.5秒后回到第一个)
```

2-4 格式输入输出

要想在C语言程序中显示信息，**printf**函数是不可或缺的，它是一个多功能的函数。下面就来学习一下有关**printf**函数的一些必须掌握的技巧。

把要显示的位数指定为变量

在下面的程序中，我们把数值的输入次数用数字字符1，2，…，0来表示，并把这些数字字符每次往右错一位。程序如List 2-11所示。

List 2-11 chap02/stair1.c

```
/* 把数字字符每次偏移1位显示（其一）*/

#include <stdio.h>

int main(void)
{
    int i, j;
    int x;          /* 要显示的行数 */

    printf("要显示多少行：");
    scanf("%d", &x);

    for (i = 1; i <= x; i++) {
        for (j = 1; j < i; j++)
            putchar(' ');          // 显示i -1个空白字符
        printf("%d\n", i % 10);
    }

    return 0;
}
```

运行示例

```
要显示多少行：13
1
 2
  3
   4
    5
     6
      7
       8
        9
         0
          1
           2
            3
```

在**for**语句中嵌套**for**语句，就形成了二重循环。

外侧的**for**语句把*i*的值从1逐渐递增到*x*，在本运行示例中，*i*的值从1递增到13。

内侧的**for**语句则将*j*的值从1开始逐渐递增，如果*j*的值比*i*小，则通过循环输出“*i* - 1个空白字符”，然后把*i*除以10，显示余数。

综上所述，程序整体的流程如下。

- *i*等于1时：显示0个空白字符后显示1 → 1
- *i*等于2时：显示1个空白字符后显示2 → □2
- *i*等于3时：显示2个空白字符后显示3 → □□3
- *i*等于4时：显示3个空白字符后显示4 → □□□4

⋮

如果是一个能熟练使用 ***printf*** 函数的高手，他就不需要二重循环，只靠一个 **for** 语句就能实现上述操作。相应的程序如 List 2-12 所示。

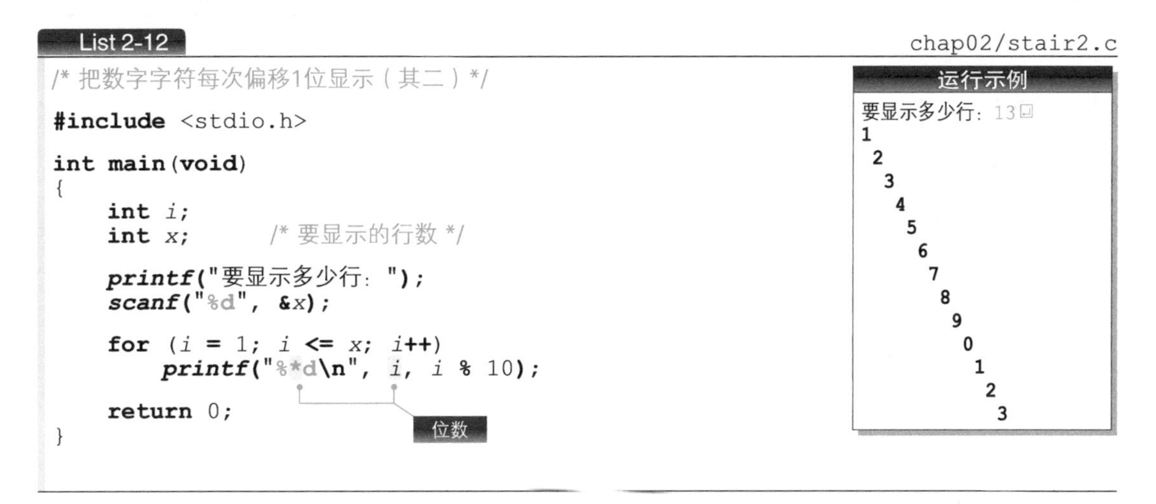

List 2-12 chap02/stair2.c

```c
/* 把数字字符每次偏移1位显示（其二）*/

#include <stdio.h>

int main(void)
{
    int i;
    int x;        /* 要显示的行数 */

    printf("要显示多少行：");
    scanf("%d", &x);

    for (i = 1; i <= x; i++)
        printf("%*d\n", i, i % 10);

    return 0;
}
```


请结合 Fig.2-12 来理解上述程序。图中的三项都采用十进制数来表示 **int** 型变量 *x* 的值，但是在指定位数这一点上却大相径庭。

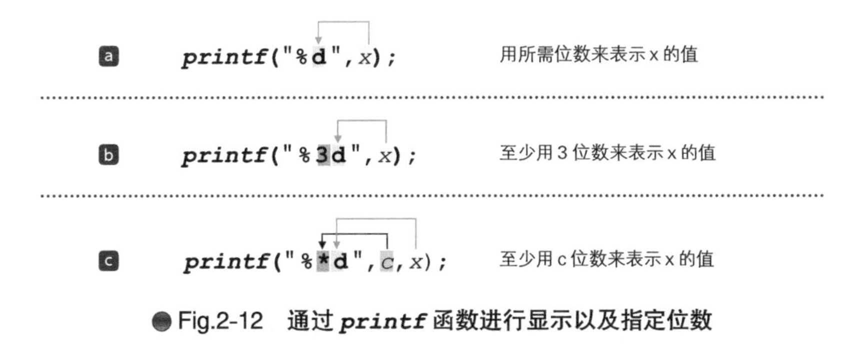

● Fig.2-12 通过 ***printf*** 函数进行显示以及指定位数

本程序中使用的技巧是图 c。在格式字符串中设置"*"，然后把"至少输出几位数"作为参数 *c*，这样一来输出 *x* 的值时，*x* 的值就是至少 *c* 位数的十进制数的形式。

▶在图 b 中，如果 *x* 超过了 3 位数，那么所有位数都会被输出（比如 *x* 是 12345 的话，就会用 5 位数来表示），在这点上图 c 也一样。*x* 的值如果超过了 *c* 位数，就得用超过 *c* 位的位数来表示。

在本程序中，我们把变量 *i* 的值除以 10后的余数用（至少）*i* 位数来表示，并循环执行此操作。

显示任意数量的空白字符

这项技巧也可以应用在别的程序中，如 List 2-13 所示。这是一个把 3 个两位数连续相加的心算训练程序，程序最后会显示出进行10次心算所需要的时间。

List 2-13 chap02/vision.c

```
/* 同时训练扩大水平方向视野的心算训练 */

#include <time.h>
#include <stdio.h>
#include <stdlib.h>

int main(void)
{
    int stage;
    int a, b, c;                 /* 要进行加法运算的数值 */
    int x;                       /* 已读取的值 */
    int n;                       /* 空白的宽度 */
    clock_t start, end;          /* 开始时间·结束时间 */

    srand(time(NULL));           /* 设定随机数的种子 */

    printf("扩大视野心算训练开始!!\n");
    start = clock();                     /* 开始计算 */

    for (stage = 0; stage < 10; stage++) {
        a = 10 + rand() % 90;            /* 生成10~99的随机数 */
        b = 10 + rand() % 90;            /*        〃         */
        c = 10 + rand() % 90;            /*        〃         */
        n = rand() % 17;                 /* 生成0~16的随机数 */

        printf("%d%*s+%*s%d%*s+%*s%d: ", a, n, "", n, "", b, n, "", n, "", c);

        do {
            scanf("%d", &x);
            if (x == a + b + c)
                break;
            printf("\a回答错误。请重新输入: ");
        } while (1);
    }

    end = clock();                       /* 计算结束 */

    printf("用时%.1f秒。\n", (double)(end - start) / CLOCKS_PER_SEC);

    return 0;
}
```

显示n个空白字符

运行示例

```
扩大视野心算训练开始!!
17     +     68     +     99: 184
25              +              94              +              34: 153
65 + 27 + 30: 122
39                  +                  35                  +                  49: 123
85     +      36     +     74: 195
98+28+64: 190
32     +     85     +     79: 196
98     +      15      +      75: 188
20  +  94  +  30: 144
66       +        92         +         43: 201
用时103.5秒。
```

在显示题目中的计算表达式时，数值间留有空白，因此本程序不仅可以训练玩家的心算能力，还有助于**扩大玩家水平方向上的视野**。

另外，我们把空白字符的个数 *n* 定为 0~16 的随机数。

如下所示，如果我们命令 **printf** 函数“至少用 *n* 位数来表示空的字符串”，程序就会显示 *n* 个空白字符。

```
printf("%*s", n, "");                /* 显示n个空白字符 */
```

本程序像下面这样应用了此技巧。

```
printf("%d%*s+%*s%d%*s+%*s%d: ", a, n, "", n, "", b, n, "", n, "", c);
```

这样一来，就在 *a*、*b*、*c* 三个数值与符号“+”之间设置了 *n* 个空白。

▶各阴影部分将会输出 *n* 个空白字符。

小结

输出时位数的调整

使用 **printf** 函数显示信息时，可以通过在格式字符串中设置“*”，并赋给“*”一个与其对应的参数，来指定要显示的位数。

下面是几个例子。

```
/* 1 至少用i位数表示123 */
for (i = 2; i < 5; i++)
    printf("%*d\n", i, 123);

/* 2 用6位数表示3.141592，小数点以后的位数用i位数表示 */
for (i = 2; i < 5; i++)
    printf("%*.*f\n", 6, i, 3.141592);

/* 3 在A和B之间显示i个空白字符 */
for (i = 0; i < 5; i++)
    printf("A%*sB\n", i, "");

/* 4 显示ABCDE的前i个字符 */
for (i = 0; i < 5; i++)
    printf("%.*s\n", i, "ABCDE");
```

运行示例

```
123      1 至少用2位数表示
123            3位
 123           4位
  3.14   2 小数点以后用2位表示
 3.142                 3位
3.1416                 4位
AB       3 显示0个空白字符
A B           1个
A  B          2个
A   B         3个
A    B        4个
         4 前0个字符
A             1个字符
AB            2个字符
ABC           3个字符
ABCD          4个字符
```

printf 函数：格式输出

下面是 ***printf*** 函数的规格。

	printf
头文件	`#include <stdio.h>`
格式	`int printf(const char *format, ...);`
功能	***printf*** 函数会把 *format* 后面的实际参数转换成字符序列格式，输出到标准输出流。这个转换是根据 *format* 指定的格式字符串内的指令进行的，格式字符串内可以不包含任何指令，也可以包含多个指令。未定义实际参数比格式字符串少时的行为。实际参数多于格式字符串时，只需对多余的实际参数求值然后便可忽略。 指令可分为以下两种。 ▪ % 以外的字符，不进行转换，直接复制到输出流。 ▪ 转换说明，对后面给出的 0 个以上的实际参数进行转换。 % 后面将依次出现下列的 (a) ~ (e)。 **(a) 转换标志 (flag)** （可省略） 使用字符 -、+、空格、# 以及 0 来修饰转换说明的含义。可以指定 0 个以上 (包含 0 个)，顺序随意。 - 使转换结果在字段内**左对齐**。未指定时默认右对齐。 + 在数值前面加上**正号**或**负号**完成带符号的转换。未指定时只对负值加负号。 空格 若带符号的转换结果不以符号开头或者字符数为 0，则在数值前面加上**空格**。 ▶若同时指定了空格标志和 + 标志，则空格标志无效。 # 对下列数值表记形式 (基数等) 进行格式转换。 **o 转换** 把开头的数字变成 0 (增加精度)。 **x, X 转换** 在数值前加前缀 0x (或是 0X) (当数值为 0 时不加)。 **e, E, f, g, G 转换** 无论小数点之后是否有数字，都加上小数点 (一般情况下只在小数点后有数字的情况下才加)。 **g, G 转换** 保留转换结果末尾的 0。 **其他转换** 未定义。 0 **d, i, o, u, x, X, e, E, f, g, G 转换** 用 0 而非空格填满字段宽度的左侧 (但是符号和基数要位于 0 的前面)。 **其他转换** 未定义。 ▶若同时指定了 0 标志和 - 标志，则 0 标志无效。 ▶若在 d, i, o, u, x, X 转换中指定了精度，则 0 标志无效。 **(b) 最小字段宽度 (field width)** （可省略） 可以用星号 "*" 或十进制整数表示字段宽度。 若转换结果的字符数小于最小字段宽度，则在左侧 (指定了 - 标志时则在右侧) 补上空格 (若没有指定 0 标志)，直到填满字段宽度。

（续）

printf

（c）精度（precision） （可省略）

在句点（.）后面加上星号“*”或十进制整数。省略十进制整数时，精度默认为0。对各类转换进行如下指定。

d, i, o, u, x 以及 X 转换

最小输出位数。

e, E, f 转换

小数点之后的输出位数。

g, G 转换

最大有效位数。

s 转换

从字符串中能输出的最大字符数。

▶用星号指定字段宽度和精度时，需要有相应的 **int** 型的实际参数（必须在要转换的实际参数之前）。当指定字符宽度的实际参数为负时，则解释为 - 标志前置的正的字符宽度，当指定精度的实际参数为负时，则解释为已省略精度。

（d）转换修饰符 （可省略）

可以用 **h**, **l** 或 **L** 中的任一字符表示。

h **d, i, o, u, x, X 转换**

指定对应的实际参数的类型为 **short** 型或 **unsignedshort** 型（实际参数会随着整型提升而被提升，在显示结果前先把数值转换回 **short** 型或 **unsigned short** 型）。

n 转换

指定对应的实际参数的类型为指向 **short int** 型的指针。

l **d, i, o, u, x, X 转换**

指定对应的实际参数的类型为 **long int** 型或 **unsigned long int** 型。

n 转换

功能

指定对应的实际参数的类型为指向 **long int** 型的指针。

L **e, E, f, g, G 转换**

指定对应的实际参数的类型为 **long double** 型。

▶未定义一起指定转换修饰符与上述以外的其他转换说明符时的行为。

（e）转换说明符 （可省略）

是指用于指定转换的各个字符，如 **d, i, o, u, x, X, f, e, E, g, G, c, s, p, n, %**。

d, i

将 **int** 型的实际参数转换成 [-]dddd 形式的带符号的十进制数。精度指定为应输出数字的最少个数。当转换后的数字个数（位数）少于指定精度时，在前面加 0 直到达到指定精度。缺省精度默认为 1。用精度 0 转换值 0 后的位数是 0。

o, u, x, X

将 **unsigned** 型的实际参数转换成 dddd 形式的无符号八进制数（**o**）、无符号十进制数（**u**），以及无符号十六进制数（**x** 或 **X**）。字符 abcdef 用于 **x** 转换，字符 ABCDEF 用于 **X** 转换。精度指定为应输出的最小位数。当转换后的位数少于指定精度时，在前面加 0 直到满足指定精度。缺省精度默认为 1。用精度 0 转换值 0 后的位数是 0。

f

把 **double** 型的实际参数转换成 [-]ddd.dddd 形式的十进制数。此时小数点后面的位数等于指定的精度。缺省精度默认为 6。当精度指定为 0，且没有指定 **#** 标志时，将不输出小数点。小数点之前至少有 1 个数字时才会输出小数点。这项转换还会根据位数适当地四舍五入。

e, E

把 **double** 型的实际参数转换成 [-]d.ddde±dd 形式的十进制数。此时在小数点前面输出 1 位数字（实际参数为 0 时除外，输出的都是 0 以外的数字），在小数点后面输出与指定精度相同位数的数字。缺省精度默认为 6。当精度指定为 0，且没有指定 **#** 标志时，不输出小数点。这项转换还会根据位数适当地四舍五入。指定 **E** 转换时，指数前面的字符是 **E** 而不是 **e**。指数通常至少显示 2 位。值为 0 时，指数的值为 0。

（续）

	printf
功能	**g, G** 根据指定了有效位数的精度，将 **double** 型的实际参数转换为 **f** 或 **e** 形式（指定 **G** 转换时为 **E** 形式）。精度为 0 时，解释为 1。使用哪种形式取决于要转换的值。如果转换后得到的指数小于 -4，或大于等于精度，则使用 **e** 形式（或 **E** 形式）。无论使用哪种形式，都会去掉转换后得到的小数部分末尾的 0。只有当小数点后面还有数字时，才会输出小数点。 **c** 将 **int** 型的实际参数转换成 **unsigned char** 型，并输出转换后的字符。 **s** 实际参数必须是指向字符型数组的指针。输出数组中末尾空字符前面的所有字符。如果指定了精度，则不会输出超出精度范围的字符。如果没有指定精度，或是精度大于数组的大小，则数组必须包含空字符。 **p** 实际参数必须是指向 **void** 的指针。用编程环境定义的格式将该指针的值转换成能够显示的字符序列。 **n** 实际参数必须是指向整数的指针。将调用 ***printf*** 函数之前向输出流输出的字符数存入这个整数。不进行实际参数的转换。 **%** 输出 %。没有实际参数。指定转换的整体必须是 %%。 未定义对无效的转换说明符的行为。 未定义实际参数是联合体或聚合体，或指向这两者的指针时（**%s** 转换时的字符型数组或 **%p** 转换时的指针除外）的行为。 字段宽度不存在，或字段宽度偏短时，不会舍去转换结果。也就是说，当转换结果的字符数大于字段宽度时，要把宽度扩大至正好能容纳转换结果
返回值	返回已输出的字符数。发生输出错误时则返回负值

printf 函数的第 1 个参数接收的是用于指定格式的字符串，因此第 1 个参数 *format* 的类型会声明为 **const char** *。

第 2 个参数之后的参数类型和数量都是可变的，声明中的“, ...”是表示接收可变参数的**省略符号**（ellipsis）。因此函数的调用方可以传递任意数量的任意类型的参数。

▶省略符号的“,”和“...”之间可以插入空格，但“...”必须是连续的。另外也可以自制用于接收可变参数的函数，这一点我们将在第 7 章学习。

在实用性程序中会频繁使用 0标志。例如在显示年月时，可以在只有 1 位的值的左侧加上 0，将 0和这个数值作为一个整体显示为“2 位数”，如下所示。

```
printf("%02d月%2d日", year, month);
```

这样一来，就输出了“05 月 12 日”和“11 月 08 日”。

▶我们会在第 3 章和第 6 章编写使用 0 标志的程序。

printf 函数在输出成功时返回输出的字符数，输出失败时则返回负值。比如，在下列的函数调用中，只要不输出失败，函数就会返回 3。

```
printf("ABC")
```

应用这一点，还能够判断以下显示结果。

```
w = printf("%3d", x);

if (w < 0)
    /* 输出失败 */
else if (w == 3)
    /* 正好输出3位 */
else
    /* 输出4位及以上（x大于等于4位）*/
```

scanf 函数：格式输入

跟负责输出的 **printf** 函数相反，**scanf** 函数是负责输入的函数，该函数的规格如下。

	scanf
头文件	**#include**<stdio.h>
格式	**int** ***scanf*****(const char** **format,…)**;
功能	对从标准输入流输入的信息进行转换，并将结果存入 *format* 后面的实际参数指向的对象中。*format* 指向的字符串为格式字符串，指定了允许输入的字符串和赋值时的转换方法。格式字符串内可以不包含指令，也可以包含多个指令。 未定义实际参数少于格式字符串时的行为。实际参数多于格式字符串时，只需对多余的实际参数求值然后便可忽略。 指令可分为以下 3 种。 ▪ 一个以上（包含 1 个）的空白字符。 ▪（% 和空白字符以外的）字符。 ▪ 转换说明。 % 后面将依次出现下列的 (a) ～ (d)。 **(a) 赋值屏蔽字符** （可省略） 用星号 * 表示。 **(b) 最大字段宽度** （可省略） 用 0 以外的十进制整数表示最大字段宽度。 **(c) 转换修饰符** （可省略） 表示保存转换结果的对象的大小，可以用 **h**, **l**, **L** 表示。 **h** **d, i, n 转换** 指定实际参数为指向 **short** 型的指针，而非指向 **int** 型的指针。 **o, u, x 转换** 指定实际参数为指向 **unsigned short** 型的指针，而非指向 **unsigned** 型的指针。 **l** **d, i, n 转换** 指定实际参数为指向 **long** 型的指针，而非指向 **int** 型的指针。 **o, u, x 转换**

（续）

scanf

指定实际参数为指向 **unsigned long** 型的指针，而非指向 **unsigned** 型的指针。

e, f, g 转换

指定实际参数为指向 **double** 型的指针，而非指向 **float** 型的指针。

L **e, f, g 转换**

指定实际参数为指向 **long double** 型的指针，而非指向 **float** 型的指针。

※ 未定义一起指定转换修饰符与上述以外的其他转换说明符时的行为。

scanf 函数会按顺序执行格式字符串内的各项指令。指令执行失败时，就会返回已调用的函数。失败的原因包括以下两项。

(a) **输入错误**——无法获取输入的字符。

(b) **匹配错误**——输入不恰当。

由空白字符构成的指令会读取输入的空白字符，直到出现第一个非空白字符（不读取该字符）或者不能继续读取为止。指令通常会读取流中的下一个字符，当输入的字符和构成指令的字符不匹配时，指令就会失败，输入的字符以及其后的字符都会留在流上，不会被读取。

转换说明的指令根据各个转换说明符相应的规则定义输入匹配项的集合。转换说明按下述步骤执行。

若转换说明中不包含说明符 **[, c, n**，则会跳过空白字符串。若转换说明中不含有说明符 **n**，则会从流中读取输入项。输入项定义为输入字符串中最长的匹配项。但如果最长匹配项的长度超过了指定的字段宽度，就截取匹配项中与字符宽度相等的前几个字符作为输入项。即使输入项后面还有字符也不会被读取，而是留在流中。当输入项的长度为零时，指令执行失败，此时就视为匹配错误。但因为某种错误而导致无法从流中输入数据时，则视为输入错误。

除了说明符 **%** 以外，其他转换说明都会根据转换说明符把输入项（或者是 **%n** 指定时输入的字符数）转换成合适的类型。当输入项非匹配项时，指令执行失败，此时就视为匹配错误。如果没有指定赋值屏蔽字符 "*****"，转换结果就会赋给 *format* 后面尚未获取转换结果的第一个实际参数所指向的对象。未定义该对象没有合适的类型时或者无法在存储空间显示转换结果时的行为。

(d) 转换说明符 （可省略）

功能

可以用 **d, i, o, u, x, X, e, E, f, g, G, s, [, c, p, n, %** 表示。

d

可省略符号的十进制整数。实际参数必须是指向整数的指针。

i

可省略符号的整数。实际参数必须是指向整数的指针。

o

可省略符号的八进制整数。实际参数必须是指向无符号整数的指针。

u

可省略符号的十进制整数。实际参数必须是指向无符号整数的指针。

x, X

可省略符号的十六进制整数。实际参数必须是指向无符号整数的指针。

e, E, f, g, G

可省略符号的浮点数。实际参数必须是指向浮点数的指针。

s

非空白字符序列。实际参数必须是指向数组开头字符的指针，该数组的大小必须能容下所有字符序列外加末尾的空字符。这项转换会在字符串的结尾自动附加空字符来表示字符串结束。

[

扫描字符集（scanset）元素的非空序列。实际参数必须是指向数组开头字符的指针，该数组的大小必须能容下所有字符序列外加末尾的空字符。这项转换会自动添加一个表示字符串末尾的空字符。

转换说明符由 **[** 和 **]** 这一对方括号以及它们之间的格式字符串中的所有字符序列构成。当左方括号的后面没有抑扬符 **^** 时，扫描字符集由两个方括号之间的**扫描列表**（scanlist）构成。如果左方括号 **[** 的后面有抑扬符 **^**，则扫描字符集为未出现在 **^** 与右方括号之间的扫描列表中的所有字符。当转换说明符以 **[]** 或 **[^]** 开头时，第一个右方括号为扫描列表中的一个字符元素，而第二个出现的右方括号表示转换结束。当转换说明符不以 **[]** 和 **[^]** 开头时，第一个出现的右方括号就是转换说明的结束符。当扫描列表中含有连字符 **-**，且既非第一个字符（如果以 **^** 开头，则为第二个字符）也非最后一个字符时，其定义视编程环境而定。

（续）

	scanf
功能	**c** 字段宽度（指令中没有指定字段宽度时默认为 1）中指定长度的字符序列。该说明符对应的实际参数必须是指向数组开头字符的指针，数组的大小必须能容纳接收到的字符序列。这项转换不会添加空字符。 **p** 编程环境定义的字符序列的集合。这个集合等同于 ***printf*** 函数中 **%p** 转换生成的字符序列的集合。该说明符对应的实际参数必须是指向 **void** 的指针的指针。对输入项的说明根据编程环境来定义。如果输入项是同一程序内已转换过的值，那么转换结果的指针值与转换前的值相等。其他情况下的 **%p** 转换行为未定义。 **n** 不读取输入。该说明符对应的实际参数必须是指向整数的指针。通过调用 ***scanf*** 函数把至今从输入流读取到的字符写入这个整数。执行 **%n** 指令并不会增加 ***scanf*** 函数结束时返回的输入项数量。 **%** 匹配一个 **%**。不会执行转换和赋值操作。转换说明的整体必须是 **%%**。 未定义转换说明无效时的行为。 如果在输入中检测到文件末尾就结束转换。如果在检测到文件末尾之前，未读取到任何 1 个字符匹配当前指令（前面有跳过不读的空字符时，要排除这些空字符），那么就视该指令在执行中发生输入错误，结束转换。如果在检测到文件末尾之前，至少读取到 1 个字符匹配当前指令，那么只要该指令不发生匹配错误，后续指令（若存在）就会因发生输入错误而结束操作。 若因输入字符与指令不匹配导致转换结束，那么这个不匹配的输入字符就不会被读取，仍然留在流中。只要输入中后续的空格类字符（包括换行符）与指令不匹配，就会保留在流中不会被读取。无法用 **%n** 指令以外的其他指令来直接判断一般的字符指令和包含赋值屏蔽在内的转换说明是否成功
返回值	如果在没有进行任何转换的情况下发生了输入错误，函数会返回宏 **EOF** 的值，否则返回成功赋值的输入项数。如果在输入中发生了匹配错误，则输入项数会少于转换说明符对应的实际参数的数量，或是变成 0

需要注意的是，用于读写 **double** 型和 **float** 型的值的格式字符串是不同的。虽然二者在 ***printf*** 函数中进行显示所用的格式字符串都是 **"%f"**，但在 ***scanf*** 函数中进行输入所用的格式字符串则根据类型的不同而不同（Table 2-2）。

● Table 2-2　double 型和 float 型的读写

	double 型	float 型
通过 ***printf*** 函数显示	`printf("%f", no);`	`printf("%f", no);`
通过 ***scanf*** 函数读取	`scanf("%lf", &no);`	`scanf("%f", &no);`

scanf 函数返回所读取的项目数。利用该返回值可以像下面这样对读取结果进行判断。

```
if (scanf("%d%d", &x, &y) == 2)
    /* 确认已读取了x和y */
else
    /* 读取失败 */
```

当没读取到任何项时返回 **EOF**。

▶关于宏 **EOF** 我们会在第 9 章进行学习。

专栏 2-3 初始化字符串

C 语言中用 **char** 型数组来表示字符串。以下三种形式都可以同时实现声明数组和初始化字符串。

```
1 char s[] = "ABCD";
2 char s[] = {"ABCD"};
3 char s[] = {'A', 'B', 'C', 'D', '\0'};
```

上述三种形式都是把 `s[0]`, `s[1]`, `s[2]`, `s[3]`, `s[4]` 初始化为字符 `'A'`, `'B'`, `'C'`, `'D'`, `'\0'`。末尾的 `'\0'` 是表示字符串末尾的**空字符**（null character）。

空字符所有的位都是 0。因为字符编码是 0，所以在八进制转义字符中表示为 **\0**。

*

在上述三个声明中，最常用的是1，很简洁，带有 {} 的2基本上不会出现在程序中（不妨说很多人不知道这种形式）。

而最后的3不仅会使程序冗长，而且还容易因忘记写空字符而导致出错。

*

初始值和元素个数有着特殊的规定，这里请大家思考一下以下声明。

```
char str[3] = "RGB";                    /* 声明X */
```

因为空字符会自动添加到字符串常量后面，所以初始值长度会增至 4 个字符，超过了数组的元素个数，因此这个声明会让人感觉有编译错误。

然而在 C 语言中，该声明会像下面这样解释。

```
char str[3] = {'R', 'G', 'B'};          /* 声明Y */
```

因为 C 语言中规定：**只有当数组的元素个数等于不包含空字符的字符串常量的字符数量时，才不会添加空字符。**

数组 *str* 经过这般声明后就能用来存放“三个字符”，而不是存放“字符串”了。

另外，在 C++ 中允许存在“声明 Y”，但“声明 X”则会被视为编译错误。

“声明 X”容易让人混淆，又不被 C++ 支持，大家要尽量避免使用。

当然，字符串常量的大小大于数组的元素个数时，以下这种声明在两种语言中都不适用，都会被视为编译错误。

```
char str[3] = {'C', 'Y', 'M', 'K'};     /* 声明Z */
```

自由演练

练习 2-1

List 2-5 是一个用秒数来表示程序开始后经过的时间的程序。请改写程序，令其不仅能用秒数，还能用时钟数来表示时间。

练习 2-2

编写一个函数，令其能从字符串开头逐一显示字符。

```
void gput(const char *s, int speed);
```

在这里，*s* 是要显示的字符串，*speed* 是以毫秒为单位的显示速度。例如调用以下代码，首先会显示 'A'，100 毫秒后显示 'O'，再过 100 毫秒后显示 'C'。当显示完 "ABC" 字符串的所有字符后，返回到调用方。

```
gput("ABC", 100);
```

练习 2-3

编写一个闪烁显示字符串的函数。

```
void bput(const char *s, int d, int e, int n);
```

字符串 *s* 显示 *d* 毫秒后，消失 *e* 毫秒，反复执行上述操作 *n* 次后返回到调用方。

※ 不妨假设字符串 *s* 只有一行（即不包含换行符等符号，而且字符串的长度小于控制台画面的宽度）。

练习 2-4

编写一个如字幕般显示字符串的函数。

```
void telop(const char *s, int direction, int speed, int n);
```

其中，*s* 是要显示的字符串，*direction* 是字幕滚动的方向（从右往左是 0，从左往右是 1），*speed* 是以毫秒为单位的速度，*n* 是显示次数。

※ 不妨假设字符串 *s* 只有一行。

练习 2-5

List 2-13 的“心算训练”程序显示的是进行 10 次加法运算所需要的时间。改写程序，令其能显示每次运算所需要的时间和运算的平均时间。

练习 2-6

把上面的程序改写成能进行加法和减法运算的程序，每次随机决定进行哪种运算。也就是说，假设三个值是 *a*、*b*、*c*，每次都通过随机数来从下列组合中选一个进行出题。

- *a* + *b* + *c*
- *a* + *b* - *c*
- *a* - *b* + *c*
- *a* - *b* - *c*

第 3 章

猜拳游戏

本章要编写的程序是“猜拳游戏”。我们先从简单的程序开始，后面再逐渐追加其他功能。

本章主要学习的内容

- switch 语句
- char 型
- 条件运算符和条件表达式
- 特定范围内的数值的读取
- 字符编码
- 包含汉字的字符串
- 宽字符
- 通过指针来遍历字符串
- 字符串数组（二维数组/指针数组）
- 函数
- 标识符的作用域

⊙ wchar_t 型
⊙ isprint 函数
⊙ CHAR_BIT
⊙ CHAR_MAX
⊙ CHAR_MIN
⊙ SCHAR_MAX
⊙ SCHAR_MIN
⊙ UCHAR_MAX

3-1　猜拳游戏

本章中我们要编写一个供两位玩家对战的“猜拳游戏”。当然，这里所说的“两位玩家”是指计算机和人，即游戏采用人机对战的模式。

基本设计

先来大致设计一下“猜拳游戏”，程序的流程如下所示。

①确定计算机要出的手势。
②显示“石头剪刀布”，然后玩家输入自己要出的手势。
③进行输赢判断，显示结果。
④询问是否继续，如果玩家希望继续，就回到①。

下面我们来详细地设计一下各个步骤。

①用随机数确定计算机所出的手势（具体数值在②中设计）。

之所以要先确定计算机出的手势再读取玩家的手势，是为了避免计算机作弊。

▶在 List 3-8 中我们将编写一个让计算机作弊的“后出猜拳”程序。

②如果用 "石头"、"剪刀"、"布" 的字符串来进行手势输入，可能会产生**输入错误**。例如一不小心打错字，变成“势头”“见到”等。

因此，如 Fig.3-1 所示，我们把“石头”“剪刀”“布”这三个手势分别对应数字 0, 1, 2（类型设为 **int** 型）。

●Fig.3-1　手势和数值

这样一来，就可以让玩家像下面这样输入一个相应的数字表示手势了。

```
石头剪刀布…(0)石头 (1)剪刀 (2)布:
```

如果玩家的手势和计算机的手势能用相同的数值表示出来，就保持了一致性，会很方便。这样一来，也确定了在①的设计中未解决的手势的数值。

③ 根据计算机和玩家的手势判断胜负。

此处用变量 *human* 和 *comp* 来分别表示玩家和计算机的手势。Fig.3-2 所示为手势和胜负的关系。在 0，1，2，0，1，2，…的循环中，箭头的起点方向是“胜利”，终点方向是“失败”。

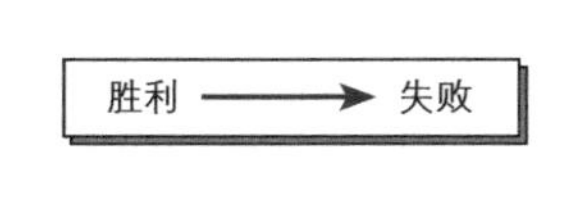

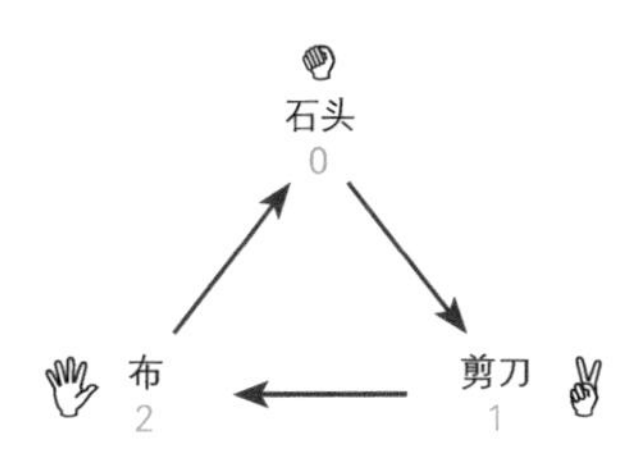

a 平局

human	*comp*	*human* - *comp*	(*human* - *comp* + 3) % 3
0	0	0	0
1	1	0	0
2	2	0	0

b 玩家失败

human	*comp*	*human* - *comp*	(*human* - *comp* + 3) % 3
0	2	-2	1
1	0	1	1
2	1	1	1

c 玩家胜利

human	*comp*	*human* - *comp*	(*human* - *comp* + 3) % 3
0	1	-1	2
1	2	-1	2
2	0	2	2

● Fig.3-2 判断胜负

图中所示的各个表格中汇总了表示双方手势的数值、*human* 减去 *comp* 后的值、判断表达式（*human* - *comp* + 3） % 3 的值。

a 平局

如果 *human* 和 *comp* 的值相等就算作“平局”，此时 *human* - *comp* 的值为 0。

b 玩家失败

如果箭头的终点方向是玩家，起点方向是计算机，这种组合就算“玩家失败”，此时 *human* - *comp* 的值为 -2 或 1。

c 玩家胜利

如果箭头的起点方向是玩家，终点方向是计算机，这种组合就算“玩家胜利”，此时 *human* - *comp* 的值为 -1 或 2。

这三个判断都可以根据共同的表达式（*human* - *comp* + 3） % 3 来进行。该表达式的数值如果是 0就是平局，如果是 1 就是玩家失败，如果是 2 就是玩家胜利。

④ 关于这一步想必就不用再详细说明了吧。

switch 语句

根据上文中的设计，我们编写了 List 3-1 所示的程序。

List 3-1　　chap03/jyanken1.c

```
/*猜拳游戏（其一）*/

#include <time.h>
#include <stdio.h>
#include <stdlib.h>

int main(void)
{
    int human;                  /* 玩家的手势 */
    int comp;                   /* 计算机的手势 */
    int judge;                  /* 胜负 */
    int retry;                  /* 再来一次？ */

    srand(time(NULL));          /* 设定随机数种子 */

    printf("猜拳游戏开始!!\n");

    do {
        comp = rand() % 3;          /* 用随机数生成计算机的手势（0~2）*/

        printf("\n\a石头剪刀布…(0)石头(1)剪刀(2)布：");
        scanf("%d", &human);            /* 读取玩家的手势 */

        printf("我出");                 /* 显示计算机的手势 */
        switch (comp) {
         case 0: printf("石头");    break;
         case 1: printf("剪刀");    break;     ← switch语句
         case 2: printf("布");      break;
        }
        printf("。\n");

        judge = (human - comp + 3) % 3;              /* 判断胜负 */

        switch (judge) {
         case 0: puts("平局。");    break;
         case 1: puts("你输了。");  break;     ← switch语句
         case 2: puts("你赢了。");  break;
        }

        printf("再来一次吗…(0)否(1)是：");
        scanf("%d", &retry);
    } while (retry == 1);

    return 0;
}
```

运行示例

```
猜拳游戏开始!!

♪石头剪刀布…(0)石头(1)剪刀(2)布：2⏎
我出石头。
你赢了。
再来一次吗…(0)否 (1)是：1⏎

♪石头剪刀布…(0)石头 (1)剪刀 (2)布：1⏎
我出剪刀。
平局。
再来一次吗…(0)否 (1)是：0⏎
```

首先运行程序。

程序会要求玩家输入手势，输入 0, 1, 2 这些数值后，会显示输赢结果。然后程序会询问玩家是否再来一次，输入 1 的话就能再玩一局。

switch 语句

switch (表达式) 语句

阴影部分的 **switch** 语句负责显示计算机的手势和判断结果。

在 **switch** 语句中，首先会对控制表达式进行求值，然后程序会跳转到 **case** 后面的值和求值结果一致的**标签**（label）。

但是，如果 **case** 后面所有的值都跟表达式的求值结果不一致，程序就会跳转到 **default** 标签，如果没有 **default** 标签，就会跳出 **switch** 语句。

程序跳转到该标签以后，会按顺序执行其后的语句。执行过程中如果遇到 **break** 语句，就停止执行 **switch** 语句。我们将 Fig.3-3 的程序和其流程示意图结合起来理解。

```
switch (sw) {
 case 1  : puts("A");
           puts("B");  break;
 case 2  : puts("C");
 case 5  : puts("D");  break;
 case 6  :
 case 7  : puts("E");  break;
 default : puts("F");  break;
}
```

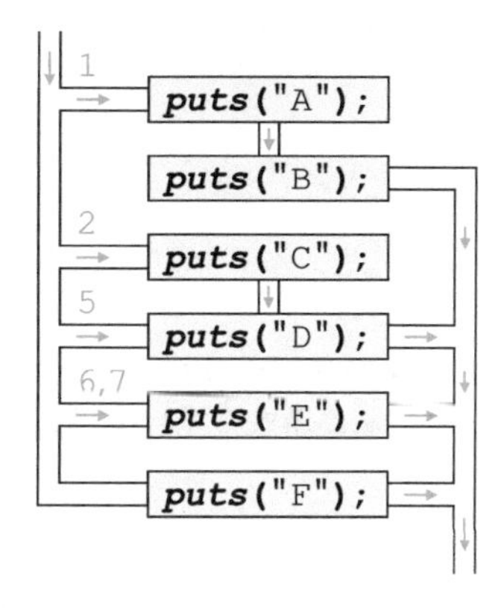

● Fig.3-3 通过 switch 语句实现程序的流程分支

流程分支使用 **if** 语句和 **switch** 语句都可以实现，但使用 **switch** 语句来实现往往更一目了然。我们结合下面两段程序来理解一下。

```
if (p == 1)
    c = 15;
else if (p == 2)
    c = 23;
else if (p == 3)
    c = 57;
else if (q == 4)
    c = 84;
```

```
/* 将左侧if语句改写后的结果 */

switch (p) {
 case 1  : c = 15;   break;
 case 2  : c = 23;   break;
 case 3  : c = 57;   break;
 default : if (q == 4) c = 84;
}
```

首先来仔细看一下 **if** 语句。前三个 **if** 语句会对 *p* 的值进行判断，最后一个 **if** 语句会对 *q* 的值进行判断。当 *p* 不是 1，2，3 中任一数值，且 *q* 为 4 时，变量 *c* 会被赋值为 84。

在连续的 **if** 语句中，用于分支的比较对象不仅限于单一的表达式。可能会有人把 **if** 语句的最后一个判断看成 `if (p == 4)` 或者在书写时写成 `if (p == 4)`。

在这一点上，**switch** 语句整体看上去一目了然，阅读程序的人就很少会遇到上述问题。

表示“手势”的字符串

在前面的程序中，玩家输入手势后，屏幕上就会立即显示出计算机的手势，例如“我出石头。”。下面来改写一下程序，让**玩家的手势也能显示出来**，例如“我出石头，你出布。”，程序如 List 3-2 所示。

List 3-2 chap03/jyanken2.c

```c
/* 猜拳游戏（其二：显示双方的手势）*/

#include <time.h>
#include <stdio.h>
#include <stdlib.h>

int main(void)
{
    int human;                  /* 玩家的手势 */
    int comp;                   /* 计算机的手势 */
    int judge;                  /* 胜负 */
    int retry;                  /* 再来一次？ */

    srand(time(NULL));          /* 设定随机数种子 */

    printf("猜拳游戏开始!!\n");

    do {
        comp = rand() % 3;          /* 用随机数生成计算机的手势（0~2）*/

        do {
            printf("\n\a石头剪刀布…（0）石头 （1）剪刀 （2）布：");
            scanf("%d", &human);    /* 读取玩家的手势 */
        } while (human < 0 || human > 2);

        printf("我出");

        switch (comp) {             /* 显示计算机的手势 */
         case 0: printf("石头");    break;
         case 1: printf("剪刀");    break;
         case 2: printf("布");      break;
        }

        printf("，你出");

        switch (human) {            /* 显示玩家的手势 */
         case 0: printf("石头");    break;
         case 1: printf("剪刀");    break;
         case 2: printf("布");      break;
        }

        printf("。\n");

        judge = (human - comp + 3) % 3;                 /* 判断胜负 */

        switch (judge) {
         case 0: puts("平局。");    break;
         case 1: puts("你输了。");  break;
         case 2: puts("你赢了。");  break;
        }

        printf("再来一次吗…（0）否 （1）是：");
        scanf("%d", &retry);
    } while (retry == 1);

    return 0;
}
```

1 2 3 基本一致

1 的部分用于读取玩家的手势。为了让程序只接收0,1,2这三个数字,导入**do**语句。

当变量 *human* 读取的值小于 0，或者大于 2 时，这个 **do** 语句会一直循环。因此当 **do** 语句结束时，变量 *human* 的值**一定大于等于 0 小于等于 2**。

如果运用德·摩根定律（专栏 1-2），还可以像下面这样来实现这个 **do** 语句。

运行示例

```
猜拳游戏开始!!

♪石头剪刀布…(0)石头 (1)剪刀 (2)布: 3
♪石头剪刀布…(0)石头 (1)剪刀 (2)布: -1
♪石头剪刀布…(0)石头 (1)剪刀 (2)布: 2
我出石头，你出布。
你赢了。
再来一次吗…(0)否 (1)是: 1

♪石头剪刀布…(0)石头 (1)剪刀 (2)布: 2
我出石头，你出布。
你输了。
再来一次吗…(0)否 (1)是: 0
```

```
do {
    printf("\n\a石头剪刀布…(0)石头 (1)剪刀 (2)布: ");
    scanf("%d", &human);          /* 读取玩家的手势 */
} while (!(human >= 0 && human <= 2));
```

▶如果没有检查 *human* 的值的有效性（是否是 0, 1, 2 中的一个值）会怎么样呢？如果输入了 0, 1, 2 以外的值，实际上就会直接跳过用于显示玩家手势的 3 的 **switch** 语句，这样一来屏幕上就会显示“我出剪刀，你出。”。

2 的部分是用于显示计算机手势的 **switch** 语句（跟前面的程序相同）。

3 的部分是用于显示玩家手势的 **switch** 语句（本程序中追加的部分）。

2 和 3 的 **switch** 语句基本一致。这就相当于重复了两段极为相似的代码，程序略显（没有必要地）冗长。

而且，"石头"、"剪刀"、"布" 作为独立的字符串常量各自出现了两次，作为字符串常量的一部分各自出现了一次，总共各自出现了三次。

如果要把手势的表述方式从“石头剪刀布”换成“包剪子锤”，或者变更成 0, 1, 2 以外的值，需要修正和更改的地方就很多了。

▶关于更改手势数值的内容我们会在后面讨论。

小结

✻ 选择语句（if 语句和 switch 语句）

如果要用单一表达式的值来实现程序流程分支，多数情况下，**switch** 语句要比 **if** 语句更加合适（更加容易把握程序的目的）。

包含汉字的字符串

表示手势的字符串 "石头"、"剪刀"、"布" 应作为数组存在，以便能随时引用，而不是在源代码中每个需要的地方都写一遍。

汉字等全角字符通常占两个字节，因此表示手势的字符串的数组可以作为二维数组实现，如 Fig.3-4 所示，数组的行数 3 和列数 5 是由下述值决定的。

- 行数 3：字符串的个数。
- 列数 5：最长字符串 "石头"、"剪刀" 中包含空字符在内的字符数量。

但是，要处理包含全角字符的字符串并不那么容易。事实上，**在某些编程环境下，这里的声明会出现编译错误。**

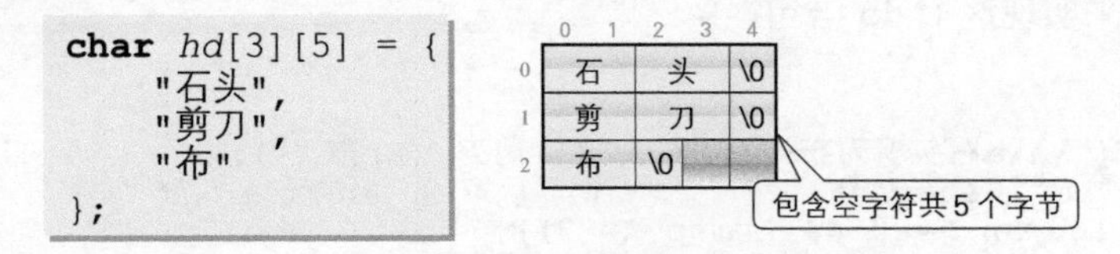

●Fig.3-4 表示手势的字符串的数组（二维数组）

char 型

C 语言中用 **char** 型来表示字符。**char** 型包括 **signed char** 型、**unsigned char** 型，还有单独的 **char** 型。每个类型能够表示的值的范围取决于编程环境，因此会用 <limits.h> 头文件来定义其最小值和最大值。

▪ signed char 型

带符号的整数类型，用于表示负数、0、正数的整数值。最小值定义为 **SCHAR_MIN**，最大值定义为 **SCHAR_MAX**。

signed char 型能够表示的最小值和最大值

```
#define SCHAR_MIN -127      /* 定义示例：值根据编程环境而有所不同 */
#define SCHAR_MAX  127      /* 定义示例：值根据编程环境而有所不同 */
```

▪ unsigned char 型

无符号的整数类型，只用于表示 0以上（包括 0）的整数值。因为最小值是 0，所以只定义其最大值为 **UCHAR_MAX**。

unsigned char 型能够表示的最大值

```
#define UCHAR_MAX 255       /* 定义示例：值根据编程环境而有所不同 */
```

▪ 单独的 char 型

单独的 **char** 型就相当于 **unsigned char** 型或者 **signed char** 型，至于到底是无符号

的整数类型还是有符号的整数类型，要取决于编程环境。

这个类型能够表示的数值的最大值和最小值分别是宏 **CHAR_MIN** 和宏 **CHAR_MAX**。

当单独的 **char** 型相当于 **signed char** 型时，其定义如下面的1所示，而相当于 **unsigned char** 型时，其定义则如2所示。

char 型能够表示的最小值和最大值

```
1 /* 在单独的char型为有符号类型的编程环境中的定义示例 */
  #define CHAR_MIN SCHAR_MIN   /* 与signed char型的最小值相同（定义示例）*/
  #define CHAR_MAX SCHAR_MAX   /* 与signed char型的最大值相同（定义示例）*/

2 /* 在单独的char型为无符号类型的编程环境中的定义示例 */
  #define CHAR_MIN 0           /* 与unsigned char型相同（一定为0）*/
  #define CHAR_MAX UCHAR_MAX   /* 与unsigned char型的最大值相同（定义示例）*/
```

▶可以通过 **CHAR_MIN** 的值是否为 0 来判断单独的 **char** 型是有符号的整数类型还是无符号的整数类型。

显示所有的字符

下面来研究一下字符的编码。List 3-3 所示的程序用十六进制数显示了 **char** 型能表示的所有字符和编码。

▶运行结果取决于运行环境和编程环境所采用的字符编码。

List 3-3 chap03/code.c

```
/* 显示字符和字符编码 */

#include <ctype.h>
#include <stdio.h>
#include <limits.h>

int main(void)
{
    int i;

    for (i = 0; i <= CHAR_MAX; i++) {
        switch (i) {
         case '\a' : printf("\\a");  break;
         case '\b' : printf("\\b");  break;
         case '\f' : printf("\\f");  break;
         case '\n' : printf("\\n");  break;
         case '\r' : printf("\\r");  break;
         case '\t' : printf("\\t");  break;
         case '\v' : printf("\\v");  break;
         default   : printf(" %c", isprint(i) ? i : ' ');
        }
        printf(" %02X\n", i);
    }

    return 0;
}
```

运行结果示例

```
   00
   01
   02
   03
   04
   05
   06
\a 07
\b 08
\t 09
\n 0A
\v 0B
\f 0C
\r 0D
   0E
…省略…
 ! 21
 " 22
 # 23
 $ 24
 % 25
 & 26
 ' 27
…以下省略…
```

for 语句将变量 *i* 的值从 0增量到 **CHAR_MAX**。

▶需要注意的是，变量 *i* 的初始值不是 **CHAR_MIN** 而是 0。因为即使 **char** 型是有符号的整数类型，作为字符编码也不会被赋给负值。

在 **switch** 语句中，同样用转义字符 **\a** 和 **\b** 来表示直接输出会引发特殊动作的警报和退格等。

▶需要注意的是，在 **for** 语句结束时，变量 *i* 的值会变成 **CHAR_MAX + 1**（因为最后运行循环体时的值是 **CHAR_MAX**，这个值被增量后 **for** 语句才结束）。

由此可知，变量 *i* 的类型必须能够表示大于 **char** 型最大值 **CHAR_MAX** 的值。因此，本程序中将变量 *i* 的类型设为 **int** 型。

isprint 函数：判断显示字符[①]

如果变量 *i* 在转义字符中没有对应的字符，程序就会运行 **switch** 语句中的 **default** 标签，此时变量 *i* 的值不一定会被分配字符（可能分配了字符编码表的空白部分）。

于是，我们先在阴影部分通过 ***isprint*** 函数判断编码 *i* 的字符能否显示，然后再决定显示的内容。

	isprint
头文件	**#include** <ctype.h>
格式	**int *isprint*(int** *c*);
功能	判断 *c* 是否为含有空白字符（' '）的显示字符
返回值	如果判断成立，就返回除 0 以外的值（真），如果不成立则返回 0

如果作为参数接收的字符是**显示字符**（能够显示的字符），该函数就会返回除 0以外的值，如果不是则返回 0。

▶关于 ***isprint*** 函数和显示字符，我们会在下一章中详细学习。

条件运算符和条件表达式

条件表达式的语句结构

表达式$_1$? 表达式$_2$: 表达式$_3$

阴影部分使用的 **?:** 是**条件运算符**（conditional operator）。因为有 3 个操作数（运算的对象），所以使用该运算符的**条件表达式**（conditional expression）的语句结构很复杂，如右图所示。

对条件表达式进行求值后得到的值如 Fig.3-5 所示。

---

① 又叫可打印字符，就是在显示器上输出，能够看得见的字符。——译者注

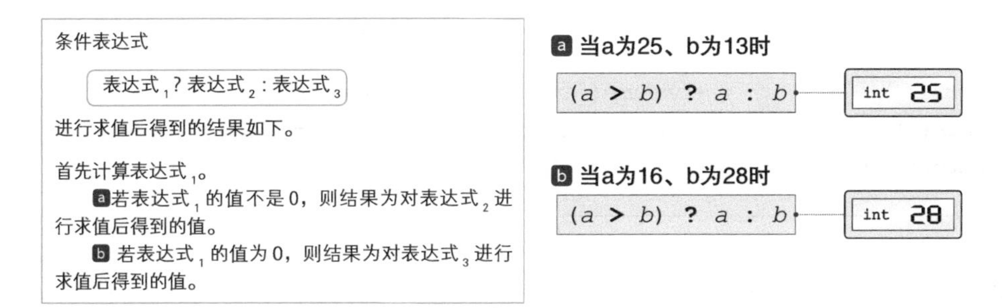

● Fig.3-5 条件表达式的求值

对程序阴影部分的条件表达式 ***isprint*(*i*)?*i*:' '** 进行求值，如果编码 *i* 的字符是显示字符（***isprint*** 函数返回的值不是 0），结果就会得到该显示字符，如果不是显示字符，就会得到空白字符。因此，如果 *i* 是显示字符，就会直接显示该字符，否则显示空白字符。

*

显示字符后，程序会用 2 位的十六进制数表示该字符编码并换行。

字符串的内部

通过上文我们已经加深了对字符的理解，接下来要讲的是字符串。List 3-4 中的程序显示了字符串中包含的所有字符的编码，我们用字符 / 十六进制编码 / 二进制编码的形式，从前往后逐个字节地来显示 "汉字" 和 "12 中国话 AB" 这两个字符串的内部。

▶运行结果取决于运行环境和编程环境所采用的字符编码，此处显示的是 GB2312 编码中的运行结果。

List 3-4 chap03/strdump.c

```
/* 用十六进制数和二进制数显示字符串内的字符 */

#include <ctype.h>
#include <stdio.h>
#include <limits.h>

/*--- 用十六进制数和二进制数显示字符串内的字符 ---*/
void strdump(const char *s)
{
    while (*s) {
        int i;
        unsigned char x = (unsigned char)*s;

1       printf("%c  ", isprint(x) ? x : ' ');          /* 字符 */
2       printf("%0*X  ", (CHAR_BIT + 3) / 4, x);      /* 十六进制数 */
3       for (i = CHAR_BIT - 1; i >= 0; i--)           /* 二进制数 */
            putchar(((x >> i) & 1U) ? '1' : '0');
        putchar('\n');
        s++;
    }
}
```

运行结果示例

```
汉字
   BA  10111010
   BA  10111010
   D7  11010111
   D6  11010110

12中国话AB
1  31  00110001
2  32  00110010
   D6  11010110
   D0  11010000
   B9  10111001
   FA  11111010
   BB  10111011
   B0  10110000
A  41  01000001
B  42  01000010
```

```
int main(void)
{
    puts("汉字");        strdump("汉字");        putchar('\n');
    puts("12中国话AB");  strdump("12中国话AB");  putchar('\n');
    return 0;
}
```

通过指针来遍历字符串

函数 *strdump* 的整个主体部分都是 **while** 语句。将间接运算符 * 应用到指针上的表达式 *s 是该指针所指对象的**别名**（绰号），因此对表达式 *s 进行求值就会得到指针 *s* 指向的字符。

```
while (*s) {
    /*--- 显示*s ---*/
    s++;
}
```

因此，这个 **while** 语句的运行规律如下。

> *s* 所指的字符不为 0，即不为空字符时，**while** 语句会循环运行。

▶控制表达式 *s 和 *s != 0 意义相同。

下面来研究一下在循环体的末尾运行的 *s*++。

对指针进行增量操作，指针指向的位置就会更新到原先所指元素的下一个元素，因此这个 **while** 语句会**从前往后逐个遍历（追溯）** *s* **最开始指向的字符串，直到遇到空字符为止**（Fig.3-6）。

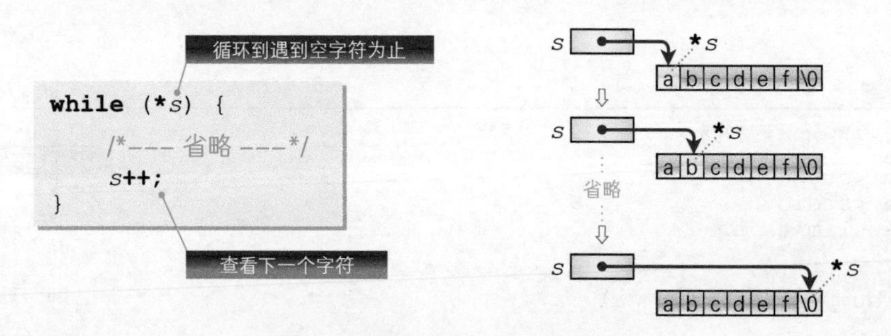

●Fig.3-6 通过指针来遍历字符串

在 1 中，如果通过 ***isprint*** 函数判断字符能够显示，那么就显示该字符，如果判断无法显示，那么就显示空白字符（跟上一个程序同理）。

▶即使从全角字符中取出 1 个字节，字符也不一定能显示在画面上。

CHAR_BIT

在用十六进制数显示字符的2和用二进制数显示字符的3中，都使用了 **CHAR_BIT** 宏来计算要显示的位数。**CHAR_BIT** 对象宏表示该环境中 **1 个字节的位数**，用 <limits.h> 头文件来定义，下面是一个示例。

```
CHAR_BIT
#define CHAR_BIT    8    /* 定义示例 */
```

▶这里举的只是定义的一个示例，具体数值要取决于编程环境，但至少要保证在 8 位。大多数环境下 1 字节等于 8 位，但也存在某些 1 字节等于 9 位或 32 位的环境。

为了在显示字符时不受 1 个字节的位数影响，本程序用 (**CHAR_BIT** + 3) / 4 位来表示十六进制数编码。

▶ 1 个字节如果为 8 位的话，(**CHAR_BIT** + 3) / 4 得到的就是 2 位，1 个字节为 9 到 12 位的话，得到的就是 3 位，如果是 13 到 16 位的话就是 4 位，以此类推。

二进制数编码值表示了 **CHAR_BIT** 的所有位。

▶关于二进制数的表示，我们已在《入门篇》第 7 章为大家详细解说过。

小结

判断显示字符

可以通过 ***isprint*** 函数来判断字符是否为显示字符（能够显示的字符）。

char 型的特性

char 型的特性视编程环境而异。**CHAR_BIT** 等对象宏用于表示 **char** 型的位数，由 <limits.h> 头文件来定义。

```
while (*s) {
    /*--- 省略 ---*/
    s++;
}
```

字符串的遍历

可以通过对指针 *s* 进行增量操作，一直到 **s* 变成 0，即空字符为止，来遍历指针 *s* 指向的字符串。

※ 表达式 **s* 是该指针所指对象的**别名**（绰号）。

指向字符串的指针数组

在大多数情况下，用“指向字符串的指针数组”来实现**长度不同的字符串的集合**，要比用二维数组来实现更好。

下面我们来比较一下 List 3-5 和 List 3-6 中的两个程序。

▶两个程序的运行结果是相同的。

List 3-5　chap03/strary1.c

```
/* 字符串数组（二维数组）*/
#include <stdio.h>

int main(void)
{
    int i;
    char a[][6] = {
        "Super", "X", "TRY"
    };

    for (i = 0; i < 3; i++)
        printf("%s\n", a[i]);

    return 0;
}
```

运行结果

```
Super
X
TRY
```

List 3-6　chap03/strary2.c

```
/* 字符串数组（指针数组）*/
#include <stdio.h>

int main(void)
{
    int i;
    char *p[] = {
        "Super", "X", "TRY"
    };

    for (i = 0; i < 3; i++)
        printf("%s\n", p[i]);

    return 0;
}
```

运行结果

```
Super
X
TRY
```

二维数组

List 3-5 的 *a* 是一个二维数组。如 Fig.3-7 所示，可以将其看成是一个**元素纵横排列着的表格**，由“行数 × 列数”个元素构成。

▶ C 语言的多维数组，其实就是**数组的数组**。因此从严格意义上来说，应像下面这样来解释数组 *a* 的类型。

把“元素类型是 **char** 型、元素个数为 6 的数组”作为元素类型的元素个数为 3 的数组。

图中，竖向排列的 0, 1, 2 是第 1 个下标，横向排列的 0, 1, 2, 3, 4, 5 是第 2 个下标。

因此，访问字符串常量 "Super" 内的字符 'S', 'u', 'p', 'e', 'r', '**\0**' 的表达式分别是 *a*[0][0], *a*[0][1], …, *a*[0][5]。

由图可知，存放第 2 个字符串 "X" 的 *a*[1] 浪费了 4 个字符的存储空间，存放第 3 个字符串 "TRY" 的 *a*[2] 浪费了 2 个字符的存储空间。

因为二维数组的大小等于**行数 × 列数**个字节，所以数组 *a* 占用了 3 × 6 = 18 个字节，这个值我们可以用图中所示的 **sizeof**(*a*) 来求出。

▶此外，二维数组的元素个数（行数和列数）可通过以下表达式来求得。

- 行数（这里为 3）：**sizeof**(*a*) / **sizeof**(*a*[0])
- 列数（这里为 6）：**sizeof**(*a*[0]) / **sizeof**(*a*[0][0])

a 二维数组

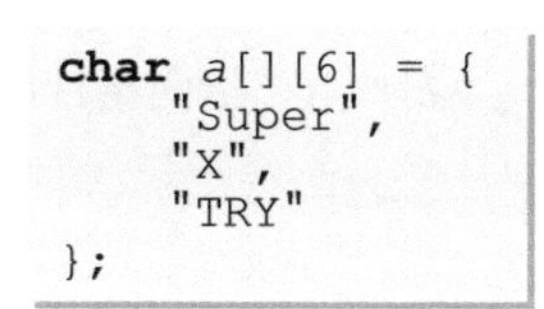

```
char a[][6] = {
    "Super",
    "X",
    "TRY"
};
```

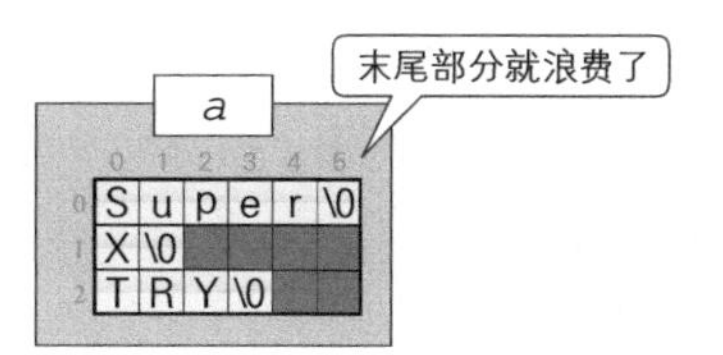

占用的字节数

```
sizeof(a)
```

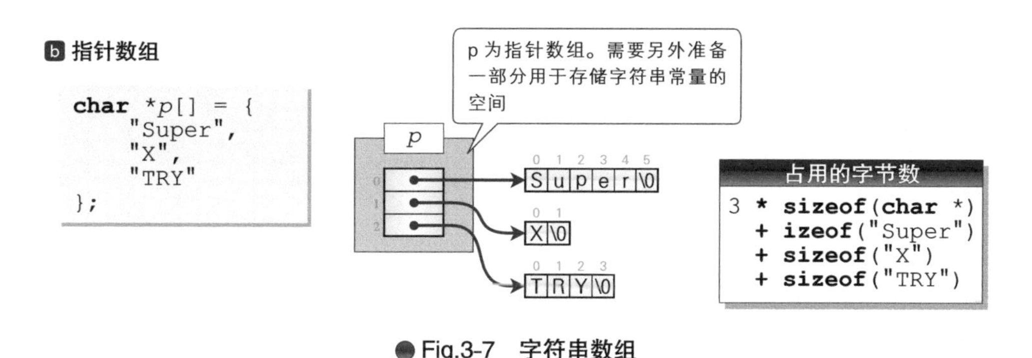

● Fig.3-7 字符串数组

指针数组

List 3-6 的 *p* 是以“指向 **char** 的指针型”作为元素类型的元素个数为 3 的一个数组（图b）。

字符串常量 "Super"、"X"、"TRY" 作为初始值分别赋给了 *p*[0]、*p*[1]、*p*[2] 这 3 个元素。对字符串常量进行求值可以获得指向该字符串开头字符的指针，这样一来这 3 个元素就会被初始化为指向字符串常量的开头字符 'S'、'X'、'T' 的指针。

▶初始化得到的结果如下。

“*p*[0] 指向 "Super" 的开头字符 'S'。”

不过这种表达略显冗长，一般将其简化为“*p*[0] 指向 "Super"”（尽管严格意义上要说“指针指向某字符”，但一般都说“指针指向某字符串”）。

指针数组和二维数组一样，访问各个字符的表达式都是有 2 个下标的 *p*[*i*][*j*] 形式。第 1 个下标 *i* 是数组 *p* 的下标，第 2 个下标 *j* 是各个字符串内的下标。

指针数组和二维数组不同的是，字符串末尾没有多余的空间，但相反地，除了要准备一部分用于存储各个字符串常量的空间外，还需要准备一部分空间用来存储指向这部分空间的指针数组。

▶例如，在指针 **char*** 型占用 4 个字节的空间的环境下，用于存储字符串常量的空间等于 6 + 2 + 4 = 12 个字节，除此之外还要准备 3 * 4 = 12 个字节的空间来存储指针数组。这样一来总共需要 24 个字节的空间。

程序的改良

让我们改写一下程序，使得表示手势的字符串 "石头"、"剪刀"、"布" 由 “指向指针的数组” 来实现，改写后的程序如 List 3-7 所示。

▶运行示例的形式大体上和 List 3-2 一致，这里略去。

List 3-7　　chap03/jyanken3.c

```
/* 猜拳游戏（其三：导入表示手势的字符串）*/

#include <time.h>
#include <stdio.h>
#include <stdlib.h>

int main(void)
{
    int i;
    int human;                  /* 玩家的手势 */
    int comp;                   /* 计算机的手势 */
    int judge;                  /* 胜负 */
    int retry;                  /* 再来一次？ */
    char *hd[] = {"石头", "剪刀", "布"};      /* 手势 */   ―1

    srand(time(NULL));          /* 设定随机数种子 */

    printf("猜拳游戏开始!!\n");

    do {
        comp = rand() % 3;          /* 用随机数生成计算机的手势（0~2）*/

        do {
            printf("\n\a石头剪刀布…");
            for (i = 0; i < 3; i++)
                printf(" (%d)%s", i, hd[i]);
            printf("：");
            scanf("%d", &human);          /* 读取玩家的手势 */
        } while (human < 0 || human > 2);

        printf("我出%s，你出%s。\n", hd[comp], hd[human]);   ―2

        judge = (human - comp + 3) % 3;                       /* 判断胜负 */

        switch (judge) {
         case 0: puts("平局。");      break;
         case 1: puts("你输了。");    break;
         case 2: puts("你赢了。");    break;
        }

        printf("再来一次吗…(0)否(1)是：");
        scanf("%d", &retry);
    } while (retry == 1);

    return 0;
}
```

1 的声明将数组 hd 的元素 hd[0], hd[1], hd[2] 初始化为指向各个字符串的开头字符。如 Fig.3-8 所示，因汉字编码而导致的字符串的长度差异被顺利化解了。

```
char *hd[] = {"石头", "剪刀", "布"};
```

GB2312

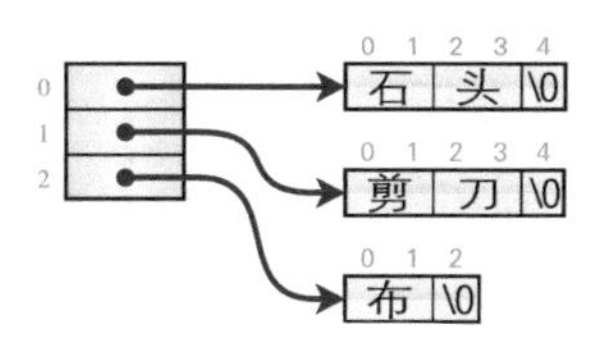

● Fig.3-8　指向字符串（的开头字符）的指针数组

而且，数组 *hd* 的三个下标 0, 1, 2 正好与表示石头、剪刀、布这三种手势的整数值 0, 1, 2 相对应。

*

在 List 3-2 的程序中，表示玩家和计算机的手势的部分是分别用 **switch** 语句实现的，程序将近有 10 行。而改良后的程序如❷所示，只有 1 行，非常简洁。

▶相反，“石头剪刀布…(0) 石头 (1) 剪刀 (2) 布：” 这部分变得很长，这也是没办法的事。

想把手势换成 "包"、"剪子"、"锤" 也很容易，只需要对数组 *hd* 的初始值进行如下改动即可。我们这就来改写程序确认一下。

```
char *hd[] = {"包", "剪子", "锤"};
```

小结

字符串数组

字符串的集合可以用二维数组或指针数组来表示。字符串的长度不同时（特别是包含全角字符时），多数情况下更适合选用后者。

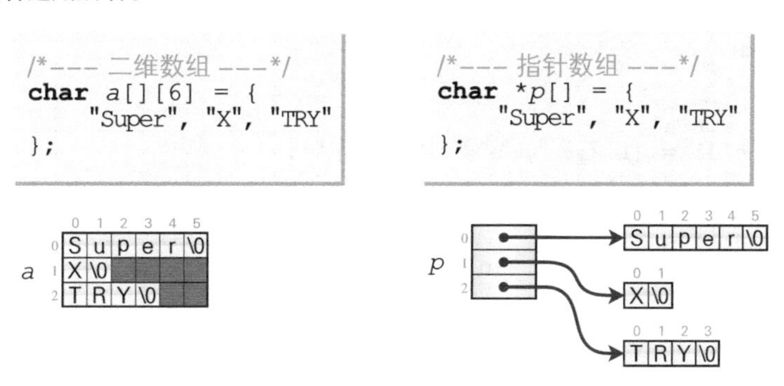

- 二维数组是一个行 × 列的表。
- 使用指针数组时，需要准备用于存储各个字符串的空间，以及用于存储指针数组的空间。

手势的值和手势的判断

下面来验证一下把石头、剪刀、布的值 0、1、2 的顺序调换一下会如何。手势的值的组合顺序共有以下 6 种（Fig.3-9）。

123：这 3 种组合的相同点在于，输了的手势放在赢了的手势的后面（输给最后一种手势的手势放在最前面）。

除了数组的声明以外，其他地方不需要更改。

456：这三种组合的相同点在于，赢了的手势放在输了的手势的后面（赢了最后一种手势的手势放在最前面）。

此时，需要把用于判断胜负的表达式中的减法运算反过来，大家可以实际改写一下程序。

```
1 char *hd[] = {"石头", "剪刀", "布"};
2 char *hd[] = {"剪刀", "布", "石头"};
3 char *hd[] = {"布", "石头", "剪刀"};

  judge = (human - comp + 3) % 3;
```

```
4 char *hd[] = {"石头", "布", "剪刀"};
5 char *hd[] = {"剪刀", "石头", "布"};
6 char *hd[] = {"布", "剪刀", "石头"};

  judge = (comp - human + 3) % 3;
```

● Fig.3-9 手势的顺序和声明

专栏 3-1 宽字符

为了处理那些不能用半角字符来表示的字符，原则上会使用 <stddef.h> 头文件中定义为 **wchar_t** 型的宽字符（wide character）。

为了方便大家参考，我们在 List 3C-1 中列举了一个简单的程序。在该程序中，用 <locale.h> 头文件声明 ***setlocale*** 函数来设置地域信息，用 <wchar.h> 头文件声明与宽字符对应的 ***wprintf*** 函数。

List 3C-1 chap03/wchar.c

```
/* 宽字符的使用示例 */
#include <wchar.h>
#include <stdio.h>
#include <locale.h>

int main(void)
{
    int i;
    wchar_t c = L'a';
    wchar_t *h[3] = {L"石头", L"剪刀", L"布"};

    setlocale(LC_ALL, "");
    wprintf(L"%lc\n", c);
    for (i = 0; i < 3; i++)
        wprintf(L"h[%d] = %ls\n", i, h[i]);

    return 0;
}
```

运行结果

```
a
h[0] = 石头
h[1] = 剪刀
h[2] = 布
```

让计算机“后出”

为了让计算机赢，我们让计算机比玩家**后出**，相应的程序如 List 3-8 所示。

List 3-8 chap03/trick.c

```
/* 计算机一定会赢的猜拳游戏 */

#include <stdio.h>

int main(void)
{
    int i;
    int human;                  /* 玩家的手势 */
    int comp;                   /* 计算机的手势 */
    int judge;                  /* 胜负 */
    int retry;                  /* 再来一次？ */
    char *hd[] = {"石头", "剪刀", "布"};      /* 手势 */

    printf("猜拳游戏开始!!\n");

    do {
        do {
            printf("\n\a石头剪刀布…");
            for (i = 0; i < 3; i++)
                printf(" (%d)%s", i, hd[i]);
            printf(":");
            scanf("%d", &human);     /* 读取玩家的手势 */
        } while (human < 0 || human > 2);

        comp = (human + 2) % 3;      /* 计算机后出！ */

        printf("我出%s，你出%s。\n", hd[comp], hd[human]);

        judge = (human - comp + 3) % 3;                    /* 判断胜负 */

        switch (judge) {
         case 0: puts("平局。");    break;
         case 1: puts("你输了。");  break;
         case 2: puts("你赢了。");  break;
        }

        printf("再来一次吗…(0)否 (1)是：");
        scanf("%d", &retry);
    } while (retry == 1);

    return 0;
}
```

计算机要“作弊”

运行示例

```
猜拳游戏开始!!

♪石头剪刀布…(0)石头(1)剪刀(2)布：2↵
我出剪刀，你出布。
你输了。
再来一次吗…(0)否 (1)是：1↵

♪石头剪刀布…(0)石头(1)剪刀(2)布：0↵
我出布，你出石头。
你输了。
再来一次吗…(0)否 (1)是：0↵
```

▶这个程序能够帮助各位加深对“手势”的理解。把这个游戏拿给朋友玩的话，可别看着他一个劲儿地输，而自己却在一旁偷笑哦。

3-2 函数的分割

随着程序规模变大，想要仅凭 **main** 函数来进行所有的操作就不现实了，下面就让我们把函数按各自的功能进行分类。

胜负次数

前面提到的程序都只是重复猜拳而已，下面我们稍微改动一下，使得猜拳游戏结束后，程序会以“×× 胜 ×× 负 ×× 平”的形式显示玩家最后的成绩，改动后的程序如 List 3-9 所示。

▶程序的运行示例会在后面出现。

List 3-9　　chap03/jyanken4.c

```
/* 猜拳游戏（其四：分割函数/显示成绩）*/

#include <time.h>
#include <stdio.h>
#include <stdlib.h>

int human;          /* 玩家的手势 */
int comp;           /* 计算机的手势 */
int win_no;         /* 胜利次数 */
int lose_no;        /* 失败次数 */
int draw_no;        /* 平局次数 */

char *hd[] = {"石头", "剪刀", "布"};        /* 手势 */

/*--- 初始处理 ---*/
void initialize(void)
{
    win_no  = 0;            /* 胜利次数 */
    lose_no = 0;            /* 失败次数 */
    draw_no = 0;            /* 平局次数 */

    srand(time(NULL));  /* 设定随机数种子 */

    printf("猜拳游戏开始!!\n");
}

/*--- 运行猜拳游戏（读取/生成手势）---*/
void jyanken(void)
{
    int i;

    comp = rand() % 3;        /* 用随机数生成计算机的手势（0~2）*/

    do {
        printf("\n\a石头剪刀布…");
        for (i = 0; i < 3; i++)
            printf(" (%d)%s", i, hd[i]);
        printf(":");
        scanf("%d", &human);            /* 读取玩家的手势 */
    } while (human < 0 || human > 2);
}
```

```
/*--- 更新胜利/失败/平局次数 ---*/
void count_no(int result)
{
    switch (result) {
     case 0: draw_no++; break;                /* 平局 */
     case 1: lose_no++; break;                /* 失败 */
     case 2: win_no++;  break;                /* 胜利 */
    }
}

/*--- 显示判断结果 ---*/
void disp_result(int result)
{
    switch (result) {
     case 0: puts("平局。");     break;        /* 平局 */
     case 1: puts("你输了。");   break;        /* 失败 */
     case 2: puts("你赢了。");   break;        /* 胜利 */
    }
}

/*--- 确认是否再次挑战 ---*/
int confirm_retry(void)
{
    int x;

    printf("再来一次吗…(0)否 (1)是：");
    scanf("%d", &x);

    return x;
}

int main(void)
{
    int judge;                           /* 胜负 */
    int retry;                           /* 再来一次？ */

    initialize();                        /* 初始处理 */

    do {
        jyanken();                       /* 运行猜拳游戏 */

        /* 显示计算机和玩家的手势 */
        printf("我出%s，你出%s。\n", hd[comp], hd[human]);

        judge = (human - comp + 3) % 3;        /* 判断胜负 */

        count_no(judge);                       /* 更新胜利/失败/平局次数 */

        disp_result(judge);                    /* 显示判断结果 */

        retry = confirm_retry();               /* 确认是否再次挑战 */

    } while (retry == 1);

    printf("%d胜%d负%d平。\n", win_no, lose_no, draw_no);

    return 0;
}
```

函数和标识符的作用域

因为每个函数都根据各自的功能独立出来了，所以本程序的 **main** 函数一目了然。Fig.3-10 提取出了 **main** 函数的骨架和注释。

```
int main(void)
{
    /* 初始处理 */
    do {
        /* 运行猜拳游戏 */
        /* 显示计算机和玩家的手势 */
        /* 判断胜负 */
        /* 更新胜利/失败/平局次数 */
        /* 显示判断结果 */
        /* 确认是否再次挑战 */
    } while (retry == 1);
}
```

● Fig.3-10　猜拳游戏主体部分的骨架和注释

大家只要阅读一下注释，就能把握程序的大致流程。

*

为了存放玩家胜利 / 失败 / 平局的次数，我们在程序中追加了 3 个变量：*win_no*、*lose_no*、*draw_no*。

然后在程序的开头（所有函数的外侧）如下声明变量 *human*、*comp*、*hd* 以及上述 3 个变量。

```
int human;      /* 玩家的手势 */
int comp;       /* 计算机的手势 */
int win_no;     /* 胜利次数 */
int lose_no;    /* 失败次数 */
int draw_no;    /* 平局次数 */

char *hd[] = {"石头", "剪刀", "布"};      /* 手势 */
```

这样一来，就给这 6 个变量添加了**文件作用域**（file scope），从声明部分开始到源文件末尾，标识符的名称是通用的，所有的函数都能引用这些变量。

▶**标识符**（identifier）是变量和函数的名称，其通用的范围就是“作用域”，关于“作用域”我们将在专栏 3-2 中学习。

下面来简单看一下各个函数。

▪ initialize 函数

此函数负责猜拳游戏的前期准备工作。

把用于存放玩家胜利次数、失败次数、平局次数的 3 个变量 *win_no*、*lose_no*、*draw_no* 的值设为 0。

再调用 ***srand*** 函数，根据当前时间设定随机数的种子。

准备完毕后，屏幕上会显示出“猜拳游戏开始！！”的字样。

```
运行示例
猜拳游戏开始!!

石头剪刀布…(0)石头 (1)剪刀 (2)布: 2
我出石头，你出布。
你赢了。
再来一次吗…(0)否 (1)是: 1

石头剪刀布…(0)石头 (1)剪刀 (2)布: 2
我出布，你出布。

…（省略）…

我出石头，你出石头。
平局。
再来一次吗…(0)否 (1)是: 0
5胜3负2平。
```

▪ jyanken 函数

把计算机的手势设成 0，1，2 这 3 个随机数，再从键盘输入玩家的手势。

▪ count_no 函数

根据判断结果更新存放胜负次数的变量的值。参数 *result* 接收的判断结果如下。

- 0：平局。
- 1：玩家失败。
- 2：玩家胜利。

针对这 3 种情况，分别对变量 *draw_no*（平局次数）、*lose_no*（玩家失败的次数）、*win_no*（玩家胜利的次数）进行增量操作。

▪ disp_result 函数

显示胜负结果的函数。

参数 *result* 接收的值和 *count_no* 函数接收的值相同。程序根据这个值来显示“平局。”“你输了。”“你赢了。”。

▪ confirm_retry 函数

用于确认是否要继续猜拳游戏的函数。

显示“再来一次吗…(0) 否 (1) 是：”，直接返回从键盘输入的整数值。

猜赢 3 次就结束

接下来的 List 3-10 所示的程序不再询问玩家是否继续游戏，而是**待计算机或玩家中的一方赢了 3 局后就自动结束**。

List 3-10 chap03/jyanken5.c

```
/* 猜拳游戏（其五：先赢满3局者胜）*/

#include <time.h>
#include <stdio.h>
#include <stdlib.h>

int human;          /* 玩家的手势 */
int comp;           /* 计算机的手势 */
int win_no;         /* 胜利次数 */
int lose_no;        /* 失败次数 */
int draw_no;        /* 平局次数 */

char *hd[] = {"石头", "剪刀", "布"};        /* 手势 */

/*--- 初始处理 ---*/
void initialize(void)
{
    win_no  = 0;         /* 胜利次数 */
    lose_no = 0;         /* 失败次数 */
    draw_no = 0;         /* 平局次数 */

    srand(time(NULL)); /* 设定随机数种子 */

    printf("猜拳游戏开始!!\n");
}

/*--- 运行猜拳游戏（读取/生成手势）---*/
void jyanken(void)
{
    int i;

    comp = rand() % 3;        /* 用随机数生成计算机的手势（0~2）*/

    do {
        printf("\n\a石头剪刀布…");
        for (i = 0; i < 3; i++)
            printf(" (%d)%s", i, hd[i]);
        printf("：");
        scanf("%d", &human);            /* 读取玩家的手势 */
    } while (human < 0 || human > 2);
}

/*--- 更新胜利/失败/平局次数 ---*/
void count_no(int result)
{
    switch (result) {
     case 0: draw_no++; break;             /* 平局 */
     case 1: lose_no++; break;             /* 失败 */
     case 2: win_no++;  break;             /* 胜利 */
    }
}

/*--- 显示判断结果 ---*/
void disp_result(int result)
{
    switch (result) {
     case 0: puts("平局。");     break; /* 平局 */
     case 1: puts("你输了。");   break; /* 失败 */
     case 2: puts("你赢了。");   break; /* 胜利 */
    }
}

int main(void)
```

```
{
    int judge;                  /* 胜负 */

    initialize();                                   /* 初始处理 */

    do {
        jyanken();                                  /* 运行猜拳游戏 */

        /* 显示计算机和玩家的手势 */
        printf("我出%s, 你出%s。\n", hd[comp], hd[human]);

        judge = (human - comp + 3) % 3;             /* 判断胜负 */

        count_no(judge);                            /* 更新胜利/失败/平局次数 */

        disp_result(judge);                         /* 显示判断结果 */

    } while (win_no < 3 && lose_no < 3);

    printf(win_no == 3 ? "\n□你赢了。\n" : "\n■我赢了。\n");

    printf("%d胜%d负%d平。\n", win_no, lose_no, draw_no);

    return 0;
}
```

运行示例

```
猜拳游戏开始!!

石头剪刀布…(0)石头 (1)剪刀 (2)布: 2
我出剪刀, 你出布。
你输了。

… 省略 …

石头剪刀布…(0)石头 (1)剪刀 (2)布: 2
我出石头, 你出布。
你赢了。

□你赢了。
3胜2负1平。
```

本程序原封不动地引用了之前程序中的 *initialize*、*jyanken*、*count_no*、*disp_result* 这 4 个函数。

▶这里我们不再需要确认游戏是否继续，因此删除了 *confirm_retry* 函数。

计算机或玩家中有一方赢满 3 局，就意味着玩家胜利的次数 *win_no* 和失败的次数 *lose_no* 中有一个会变成 3。

当 *win_no* 或 *lose_no* 变成 3 时，程序会结束 **do** 语句执行的循环。

相反，如果变量 *win_no* 和 *lose_no* 都不满 3，那么循环就会持续下去，由阴影部分负责进行这项判断。

do 语句还可以像下面这样来实现。

```
do {
    /*… 省略 …*/
} while (!(lose_no == 3 || win_no == 3));
```

do 语句结束后，屏幕就会显示出是哪一方获得胜利，随后程序结束。

专栏 3-2　作用域

标识符是变量和函数的名称，其通用的范围就是**作用域**（scope）。

在块 {} 内声明的标识符，在从块的开头一直到块的末尾的 } 的范围内都是有效的，在块以外的范围则是无效的，这就是**块级作用域**（block scope）。

在函数外声明的变量的标识符的有效范围一直到该源程序的末尾，这就是**文件作用域**（file scope）。

*

如果两个同名变量分别拥有文件作用域和块级作用域，那么拥有块级作用域的变量是"可见"的，而拥有文件作用域的变量是"不可见"的。

当两个同名变量都拥有块级作用域时，内侧的变量是"可见"的，而外侧的变量是"不可见"的。

*

chap03/scope.c

```
/* 标识符的作用域 */

#include <stdio.h>

int x = 77;

void print_x(void)
{
    printf("x = %d\n", x);
}

int main(void)
{
    int i;
    int x = 88;

    print_x();                          ①

    printf("x = %d\n", x);              ②

    for (i = 0; i < 5; i++) {           ③
        int x = i * 11;
        printf("x = %d\n", x);
    }

    printf("x = %d\n", x);              ④

    return 0;
}
```

我们通过 List 3C-2 的程序来验证一下。

①一开始调用的函数 *print_x* 用于显示拥有文件作用域的 *x* 的值。

x = 77

②后面的 ***printf*** 函数则用于显示在 **main** 函数的开头声明的 *x* 的值。

x = 88

③**for** 语句中也声明和定义了 *x*。块 {} 是 **for** 语句的循环体，其中的 *x* 就是 **for** 语句中声明和定义的 *x*。因为 **for** 语句会进行 5 次循环，所以 *x* 的值显示为：

x = 0

x = 11

x = 22

x = 33

x = 44

然而当 **for** 语句结束循环时，这个 *x* 就会消失，其名称也会失效。

④在最后调用的 ***printf*** 函数中，**main** 函数的开头所声明的 *x* 的值显示为：

x = 88

*

除了这里介绍的两个作用域外，还存在**函数作用域**（function scope）和**函数原型作用域**（function prototype scope）。

✍ 自由演练

练习 3-1

编写一个程序，把 List 3-9 程序中的函数 `count_no` 和 `disp_result` 整合成一个函数，然后讨论更改前和更改后的程序。

练习 3-2

把 List 3-10 中的猜赢 3 次拳泛化为猜赢 *n* 次拳。在游戏一开始就问“要猜赢几次?”，让玩家来输入 *n* 的值。

练习 3-3

编写一个“猜拳游戏”，让计算机只能出石头和布。

练习 3-4

编写一个“猜拳游戏”，让计算机第 1 次一定出石头。

※ 让计算机从第 2 次开始随机出石头、剪刀或者布。

练习 3-5

编写一个“猜拳游戏”，让计算机每 5 次就会“后出”。

编写两个版本，一个是只要玩家愿意就能不断重复玩的“猜拳游戏”，另一个是猜赢 *n* 次就会结束的“猜拳游戏”。

练习 3-6

编写一个“猜拳游戏”，让游戏结束时显示玩家和计算机出过的所有手势和胜负的历史记录。

编写两个版本，一个是只要玩家愿意就能不断重复玩的“猜拳游戏”，另一个是猜赢 *n* 次就会结束的“猜拳游戏”。

※ 关于历史记录的保存可参见第 5 章。

练习 3-7

编写一个 3 人对战的“猜拳游戏”。由计算机来担任 2 个角色，这 2 个角色的手势都用随机数来生成。

编写两个版本，一个是只要玩家愿意就能不断重复玩的“猜拳游戏”，另一个是猜赢 *n* 次就会结束的“猜拳游戏”。

练习 3-8

编写一个 4 人对战的“猜拳游戏”，由计算机来担任 3 个角色，这 3 个角色的手势都用随机数来生成。

编写两个版本，一个是只要玩家愿意就能不断重复玩的“猜拳游戏”，另一个是猜赢 n 次就会结束的“猜拳游戏”。

第 4 章

珠玑妙算

本章编写的“珠玑妙算”是一个根据出题者给出的提示，来猜不重复的数字串的程序。

本章主要学习的内容

- 生成不重复的随机数
- 检查数组内的重复元素
- 将数值作为字符串来读取
- 判断字符类别
- 数字字符的性质
- 数字字符和整数值的相互转换
- 作为函数参数的指针

⊙ atof 函数
⊙ atoi 函数
⊙ atol 函数
⊙ isalnum 函数
⊙ isalpha 函数
⊙ iscntrl 函数
⊙ isdigit 函数
⊙ isgraph 函数
⊙ islower 函数
⊙ isprint 函数
⊙ ispunct 函数
⊙ isspace 函数
⊙ isupper 函数
⊙ isxdigit 函数

4-1 珠玑妙算

“珠玑妙算”是一个猜不重复的数字串的游戏。游戏流程是：出题者根据答题者的推测给予提示，循环进行这种对话形式的处理，直到答题者猜对答案为止。

珠玑妙算

本章要编写的是一个叫“珠玑妙算”的程序。计算机是出题者，玩家是答题者。

出题者从数字 0 ~ 9 中选出 4 个数字，并将这 4 个数字排列成数字串作为题目。因为所有数字都不相同，所以不会出现像“3513”这样有重复数字的现象。

Fig.4-1 所示为答案是“9847”时的游戏流程。

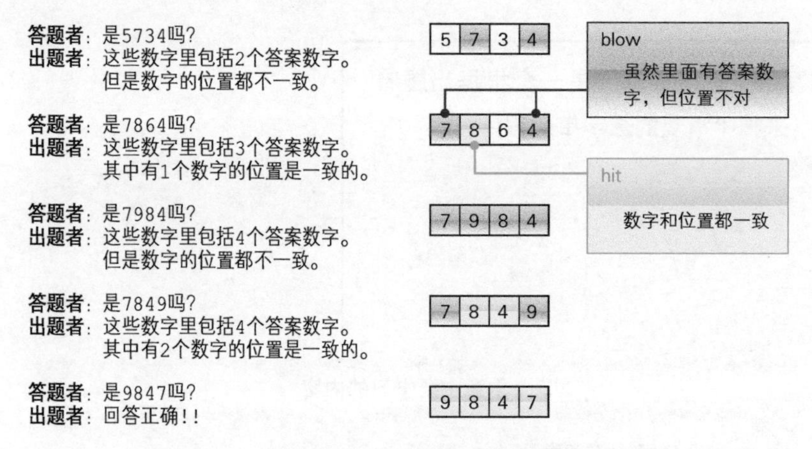

● Fig.4-1 珠玑妙算的流程示例（正确答案是 9847）

答题者（玩家）推测数字串，然后出题者（计算机）提示玩家该数字串中包含多少个答案数字，其中又有多少个数字的位置是正确的。如图所示，数字和位置都与正确答案一致就是 hit，数字猜对了但位置不一致就是 blow。

▶出题者给出的提示就是“hit 和 blow 的总数”与“hit 数”。

重复这样的“对话”，直到答题者猜对（所有的数字都是 hit）为止。

▶请大家注意，假设在答题者推测是“1234”时，出题者提示“这些数字中包括 2 个答案数字”，在答题者推测是“1235”时，出题者也同样提示“这些数字中包括 2 个答案数字”，这种情况下可能会有以下两种模式。

- 1、2、3 中包括 2 个答案数字，4 和 5 都不是答案数字。
- 1、2、3 中包括 1 个答案数字，4 和 5 都是答案数字。

专栏 4-1 珠玑妙算

《珠玑妙算》(Mastermind)是英国 Invicta 公司于 1973 年开始销售的一款益智游戏，据说迄今为止已经在全世界销售了 3000 多万套。

《珠玑妙算》于 1974 年获奖后，在 1975 年登陆美国，1976 年 LeslieH.Autl 博士甚至还出版了一本名为 *The Official Mastermind Handbook* 的著作，专门研究这个游戏。

游戏由以下部分构成。

- 8 种颜色的彩钉[①](白色、黑色、红色、蓝色、黄色、绿色、橙色、褐色)
- 2 种颜色的判断彩钉(白色和黑色)
- 嵌入彩钉的游戏盘

一人是出题者，另一人是答题者，二人按照下面的步骤来进行游戏。

① 出题者把 4 种不同颜色的彩钉排好，排时不能让答题者看见。

② 答题者推测出题者摆放的顺序并排列彩钉。

③ 根据答题者给出的答案，出题者像下面这样来放置判断钉。

◆黑色钉：颜色和位置一致(hit)。

◇白色钉：颜色一致，但位置不一致(blow)。

黑色钉和白色钉每种最多只能放置 4 个。

④ 如果放置的白色钉不满 4 个，就回到步骤②，如果放置了 4 个黑色钉，那么答题者回答正确，进入步骤⑤。

⑤ 出题者和答题者互换身份后回到步骤①，反复比试，看哪一方能更快猜中。

虽然游戏规定不能重复放置相同颜色的彩钉，但玩家也可以修改规则来提升游戏的难度，例如允许彩钉颜色重复、加入无色钉，等等。

*

除此之外，还有使用数字当棋子的**数字珠玑妙算**(Number Mastermind)，使用字母当棋子来猜出题者隐藏的单词的**单词珠玑妙算**(Word Mastermind)，以及猜形状、颜色、位置的**豪华珠玑妙算**(Grand Mastermind)，等等。

本章所举的例子是数字珠玑妙算中的一种。

出题

首先来思考一下该如何生成作为题目的“4 个不同数字的组合”。我们把题目存入元素类型是 `int` 型，元素个数是 4 的数组 *x* 中。

如下所示，看似只要把 0 ～ 9 的随机数赋给数组 *x* 的元素 `x[0]`, `x[1]`, `x[2]`, `x[3]`，问题就解决了。

```
/*--- 这样不行 ---*/
for (i = 0; i < 4; i++)
    x[i] = rand() % 10;
```

但因为**存在数字重复的可能性**，所以此方法不适合用来

① 有的用顶端是圆头的彩珠代替彩钉。——译者注

生成“珠玑妙算”的题目。

List 4-1 所示的函数对此进行了改良，并顺利完成了出题。

List 4-1　　chap04/make4digits.c

```
/*--- 生成4个不同数字的组合并存入数组x ---*/
void make4digits(int x[])
{
    int i, j, val;

    for (i = 0; i < 4; i++) {                                          ❶
        do {
            val = rand() % 10;          /* 0~9的随机数 */               ❷
            for (j = 0; j < i; j++)     /* 是否已获得此数值 */
                if (val == x[j])                                       ❸
                    break;
        } while (j < i);           /* 循环直至获得不重复的数值 */
        x[i] = val;                                                    ❹
    }
}
```

上述代码段是一个三重循环结构，即 **for** 语句中嵌套有 **do** 语句，**do** 语句中又嵌套有 **for** 语句。

为了按顺序生成 *x* 的元素 *x*[0]，*x*[1]，*x*[2]，*x*[3]，我们在外侧的 **for** 语句中把变量 *i* 的值由 0增量到 3。

我们来看一下循环体❶。假设 *x*[0]、*x*[1] 中已分别存有 7 和 5，接下来要生成第 3 个随机数。

►此时，外侧 **for** 语句中 *i* 的值是 2。

程序运行到 **do** 语句后，首先要根据❷生成 0 ～ 9 的随机数，并赋给变量 *val*。

然后❸的 **for** 语句负责检查变量 *val* 的值跟 *x*[0]、*x*[1] 是否重复，如 Fig.4-2 所示。这个 **for** 语句把变量 *j* 的值按 0, 1 增量，并遍历数组 *x*。

▪ 发生重复时（生成的随机数 val 是 7 或 5）

如果生成的随机数 *val* 是 7，那么 *j* 为 0时，*val* 和 x[*j*] 相等，**if** 语句成立（图ⓐ）。如果 *val* 是 5，那么 *j* 为 1 时 **if** 语句就成立（图ⓑ）。

因为 **break** 语句会强制中断 **for** 语句的循环，所以 *j* 的值在ⓐ中为 0，在ⓑ中为 1。

▪ 没有发生重复时（生成的随机数 val 既不是 7 也不是 5）

如果生成的随机数 *val* 既不是 7 也不是 5，那么 *val* 和 x[*j*] 不相等，**if** 语句不成立。内侧的 **for** 语句会一直运行到最后。

如图ⓒ所示，**for** 语句结束时 *j* 和 *i* 的值都等于 2。

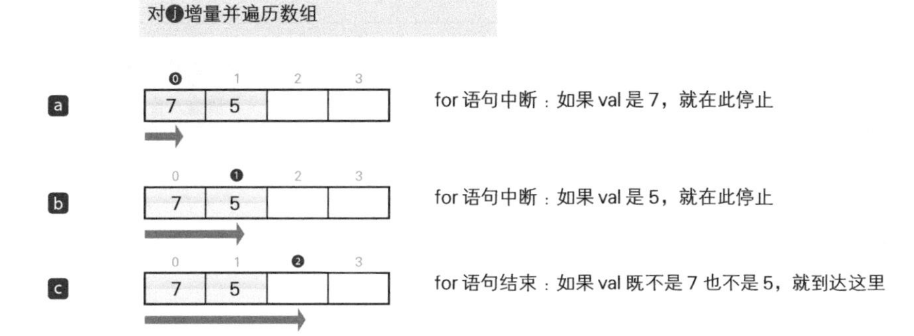

● Fig.4-2　查找重复的数值

for 语句结束时，“变量 *j* 的值”如下所示。

> 比较生成的随机数 *val* 和已生成的值（*a*[0] ~ *a*[*i* - 1] 中存储的值），
> - 如果重复：则 *j* 值小于 *i* 值；
> - 如果不重复：则 *j* 值与 *i* 值相等。

包围内侧 **for** 语句的 **do** 语句的控制表达式是 *j* < *i*。因此，**如果生成的随机数重复，do 语句就会循环并再次生成新的随机数**。

如果变量 *j* 和 *i* 相等（生成的随机数不重复），**do** 语句就会结束。**do** 语句结束后，4 的部分就把 *val* 存入数组的元素 *x*[*i*] 中。

▶ List 4-1 的程序把生成的随机数赋给了变量 *val*。下面这种情况则不需要变量 *val*。

```
for (i = 0; i < 4; i++) {
    do {
        x[i] = rand() % 10;          /* 0 ~ 9的随机数 */
        for (j = 0; j < i; j++)      /* 是否已获得此数值 */
            if (x[i] == x[j])
                break;
    } while (j < i);            /* 循环直至获得不重复的数值 */
}
```

此处我们考虑了 *i* 的值为 2 时的情形。当 *i* 的值是 0, 1, 2, 3 时，循环上述操作，就能生成题目了。

读取数字串

下面来讨论如何输入玩家回答的数字串。首先运行 List 4-2 的程序。这个程序的作用很简单：通过 ***scanf*** 函数来读取整数值并显示该数值。

List 4-2 chap04/scanint.c

```c
/* 读取并显示整数值 */

#include <stdio.h>

int main(void)
{
    int x;                  /* 已读取的值 */

    printf("请输入整数: ");
    scanf("%d", &x);

    printf("你输入了%d。\n", x);

    return 0;
}
```

运行示例

```
请输入整数: 0367↵
你输入了367。
```

如运行示例所示，当输入 0367 时，程序会无视开头输入的 0，把 367 存入 *x* 中。这样一来，**答题者就不能输入以 0 开头的数字串了**。

atoi 函数 /atol 函数 /atof 函数：把字符串转换为数值

接下来我们尝试让程序读取字符串而非数值，运行一下 List 4-3 的程序。

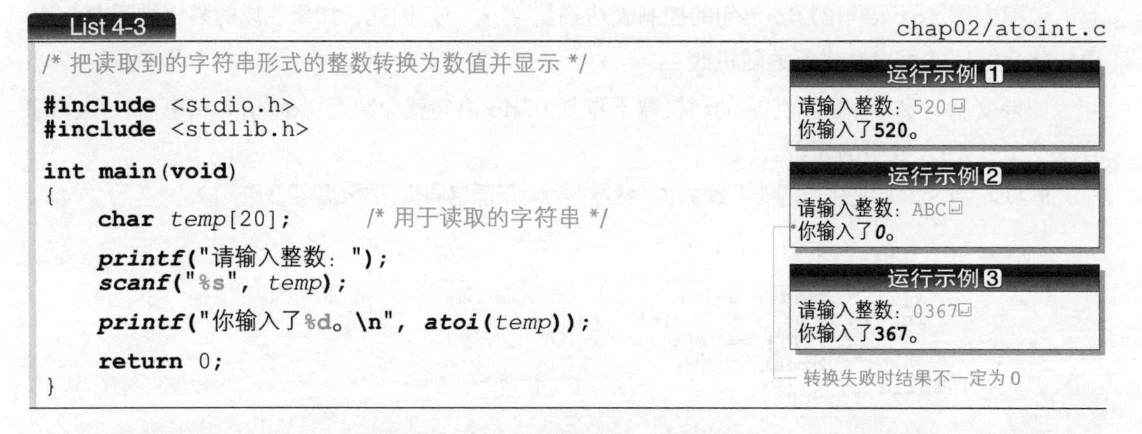

List 4-3 chap02/atoint.c

```c
/* 把读取到的字符串形式的整数转换为数值并显示 */

#include <stdio.h>
#include <stdlib.h>

int main(void)
{
    char temp[20];          /* 用于读取的字符串 */

    printf("请输入整数: ");
    scanf("%s", temp);

    printf("你输入了%d。\n", atoi(temp));

    return 0;
}
```


本程序中用到了将字符串转换成 **int** 型数值的 ***atoi*** 函数。这个函数的 **long** 型版本是 ***atol*** 函数，**double** 型版本是 ***atof*** 函数。这 3 个函数的规格如下所示，它们都会把参数 *nptr* 接收的字符串转换成数值并返回。

	atoi
头文件	**#include** <stdlib.h>
格式	**int** ***atoi***(**const char** **nptr*);
功能	把 *nptr* 所指的字符串转换成 **int** 型的形式
返回值	返回转换后的值。若无法用 **int** 型表示结果数值，则作未定义处理（取决于编程环境）

	atol
头文件	**#include** <stdlib.h>
格式	**long** ***atol*****(const char** **nptr*)**;**
功能	把 *nptr* 所指的字符串转换成 **long** 型的形式
返回值	返回转换后的值。若无法用 **long** 型表示结果数值，则作未定义处理（取决于编程环境）

	atof
头文件	**#include** <stdlib.h>
格式	**double** ***atof*****(const char** **nptr*)**;**
功能	把 *nptr* 所指的字符串转换成 **double** 型的形式
返回值	返回转换后的值。若无法用 **double** 型表示结果数值，则作未定义处理（取决于编程环境）

在运行示例②中，***atoi*** 函数接收了非数值字符串 "ABC" 并返回了 0。当函数获取了非数值的字符串时，返回的结果要取决于编程环境（并不是在所有编程环境下函数都会返回 0）。函数调用方**并不知道是否正确进行了转换**。

▶即使所有的编程环境都会在无法转换时返回 0，也无法区分到底是无法转换还是转换前的字符串就是 "0"。

在运行示例③中，字符串 "0367" 转换成整数后得到的结果**只是 367 而已**。可见，使用 ***atoi*** 函数的方法也行不通。

专栏 4-2 把字符串转换成数值的方法

通过阅读上文我们也可以了解到，***atoi***、***atol***、***atof*** 函数的规格比较模棱两可，并没有严密规定在无法转换时要返回什么值。

在将字符串转换成数值失败时，必须使用 ***strtoul***、***strtol***、***strtod*** 函数以便调用方区分是转换失败了还是转换前字符串为 "0"。

检查已读取的字符串的有效性

接下来我们不依赖标准库，自行解析玩家输入的字符串。首先要检查字符串**作为答案的有效性**，如下所示。

① 是否为 4 个字符？

② 是否含有非数字的字符？

③ 是否含有重复的数字？

负责进行这项操作的是 List 4-4 所示的 *check* 函数。如果字符串 *s* 作为“珠玑妙算”的答案有效，就返回 0，如果无效，就返回一个错误编码（数字 1 ～ 3）。

List 4-4 chap04/check.c

```
/*--- 检查已输入的字符串s的有效性 ---*/
int check(const char s[])
{
    int i, j;

    if (strlen(s) != 4)              /* 字符串长度不为4 */      ❶
        return 1;
    for (i = 0; i < 4; i++) {
        if (!isdigit(s[i]))                                    ❷
            return 2;                /* 包含了除数字以外的字符 */
        for (j = 0; j < i; j++)                                ❸
            if (s[i] == s[j])
                return 3;            /* 含有相同数字 */
    }
    return 0;                        /* 字符串有效 */          ❹
}
```

❶ 检查字符串的长度是否为 4

首先要检查字符的数量。如果经 **strlen** 函数检查后，字符串 *s* 的长度不为 4，就会返回错误编码的数字 1。

❷ 检查是否含有除数字字符以外的其他字符

外侧的 **for** 语句负责遍历字符串以检查字符串中的字符 *s*[*i*] 是否有效。此处用了 ***isdigit*** 函数来判断字符 *s*[*i*] 是否为数字字符。

▶ ***isdigit*** 函数和我们在第 3 章中学习过的 ***isprint*** 函数（3-1 节）是一对“好朋友”。

	isdigit
头文件	**#include** <ctype.h>
格式	**int** ***isdigit***(**int** *c*);
功能	判断 *c* 是否为十进制数字
返回值	若判断成立，则返回除 0 以外的值（真），若判断不成立，则返回 0

如果 *s*[*i*] 不是数字字符，函数会返回错误编码的数字 2。

❸ 检查是否存在重复的数字

❸的 **for** 语句负责检查字符 *s*[*i*] 是否和它前面的 *s*[0], *s*[1], …, *s*[*i*-1] 重复，发现重复字符就会返回错误编码的数字 3。

Fig.4-3 所示为 *s* 为 "4919" 时的检查过程，让我们结合图来理解。

▶蓝色圆圈●中的数值为 *i* 的值，黑色圆圈●中的数值为 *j* 的值。

- **当变量 *i* 等于 0时**

内侧的 **for** 语句不发生循环（图中没有显示）。

- **当变量 *i*等于 1 时：图a**

内侧的 **for** 语句会循环 1 次，*j* 的值从 0 增量到 0。在此过程中，找不到等于 *s*[*i*]，即等于 '9' 的 *s*[*j*]。

- **当变量 *i*等于 2 时：图b**

内侧的 **for** 语句会循环 2 次，*j* 的值从 0 增量到 1。在此过程中，找不到等于 *s*[*i*]，即等于 '1' 的 *s*[*j*]。

- **当变量 *i*等于 3 时：图c**

内侧的 **for** 语句会循环 3 次，*j* 的值从 0 增量到 2。当 *j* 的值等于 1 时，*s*[*j*] 和 *s*[*i*] 都等于 '9'，出现重复字符，返回错误编码的数字 3。

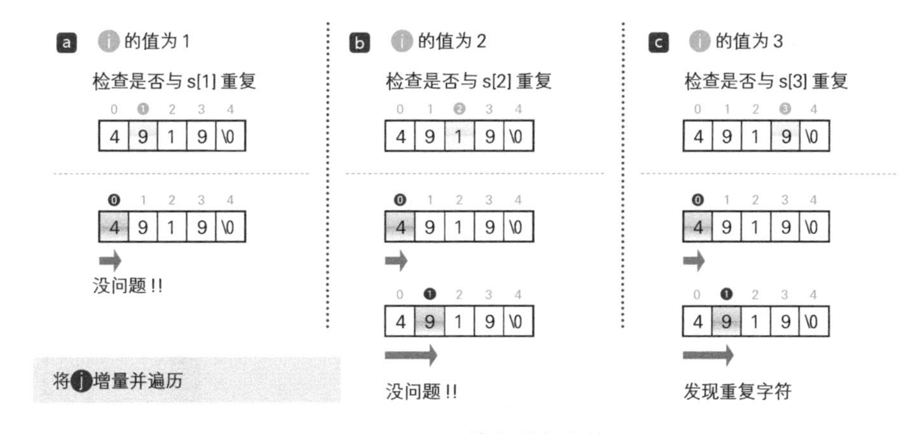

● Fig.4-3 检查重复字符

4 结束有效性的检查

在步骤 1 到 3 的检查都正常结束后，*check* 函数会返回 0。

字符类别的判断

我们在上一章中学习了 ***isprint*** 函数，在本章中学习了 ***isdigit*** 函数，现在我们来简单学习一下用于判断字符类别的函数。

▶每个函数都用 <ctype.h> 声明，若判断成立，函数会返回除 0 以外的值，若判断不成立，则返回 0。各个函数的判断因字符编码和区域信息（地域信息）而有所不同，这里以 ASCII 编码为例来为大家讲解。

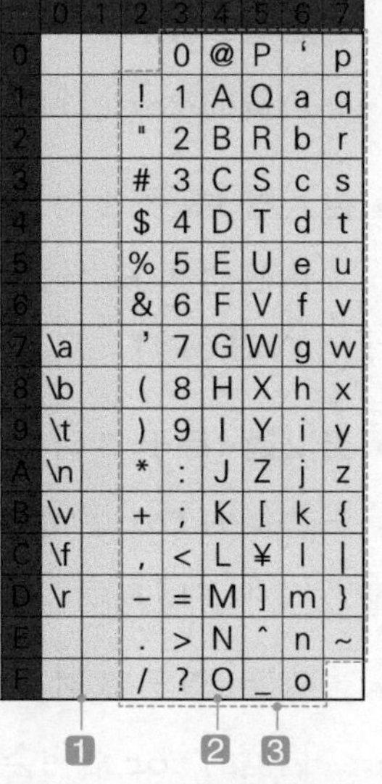

	0	1	2	3	4	5	6	7
0				0	@	P	‘	p
1			!	1	A	Q	a	q
2			"	2	B	R	b	r
3			#	3	C	S	c	s
4			$	4	D	T	d	t
5			%	5	E	U	e	u
6			&	6	F	V	f	v
7	\a		’	7	G	W	g	w
8	\b		(	8	H	X	h	x
9	\t		)	9	I	Y	i	y
A	\n		*	:	J	Z	j	z
B	\v		+	;	K	[	k	{
C	\f		,	<	L	¥	l	|
D	\r		–	=	M	]	m	}
E			.	>	N	ˆ	n	~
F			/	?	O	_	o	

● Fig.4-4 字符编码①

1 int iscntrl(int c)

判断字符 *c* 是否为**控制字符**。

在 ASCII 中，若 *c* 为 Fig.4-4 中灰色阴影部分所示的 `0x00`~`0x1F`，则判断成立。

2 int isprint(int c)

判断字符 *c* 是否为**显示字符**。

在 ASCII 中，若 *c* 为 Fig.4-4 中蓝色阴影部分所示的 `0x20`~`0x7E`，则判断成立。

3 int isgraph(int c)

判断字符 *c* 是否为**不包括空白字符的显示字符**。

在 ASCII 中，若 *c* 为 Fig.4-4 中虚线部分（2 中不包括空白字符的部分）所示的 `0x21` ~ `0x7E`，则判断成立。

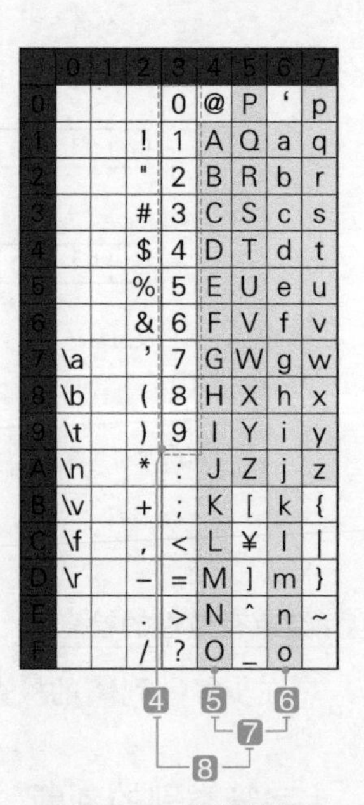

	0	1	2	3	4	5	6	7
0				0	@	P	‘	p
1			!	1	A	Q	a	q
2			"	2	B	R	b	r
3			#	3	C	S	c	s
4			$	4	D	T	d	t
5			%	5	E	U	e	u
6			&	6	F	V	f	v
7	\a		’	7	G	W	g	w
8	\b		(	8	H	X	h	x
9	\t		)	9	I	Y	i	y
A	\n		*	:	J	Z	j	z
B	\v		+	;	K	[	k	{
C	\f		,	<	L	¥	l	|
D	\r		–	=	M	]	m	}
E			.	>	N	ˆ	n	~
F			/	?	O	_	o	

● Fig.4-5 字符编码②

4 int isdigit(int c)

判断字符 *c* 是否为**十进制数字字符** `'0'`, `'1'`, …, `'9'`。

在 ASCII 中，若 *c* 为 Fig.4-5 中虚线部分所示的 `0x30` ~ `0x39`，则判断成立。

5 int isupper(int c)

判断字符 *c* 是否为**大写英文字符** `'A'`, `'B'`, …, `'Z'`。

在 ASCII 中，若 *c* 为 Fig.4-5 中灰色阴影部分所示的 `0x41`~`0x5A`，则判断成立。

6 int islower(int c)

判断字符 *c* 是否为**小写英文字符** `'a'`, `'b'`, …, `'z'`。

在 ASCII 中，若 *c* 为 Fig.4-5 中蓝色阴影部分所示的 `0x61` ~ `0x7A`，则判断成立。

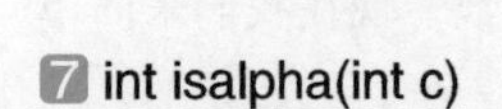

7 int isalpha(int c)

判断字符 *c* 是否为**英文字符**（***islower*** 函数或 ***isupper*** 函数判断为真的字符）。

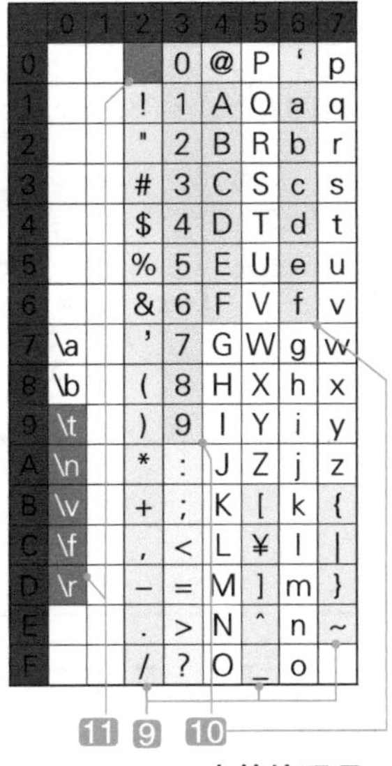

● Fig.4-6 字符编码③

在 ASCII 中，若 *c* 为 Fig.4-5 中⑤和⑥合并后的 `0x41` ~ `0x5A` 或 `0x61` ~ `0x7A`，则判断成立。

⑧ int isalnum(int c)

判断字符 *c* 是否为**英文字符或十进制数字**（***isalpha*** 函数或 ***isdigit*** 函数判断为真的字符）。

在 ASCII 中，若 *c* 为 Fig.4-5 中④和⑦合并后的 `0x30`~ `0x39`、`0x41` ~ `0x5A` 或 `0x61` ~ `0x7A`，则判断成立。

⑨ int ispunct(int c)

判断字符 *c* 是否为**非空白字符且非数字字符且非英文字符的显示字符**。

在 ASCII 中，若 *c* 为 Fig.4-6 中蓝色阴影部分（③中不包括⑧的部分）所示的 `0x21` ~ `0x2F`、`0x3A` ~ `0x40`、`0x5B` ~ `0x60`或 `0x7B` ~ `0x7E`，则判断成立。

⑩ int isxdigit(int c)

判断字符 *c* 是否为**十六进制数字字符** `'0'`, `'1'`, …, `'9'` 或 `'A'`, `'B'`, …, `'F'` 或 `'a'`, `'b'`, …, `'f'`。

在 ASCII 中，若 *c* 为 Fig.4-6 中灰色阴影部分所示的 `0x30` ~ `0x39`、`0x41` ~ `0x46`、`0x61` ~ `0x66`，则判断成立。

⑪ int isspace(int c)

判断字符 *c* 是否为**空白类字符**（空白字符 `' '`、换页符 **`'\f'`**、换行符 **`'\n'`**、回车符 **`'\r'`**、水平制表符 **`'\t'`**、垂直制表符 **`'\v'`**）。

在 ASCII 中，若 *c* 为 Fig.4-6 中深灰色阴影部分所示的 `0x09` ~ `0x0D` 或 `0x09` ~ `0x20`，则判断成立。

hit 和 blow 的判断

如果玩家输入的字符串的形式有效，程序就会把玩家的答案和正确答案（应该猜中的数字串）进行比较。List 4-5 所示的 *judge* 函数就是用来求 hit（数字和位置都一致）数和 blow（数字正确但位置不一致）数的。

List 4-5 chap04/judge.c

```
/*--- hit和blow的判断 ---*/
void judge(const char s[], const int no[], int *hit, int *blow)
{
    int i, j;

    *hit = *blow = 0;
    for (i = 0; i < 4; i++) {
        for (j = 0; j < 4; j++) {
            if (s[i] == '0' + no[j])      /* 数字一致 */
                if (i == j)
                    (*hit)++;             /* hit（位置也一致） */
                else
                    (*blow)++;            /* blow（位置不一致） */
        }
    }
}
```

字符串 *s* 是玩家输入的字符串，数组 *no* 是存放计算机已生成的题目的数组（Fig.4-7），hit 数和 blow 数将分别赋给指针 *hit* 和 *blow* 所指的变量。

▶需要注意的是，*hit* 和 *blow* 不是 **int** 型，而是**指向 int 的指针型**。为什么一定要是指针型呢？原因我们会在**专栏 4-3** 中学习。

外侧的 **for** 语句负责从头开始依次遍历字符串 *s* 中的每个字符，内侧的 **for** 语句负责检查字符 *s*[*i*] 和已出题目 *no*[0], *no*[1], *no*[2], *no*[3] 的各个数字是否存在“hit”或“blow”关系。

数组 *s* 内存放的是字符，数组 *no* 内存放的是整数值。以下图为例，*s*[0] 是 **char** 型的 '3'，*no*[0] 是 **int** 型的 3。

因此，即使通过 *s*[0] == *no*[0] 进行判断，其结果也为假。

● Fig.4-7 作为 hit 和 blow 的判断对象的数组

我们来看一下阴影部分，也就是 **if** 语句的控制表达式，这部分用来比较元素内的字符和数字。为了比较 *s*[*i*]（字符 '0', '1',…）和 *no*[*j*]（整数值 0, 1, …），我们在 *no*[*j*] 里添加了 '0'。

ASCII 编码体系中的数字字符 '0', '1', …, '9' 的编码用十六进制数表示分别是 0x30, 0x31, …, 0x39，用十进制数表示则是 48, 49, …, 57（Fig.4-8）。

此外，在 IBM 的通用计算机使用的 EBCDIC 编码中，这些值用十进制数表示分别是 240, 241, …, 249。

编码体系不同，各个字符的值也各有差异，但无论何种字符编码体系，都存在下列规律。

> **数字字符 `'0'`，`'1'`，…，`'9'` 的编码以 1 为单位依次递增。**

▶上述规律是依据 ISO①、ANSI 的 C 语言标准而定的。

因此，不管在何种字符编码体系中，`'5'` 的编码和 `'0'` 的编码的差值都是 5，`'5'` 减去 `'0'` 都能得到整数值 5。

数字字符	'0'	'1'	'2'	'3'	'4'	'5'	'6'	'7'	'8'	'9'
JIS 编码	48	49	50	51	52	53	54	55	56	57
EBCDIC 编码	240	241	242	243	244	245	246	247	248	249
减去 '0' 后的值	0	1	2	3	4	5	6	7	8	9

与字符编码无关

●Fig.4-8 数字字符的字符编码与数值之间的关系

由此可知，数字和整数值可按照下列方法相互转换。

> - **数字字符减去 `'0'`，可以得到对应的整数值。**
> - **整数值加上 `'0'`，可以得到对应的数字字符。**

要判断某字符 *c* 是否为数字字符，不仅可以通过 ***isdigit(c)*** 判断，还能通过 `c >= '0' && c <= '9'` 来判断。

*

既然 **if** 语句成立，就能够确认玩家输入的字符串中包含答案数字，那么接下来就要判断位置是否一致了。用于执行这项操作的是内侧的 **if** 语句。

变量 *i* 和 *j* 如果相等就是 hit，如果不相等就是 blow。

专栏 4-3 作为函数参数的指针

C 语言的函数通过 **return** 语句把值返回给调用方（返回类型是 **void** 的函数例外，它不能返回值），此时能返回的值只有 1 个。要把经函数计算后的**多个值**告知调用方，就需要使用参数而非返回值。

不过，参数的传递是通过**值传递**（pass by value）进行的，因此使用参数接收信息容易，但返回信息就有些困难了。让我们结合 List 4C-1 的程序来理解这一点。

① 即 ISO-8859-1。——译者注

List 4C-1 chap04/wasa wrong.c

```
/* 求和与差的函数（错误示例）*/
#include <stdio.h>
int wa_sa(int x, int y, int wa, int sa)
{
    wa = x + y;
    sa = x - y;
}
int main(void)
{
    int a = 5, b = 3, p = 1, m = 1;
    wa_sa(a, b, p, m);
    printf("p = %d  m = %d\n", p, m);
    return 0;
}
```

运行结果

```
p = 1  m = 1
```

在上面的程序中，我们编写了一个函数 *wa_sa* 来求 *x* 与 *y* 的和，并把结果存入 *wa* 和 *sa* 中返回。但是这个程序不正确，所以没法得到我们想要的运行效果。

函数 *wa_sa* 接收的形式参数 *x*、*y*、*wa*、*sa* 是 **main** 函数传递的实际参数 *a*、*b*、*p*、*m* 的副本。因此，即使在函数中更改副本 *wa* 和 *sa* 的值，其结果也不会反映到调用方 *p* 和 *m* 上（Fig.4C-1）。

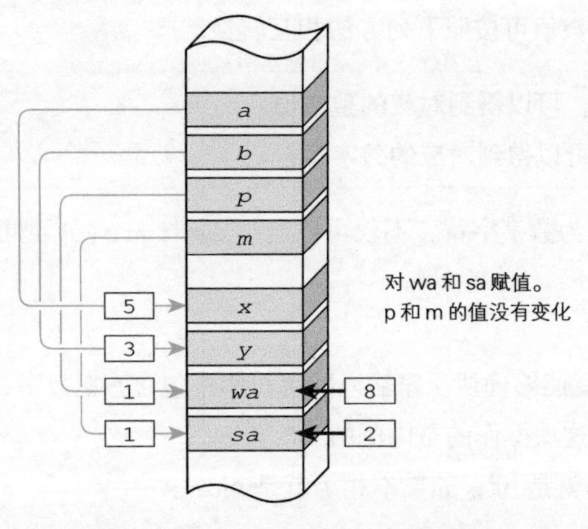

●Fig.4C-1 List 4C-1中参数的传递

为了把求出的和与差告知调用方，需要把形式参数 *wa* 和 *sa* 变成指针。因此，正确的程序如 List 4C-2 所示。

List 4C-2 chap04/wasa.c

```
/* 求和与差的函数 */
#include <stdio.h>
int wa_sa(int x, int y, int *wa, int *sa)
{
    *wa = x + y;
    *sa = x - y;
}
int main(void)
{
    int a = 5, b = 3, p = 1, m = 1;
    wa_sa(a, b, &p, &m);
    printf("p = %d  m = %d\n", p, m);
    return 0;
}
```

运行结果

```
p = 8  m = 2
```

main 函数会把使用了地址运算符 **&** 的 **&***p* 和 **&***m* 传递给变量 *p* 和 *m*，因此程序会对函数 *wa_sa* 发送以下请求。

"我把存有变量 *p* 的地址和存有变量 *m* 的地址给你，请把计算后的值存入这两个地址中。"

被调用的函数 *wa_sa* 的形式参数 *wa* 和 *sa* 是指针，因此就变成了 "*wa* 指向 *p*" "*sa* 指向 *m*"。此时使用了间接引用运算符 ***** 的 *****wa* 成了 *wa* 指向的变量 *p* 的**别名**（绰号），*****sa* 成了 *sa* 指向的变量 *m* 的别名。

List 4C-2 中把 *x* **+** *y* 赋给了 *wa* 指向的变量 *****wa*（即 *p*），把 *x* **-** *y* 赋给了 *sa* 指向的变量 *****sa*（即 *m*），所以程序能顺利运行。

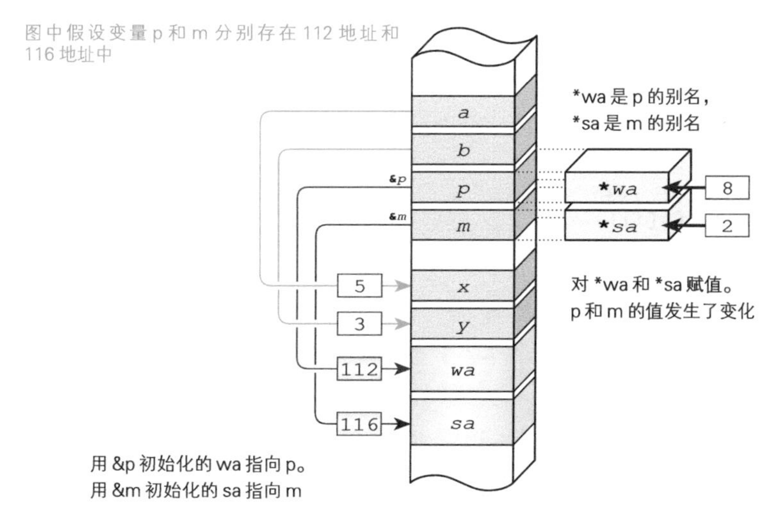

● Fig.4C-2 List 4C-2中参数的传递

至此，主要函数都设计好了，也能正常运行。使用了这些函数的“珠玑妙算”的程序如 List 4-6 所示。

▶程序的运行示例见后文。

List 4-6　　chap04/mastermind.c

```
/* 珠玑妙算 */

#include <time.h>
#include <ctype.h>
#include <stdio.h>
#include <stdlib.h>
#include <string.h>

/*--- 生成4个不同数字的组合并存入数组x ---*/
void make4digits(int x[])
{
    int i, j, val;

    for (i = 0; i < 4; i++) {
        do {
            val = rand() % 10;              /* 0~9的随机数 */
            for (j = 0; j < i; j++)         /* 是否已获得此数值 */
                if (val == x[j])
                    break;
        } while (j < i);            /* 循环直至获得不重复的数值 */
        x[i] = val;
    }
}

/*--- 检查已输入的字符串s的有效性 ---*/
int check(const char s[])
{
    int i, j;

    if (strlen(s) != 4)             /* 字符串长度不为4 */
        return 1;

    for (i = 0; i < 4; i++) {
        if (!isdigit(s[i]))
            return 2;               /* 包含了除数字以外的字符 */
        for (j = 0; j < i; j++)
            if (s[i] == s[j])
                return 3;           /* 含有相同数字 */
    }
    return 0;                       /* 字符串有效 */
}

/*--- hit和blow的判断 ---*/
void judge(const char s[], const int no[], int *hit, int *blow)
{
    int i, j;

    *hit = *blow = 0;
    for (i = 0; i < 4; i++) {
        for (j = 0; j < 4; j++) {
            if (s[i] == '0' + no[j])        /* 数字一致 */
                if (i == j)
                    (*hit)++;               /* hit（位置也一致） */
                else
                    (*blow)++;              /* blow（位置不一致） */
        }
```

```
    }
}

/*--- 显示判断结果 ---*/
void print_result(int snum, int spos)
{
    if (spos == 4)
        printf("回答正确!!");
    else if (snum == 0)
        printf("    这些数字里没有答案数字。\n");
    else {
        printf("    这些数字里包括%d个答案数字。\n", snum);

        if (spos == 0)
            printf("    但是数字的位置都不一致。\n");
        else
            printf("    其中有%d个数字的位置是一致的。\n", spos);
    }
    putchar('\n');
}

int main(void)
{
    int try_no = 0;         /* 输入次数 */
    int chk;                /* 已输入的字符串的检查结果 */
    int hit;                /* 位置和数字都正确的数字个数 */
    int blow;               /* 数字正确但位置不正确的数字个数 */
    int no[4];              /* 要猜的数字串 */
    char buff[10];          /* 用于存放读取的数字串的字符串 */
    clock_t start, end;                 /* 开始时间/结束时间 */

    srand(time(NULL));                  /* 设定随机数种子 */

    puts("■ 来玩珠玑妙算吧。");
    puts("■ 请猜4个数字。");
    puts("■ 其中不包含相同数字。");
    puts("■ 请像4307这样连续输入数字。");
    puts("■ 不能输入空格字符。\n");

    make4digits(no);                        /* 生成4个数字各不相同的数字串 */

    start = clock();                        /* 开始计算 */

    do {
        do {
            printf("请输入: ");
            scanf("%s", buff);              /* 读取为字符串 */

            chk = check(buff);              /* 检查读取到的字符串 */

            switch (chk) {
             case 1: puts("\a请确保输入4个字符。"); break;
             case 2: puts("\a请不要输入除了数字以外的字符。"); break;
             case 3: puts("\a请不要输入相同的数字。"); break;
            }
        } while (chk != 0);

        try_no++;
        judge(buff, no, &hit, &blow);   /* 判断 */
```

```
        print_result(hit + blow, hit); /* 显示判断结果 */

    } while (hit < 4);

    end = clock();                          /* 计算结束 */

    printf("用了%d次。\n用时%.1f秒。\n",
                try_no, (double)(end - start) / CLOCKS_PER_SEC);

    return 0;
}
```

函数 *print_result* 根据 hit 数和 blow 数来显示判断结果。

参数 *snum* 接收的是 hit 数加上 blow 数的总和，*spos* 接收的是 hit 数。

这些都是比较简单的函数，大家可以认真地理解一下。

*

在 **main** 函数中，当 hit 数达到 4 时回答正确，此时程序会显示所用次数和时间，随即结束运行。

运行示例

```
■ 来玩珠玑妙算吧。
■ 请猜4个数字。
■ 其中不包含相同数字。
■ 请像4307这样连续输入数字。
■ 不能输入空格字符。

请输入：5671
    这些数字里包括2个答案数字。
    但是数字的位置都不一致。

请输入：7891
    这些数字里包括4个答案数字。
    其中有1个数字的位置是一致的。

请输入：7819
    这些数字里包括4个答案数字。
    其中有2个数字的位置是一致的。

请输入：9817
回答正确!!
用了4次。
用时15.3秒。
```

小结

数字字符的字符编码

数字字符 '0', '1', …, '9' 的编码虽然取决于字符编码体系，但其编码在所有字符编码体系中都是以 1 为单位依次递增的。

数字字符和数值间的转换

在整数值 0, 1, …, 9 上加上 '0'，可以得到对应的数字字符 '0', '1', …, '9'。反过来，从数字字符 '0', '1', …, '9' 中减去 '0'，则可以得到对应的整数值。

整数值 *x* (0 ~ 9) ⇄ 数字字符 *c* ('0' ~ '9')

x + '0' → *c*

x ← *c* − '0'

数字字符的判断

可以通过 ***isdigit***(*c*) 来判断字符 *c* 是否为数字字符。

※ 由于是连续的 10 个数字字符的字符编码，因此也可通过 *c* **>=** '0' **&&** *c* **<=** '9' 来判断。

字符类别的判断

用于判断字符类别的库函数包括以下几种。

iscntrl：控制字符　**isspace**：空白字符　**isprint**：显示字符
isdigit：十进制数字　**isxdigit**：十六进制数字　**isgraph**：除空白字符以外的显示字符
isupper：大写英文字符　**islower**：小写英文字符　**isalpha**：英文字符
isalnum：英文字符或数字字符　**ispunct**：除空白字符、数字字符、英文字符以外的显示字符

无论哪个函数，只要判断成立就返回除 0 以外的值，不成立则返回 0。

把字符串转换成数值

要把字符串转换成数值，可以根据字符串类型分别使用函数 **atoi**、**atol**、**atof**。

自由演练

练习 4-1

编写一个限制玩家可输入次数的“珠玑妙算”程序。

练习 4-2

给“珠玑妙算”添加提示功能。

※ 例如可以设置像下面这样的提示。

- 提示开头的第 1 个字符。
- 提示“hit”的数字中最前面的 1 个字符。
- 提示“blow”的数字中最末尾的 1 个字符。
- 定期给出提示（例如玩家每答 3 次题给出 1 次提示）。
- 根据玩家的要求给出提示。
- 限制提示次数。

练习 4-3

编写一个数字位数非 4 位且位数可变的“珠玑妙算”程序。游戏开始时询问“设成几位数:”，让玩家输入数字位数。

练习 4-4

编写一个允许出现重复数字的“珠玑妙算”程序。

练习 4-5

编写一个不猜数字而猜颜色的“珠玑妙算”程序。颜色共 8 种（白色、黑色、红色、蓝色、黄色、绿色、橙色、褐色），从中选出不重复的 4 种颜色让玩家来猜。

练习 4-6

编写一个“珠玑妙算”程序，让玩家和计算机两者同时出题，交替给出提示并回答，先猜中者胜。

练习 4-7

在第 1 章中，我们编写了一个猜 `0 ~ 999` 的数字的“猜数游戏”。编写一个程序，让所出的题目中不同数字位上不能出现相同的数字（例如 `55` 和 `919` 等）。

第 5 章

记忆力训练

本章要编写的是用于锻炼记忆力的“单纯记忆训练”和“加一训练”等程序。

本章主要学习的内容

- 整数型的表示范围
- 如何处理不依赖编程环境的英文字符
- 通过符号字符显示条形图（横向和纵向）
- 比较字符串
- 相邻的字符串常量
- 数组元素的循环利用
- 存储空间的动态分配与释放

⊙ size_t 型
⊙ calloc 函数
⊙ free 函数
⊙ malloc 函数
⊙ strcmp 函数
⊙ strncmp 函数

5-1 单纯记忆训练

本章我们将通过编写一个训练记忆力的软件来学习如何灵活应用数组和字符串。我们首先要编写的，是一个用于记忆瞬间显示的数值和字符的软件。

训练记忆 4 位数

我们来运行一下 List 5-1 的程序。程序会显示一个 4 位数，但只显示一瞬间（0.5 秒），玩家要瞬间记下并输入该数值。重复 10 次后，程序会显示答对的次数和所用的时间。

List 5-1 chap05/kiokud1.c

```
/* 单纯记忆训练（记忆4位数）*/

#include <time.h>
#include <stdio.h>
#include <stdlib.h>

#define MAX_STAGE   10                              /* 关卡数 */

/*--- 等待x毫秒 ---*/
int sleep(unsigned long x)
{
    clock_t c1 = clock(), c2;

    do {
        if ((c2 = clock()) == (clock_t)-1) /* 错误 */
            return 0;
    } while (1000.0 * (c2 - c1) / CLOCKS_PER_SEC < x);
    return 1;
}

int main(void)
{
    int stage;
    int success = 0;                        /* 答对数量 */
    clock_t start, end;                     /* 开始时间/结束时间 */

    srand(time(NULL));                      /* 设定随机数的种子 */

    printf("来记忆一个4位的数值吧。\n");

    start = clock();
    for (stage = 0; stage < MAX_STAGE; stage++) {
        int x;                              /* 已读取的值 */
        int no = rand() % 9000 + 1000;      /* 需要记忆的数值 */

        printf("%d", no);
        fflush(stdout);
        sleep(500); /* 问题只提示0.5秒 */

        printf("\r请输入：");
        fflush(stdout);
        scanf("%d", &x);
```

```
        if (x != no)
            printf("\a回答错误。\n");
        else {
            printf("回答正确。\n");
            success++;
        }
    }
    end = clock();

    printf("%d次中答对了%d次。\n", MAX_STAGE, success);
    printf("用时%.1f秒。\n", (double)(end - start) /
            CLOCKS_PER_SEC);

    return 0;
}
```

运行示例

```
来记忆一个4位的数值吧。
1397    … 0.5秒后消失。
请输入：1397
回答正确。
2468    … 0.5秒后消失。
请输入：2486
♪回答错误。

… 省略 …

10次中答对了8次。
用时9.2秒。
```

整数型的表示范围

List 5-1 的程序只用了我们在上一章之前学习的知识，所以理解起来应该不难。下面我们来增加要记忆的数值的“位数”。大家或许会感觉程序修改起来很简单，但实际上并非如此。

这是因为整数型只能表示有限的值，如 Table 5-1 所示。

▶表中的数值是**最低限度的值**。在不同的编程环境下，整数型能表示的数值的范围会更大一些。

● Table 5-1 整数型的表示范围

类型	至少能表示的值的范围
char	0 ~ 255 或 -127 ~ 127
signed char	-127 ~ 127
signed short int	-32767 ~ 32767
signed int	-32767 ~ 32767
signed long int	-2147483647 ~ 2147483647
unsigned char	0 ~ 255
unsigned short int	0 ~ 65535
unsigned int	0 ~ 65535
unsigned long int	0 ~ 4294967295

要把题目数值改到 5 位及以上的话，似乎只要把变量 *x* 和变量 *no* 从 **int** 型变成 **long** 型就可以了。

但是在那些 **int** 型只能表示到 32767 的编程环境中，***rand*** 函数返回的值（因为返回值的类型是 **int** 型）最大也只能是 32767，即使把 *x* 和 *no* 变成 **long** 型，也无法设置 5 位数以上的数值。

▶**还有一点大家也必须注意：我们无法保证 int 型能表示的最大值和 *rand* 函数生成的随机数的最大值一致。**

例如在 Visual C++ 环境下，因为 **int** 型是 32 位，用 2 的补数形式来表示负数，所以它的表示范围就是 -2147483648 ~ 2147483647。而 ***rand*** 函数生成的随机数的最大值 **RAND_MAX** 却是 32767（此规格是为了保证新版本和 **int** 型为 16 位的老版本间的兼容性），因此无论变量 *x* 和 *no* 是 **int** 型还是 **long** 型，它都无法生成大于 32767 的随机数。

训练记忆任意位数的数值

现在把程序扩展一下，让玩家可以自行设定需要记忆的数值范围（数值范围在 3 位到 20 位之间）。扩展后的程序如 List 5-2 所示。

List 5-2　　chap05/kiokud2.c

```
/* 单纯记忆训练（记忆数值：设定成“等级=位数”）*/

#include <time.h>
#include <stdio.h>
#include <stdlib.h>
#include <string.h>

#define MAX_STAGE   10                                   /* 关卡数 */
#define LEVEL_MIN    3                                   /* 最低等级（位数）*/   ─1
#define LEVEL_MAX   20                                   /* 最高等级（位数）*/

/*--- 等待x毫秒 ---*/
int sleep(unsigned long x)
{
    clock_t c1 = clock(), c2;

    do {
        if ((c2 = clock()) == (clock_t)-1) /* 错误 */
            return 0;
    } while (1000.0 * (c2 - c1) / CLOCKS_PER_SEC < x);
    return 1;
}

int main(void)
{
    int i, stage;
    int level;                      /* 等级（数值的位数）*/
    int success = 0;                /* 答对数量 */
    clock_t start, end;             /* 开始时间/结束时间 */

    srand(time(NULL));              /* 设定随机数的种子 */

    printf("数值记忆训练\n");

    do {
        printf("要挑战的等级(%d~%d)：", LEVEL_MIN, LEVEL_MAX);
        scanf("%d", &level);                                                   ─2
    } while (level < LEVEL_MIN || level > LEVEL_MAX);

    printf("来记忆一个%d位的数值吧。\n", level);
```

```
    start = clock();
    for (stage = 0; stage < MAX_STAGE; stage++) {
        char no[LEVEL_MAX + 1];                 /* 需要记忆的数字串 */
        char x[LEVEL_MAX * 2];                  /* 已读取的数字串 */

        no[0] = '1' + rand() % 9;               /* 开头字符是'1'～'9' */
        for (i = 1; i < level; i++)
            no[i] = '0' + rand() % 10;          /* 之后是'0'～'9'*/
        no[level] = '\0';

        printf("%s", no);
        fflush(stdout);
        sleep(125 * level);                     /* 问题只提示125 × level毫秒 */

        printf("\r%*s\r请输入: ", level, "");
        scanf("%s", x);

        if (strcmp(no, x) != 0)
            printf("\a回答错误。\n");
        else {
            printf("回答正确。\n");
            success++;
        }
    }
    end = clock();

    printf("%d次中答对了%d次。\n", MAX_STAGE, success);
    printf("用时%.1f秒。\n", (double)(end - start) / CLOCKS_PER_SEC);

    return 0;
}
```

输入训练等级

首先运行一下程序。

一开始程序会让玩家输入训练的“等级”，等级的范围在 3 ~ 20 之间。本训练中的等级就是**需要记忆的数值的位数**。如运行示例所示，等级中输入 6 后，程序会显示“来记忆一个 6 位的数值吧。”，然后训练开始。

```
运行示例
数值记忆训练
要挑战的等级（3 ~ 20）：6
来记忆一个6位的数值吧。
139237  … 0.75秒后消失。
请输入：139237
回答正确。
243568  … 0.75秒后消失。
请输入：243586
回答错误。

… 省略 …

10次中答对了8次。
用时32.2秒。
```

因为能够自由设定训练等级，所以本程序比前面的程序要复杂一些。跟训练等级的读取有关的是1和2，我们先来看一下这两个部分。

1 把作为等级的最小值 3 和最大值 20分别定义成对象宏 *LEVEL_MIN* 和对象宏 *LEVEL_MAX*。

2 让玩家输入等级，把整数值读取到变量 *level* 中。如果读取到的值不在 *LEVEL_MIN* ~ *LEVEL_MAX*（即 3 ~ 20）的范围内，就循环 **do** 语句。因此当 **do** 语句结束时，变量 *level* 的值**一定在 3 ~ 20 的范围内**。

根据德·摩根定律，还可以像下面这样来实现 **do** 语句。

```
do {
    /*… 省略 …*/
} while (!(level >= LEVEL_MIN && level <= LEVEL_MAX));
```

用字符串表示数值

不管在什么编程环境下，用 **int** 型和 ***rand*** 函数处理5位及以上的数值都是很困难的（由上文可知）。本程序中没有用整数来表示需要记忆的数值和玩家输入的数值，而是用**字符串**来表示，这些字符串的声明如下所示。

```
char no[LEVEL_MAX + 1];      /* 需要记忆的数字串 */
char x[LEVEL_MAX * 2];       /* 已读取的数字串 */
```

▪ 需要记忆的数字串：no

需要记忆的数值的最大位数是 *LEVEL_MAX* 位（20位）。因为字符串末尾必须要有空字符，所以将数组 *no* 的元素个数设为 *LEVEL_MAX* **+** 1（包含空字符共21个字符）。

▪ 已读取的（玩家输入的）数字串：x

数组 *x* 用于存放已读取的数值。它的元素个数与 *no* 相同，为 *LEVEL_MAX* **+** 1个即可，但是本程序中将其设成了 *LEVEL_MAX* ***** 2个（包含空字符共40个字符）。之所以增加元素个数，是考虑到玩家可能会从键盘输入超过20位的数值。

生成作为题目的字符串

作为题目的字符串的开头是 '1' ~ '9' 中的任意一个字符，从第2个字符往后是 '0' ~ '9' 中的任意一个字符。当然，字符数和等级是相同的。

▶如果等级为6，作为题目的字符串的范围就是 "100000" ~ "999999"。

如 Fig.5-1 所示，先生成 '1' ~ '9' 中的任意一个字符并存入开头的 *no*[0] 中，再随机生成 '0' ~ '9' 中的任意字符，分别存入后面的 *no*[1]，*no*[2]，…，*no*[*level* **-** 1] 中。

▶因为数字字符 '0'，'1'，…，'9' 的编码是以1为单位依次递增的（见上一章），所以在字符 '1' 上加上数值 0 ~ 8 就能得到 '1' ~ '9'，在字符 '0' 上加上数值 0 ~ 9 就能得到 '0' ~ '9'。

```
no[0] = '1' + rand() % 9;          /* 开头字符是'1'~'9' */
for (i = 1; i < level; i++)
    no[i] = '0' + rand() % 10; /* 后面是'0'~'9' */
no[level] = '\0';
```

'1' ~ '9'　'0' ~ '9'　空字符

3	4	9	1	2	6	\0														
0	1	2	3	4	5	6	7	8	9	10	11	12	13	14	15	16	17	18	19	20

● Fig.5-1　生成作为题目的字符串（等级为 6 时）

最后把表示字符串末尾的空字符存入 `no[level]` 中，就生成了作为题目的字符串。

显示作为题目的字符串

生成作为题目的字符串 `no` 后，要将其显示在画面上。显示的时间与训练等级成正比，为 125×`level` 毫秒。

```
printf("%s", no);
fflush(stdout);
sleep(125 * level);

printf("\r%*s\r请输入：", level, "");
```

▶也就是说，数值的位数越多，显示时间就越长。例如等级为 6 时，显示时间就是 0.75 秒，等级为 8 时就是 1.0 秒。

用于显示“请输入：”的部分要复杂一些（Fig.5-2 a）。首先通过回车符 **\r** 把光标返回到本行开头，显示 `level` 个空白字符后消去题目，然后再通过回车符 **\r** 把光标返回到本行开头，显示“请输入：”的字样。

如图 b 所示，在光标返回到本行开头后不能直接显示“请输入：”，因为题目的一部分会残留下来。

▶我们已经在第 2 章（2-4 节）学习过如何使用格式字符串 "%*s" 来显示任意个数的空白字符。

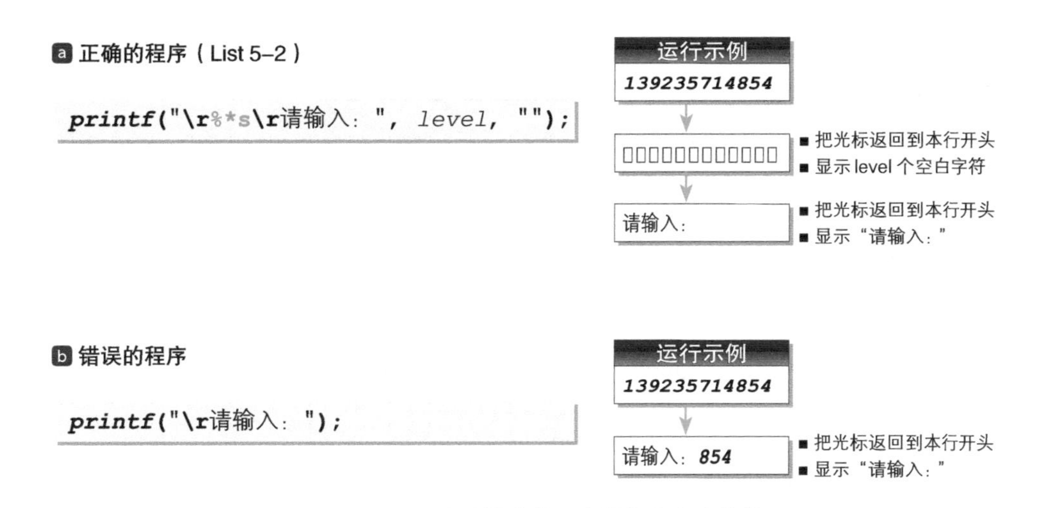

● Fig.5-2　用于消除答案的回车符与空白字符的显示

strcmp 函数：字符串的比较

玩家从键盘输入数值后，程序下一步就要判断作为题目的字符串 *no* 和存放读取到的数值的字符串 *x* 是否相等。

```
if (strcmp(no, x) != 0)
    printf("\a回答错误。\n");
else {
    printf("回答正确。\n");
    success++;
}
```

strcmp 函数是用于判断字符串大小关系的函数。本程序将根据 ***strcmp*** 函数的返回值来判断 *no* 和 *x* 这两个字符串是否相等。

在判断玩家回答正确（两个字符串相等）的情况下，对存放答对数量的变量 *success* 的值进行增量操作。

此外，还有一个 ***strncmp*** 函数，用于判断两个字符串的前 *n* 个字符是否相等，请大家一并记住。

专栏 5-1 strcmp 函数

strcmp 函数可用于判断字符串的大小关系，判断结果取决于字符编码体系。这是因为各个字符的值依赖于其所在的编程环境中采用的字符编码体系，要基于该字符在编码体系中的值来进行比较。因此，"123" 和 "ABC" 的大小关系，以及 "abc" 和 "ABC" 的大小关系都会根据所采用的字符编码体系的不同而有所不同。

List 5C-1 和 List 5C-2 所示为 ***strcmp*** 函数和 ***strncmp*** 函数的实现示例。

List 5C-1 chap05/strcmp.c

```
/* strcmp函数的实现示例 */

int strcmp(const char *s1, const char *s2)
{
    while (*s1 == *s2) {
        if (*s1 == '\0')        /* 相等 */
            return 0;
        s1++;
        s2++;
    }
    return (unsigned char)*s1 - (unsigned char)*s2;
}
```

List 5C-2 chap05/strncmp.c

```
/* strncmp函数的实现示例 */

#include <stddef.h>

int strncmp(const char *s1, const char *s2, size_t n)
{
    while (n && *s1 && *s2) {
        if (*s1 != *s2)          /* 不相等 */
            return ((unsigned char)*s1 - (unsigned char)*s2);
        s1++;
        s2++;
        n--;
    }
    if (!n) return 0;
    if (*s1) return 1;
    return -1;
}
```

	strcmp
头文件	`#include <string.h>`
格式	`int strcmp(const char *s1, const char *s2);`
功能	比较 *s1* 所指的字符串和 *s2* 所指的字符串的大小关系（从第一个字符开始逐一进行比较，当出现不同字符时，以这对不同字符的大小关系为准）
返回值	若 *s1* 和 *s2* 相等则返回 0；若 *s1* 大于 *s2* 则返回正整数值；若 *s1* 小于 *s2* 则返回负整数值

	strncmp
头文件	`#include <string.h>`
格式	`int strncmp(const char *s1, const char *s2, size_t n);`
功能	比较 *s1* 所指的字符串和 *s2* 所指的字符串的前 *n* 个字符的大小关系（从第一个字符开始逐一进行比较，当出现不同字符时，以这对不同字符的大小关系为准）
返回值	若 *s1* 和 *s2* 相等则返回 0；若 *s1* 大于 *s2* 则返回正整数值；若 *s1* 小于 *s2* 则返回负整数值

List 5C-2 中把第 3 参数的类型 **size_t** 型用 <stddef.h> 头文件定义为等同于无符号的整数类型，以下所示为定义示例。

size_t型

```
typdef unsigned size_t;                /* 定义示例 */
```

▶ **sizeof** 运算符生成的值是 **size_t** 型。

小结

整数型的表示范围

整数型表示的数值范围有限。无论哪种编程环境，超过 32767 的值都不能用 **int** 型和 ***rand*** 函数来处理。

尽管 ***rand*** 函数的返回值类型是 **int** 型，但随机数的最大值 **RAND_MAX** 不一定等于 **int** 型能够表示的最大值。

一个表示大数值的方法就是将其作为数字字符串来处理。

字符串的比较

判断两个字符串的大小关系时，要使用 ***strcmp*** 函数。只判断字符串前面的字符的大小关系时，使用 ***strncmp*** 函数。

这两个函数的相同点是：若第 1 参数的字符串小于第 2 参数的字符串，就返回负值；若第 1 参数的字符串大于第 2 参数的字符串，就返回正值；若两个参数的字符串相等，就返回 0。

英文字母记忆训练（其一）

List 5-3 是一个训练记忆一串英文字母（大写字母）的软件，程序的整体骨架和数值记忆训练相同。

List 5-3 chap05/kiokultr1.c

```
/* 单纯记忆训练（记忆英文字母·其一：只记忆大写字母）*/

#include <time.h>
#include <stdio.h>
#include <stdlib.h>
#include <string.h>

#define MAX_STAGE   10              /* 关卡数 */
#define LEVEL_MIN    3              /* 最低等级（字母个数）*/
#define LEVEL_MAX   20              /* 最高等级（字母个数）*/

/*--- 等待x毫秒 ---*/
int sleep(unsigned long x)
{
    clock_t c1 = clock(), c2;

    do {
        if ((c2 = clock()) == (clock_t)-1) /* 错误 */
            return 0;
    } while (1000.0 * (c2 - c1) / CLOCKS_PER_SEC < x);
    return 1;
}

int main(void)
{
    int i, stage;
    int level;                      /* 等级（数值的位数）*/
    int success = 0;                /* 答对数量 */
    clock_t start, end;             /* 开始时间/结束时间 */
    const char ltr[] = "ABCDEFGHIJKLMNOPQRSTUVWXYZ"; /* 大写的英文字母 */

    srand(time(NULL));              /* 设定随机数的种子 */

    printf("英文字母记忆训练\n");

    do {
        printf("要挑战的等级(%d~%d)：", LEVEL_MIN, LEVEL_MAX);
        scanf("%d", &level);
    } while (level < LEVEL_MIN || level > LEVEL_MAX);

    printf("来记忆%d个英文字母吧。\n", level);

    start = clock();
    for (stage = 0; stage < MAX_STAGE; stage++) {
        char mstr[LEVEL_MAX + 1];           /* 需要记忆的一串英文字母 */
        char x[LEVEL_MAX * 2];              /* 读取到的一串英文字母 */

        for (i = 0; i < level; i++)             /* 生成作为题目的字符串 */
            mstr[i] = ltr[rand() % strlen(ltr)];
        mstr[level] = '\0';

        printf("%s", mstr);
        fflush(stdout);
        sleep(125 * level);                 /* 问题提示125 × level毫秒 */

        printf("\r%*s\r请输入：", level, "");
        fflush(stdout);
        scanf("%s", x);

        if (strcmp(x, mstr) != 0)
            printf("\a回答错误。\n");
        else {
```

```
            printf("回答正确。\n");
            success++;
        }
    }
    end = clock();

    printf("%d次中答对了%d次。\n", MAX_STAGE, success);
    printf("用时%.1f秒。\n", (double)(end - start) / CLOCKS_PER_SEC);

    return 0;
}
```

生成作为题目的字符串

程序中的阴影部分是数组 `ltr` 的声明，数组 `ltr` 内存有字母字符 `'A'` 到 `'Z'` 的字符序列。

我们利用这个数组来生成作为题目的字符串 `mstr`，过程如 Fig.5-3 所示。

从数组 `ltr[0]` ~ `ltr[25]` 中随机取出字符并赋给 `mstr[0]`，`mstr[1]`，…，`mstr[level - 1]`，在末尾的 `mstr[level]` 中存入空字符。

运行示例

```
英文字母记忆训练
要挑战的等级(3~20)：6
来记忆6个英文字母吧。
FAXZBC … 0.75秒后消失。
请输入：FAXZBC
回答正确。
EEKLCI … 0.75秒后消失。
请输入：FFKLCI
回答错误。

… 省略 …

10次中答对了8次。
用了32.2秒。
```

▶这里的要领跟数字记忆训练中相同，都不能把 `'A' + rand() % 26` 赋给 `mstr[i]`。

这是因为程序无法保证英文字符 `'A'`，`'B'`，…，`'Z'` 的编码是以 1 为单位逐渐递增的（事实上，在大型计算机主要使用的 EBCDIC 编码中，英文字符 `'A'`，`'B'`，…，`'Z'` 的编码并不连续）。

这种在 `'A'` 上加上 `0` ~ `25` 从而得到 `'A'` ~ `'Z'` 的程序缺乏可移植性（能否正确运行取决于字符编码体系）。

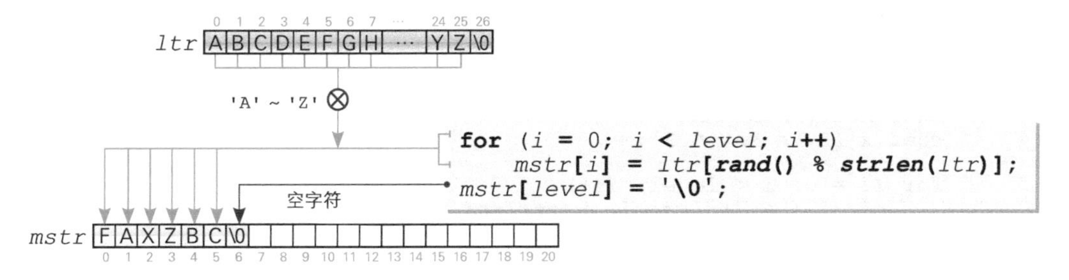

● Fig.5-3 生成作为题目的字符串（等级为 6 时）

英文字母记忆训练（其二）

在 List 5-3 的程序中，要记忆的对象仅限于大写字母。现在让我们改写程序，使得要记忆的字母中既有大写字母又有小写字母，改写后的程序如 List 5-4 所示。

List 5-4 chap05/kiokultr2.c

```
/* 单纯记忆训练（记忆英文字母・其二：记忆大写字母和小写字母）*/

#include <time.h>
#include <stdio.h>
#include <stdlib.h>
#include <string.h>

#define MAX_STAGE   10                    /* 关卡数 */
#define LEVEL_MIN    3                    /* 最低等级（字母个数）*/
#define LEVEL_MAX   20                    /* 最高等级（字母个数）*/

/*--- 等待x毫秒 ---*/
int sleep(unsigned long x)
{
    clock_t c1 = clock(), c2;

    do {
        if ((c2 = clock()) == (clock_t)-1) /* 错误 */
            return 0;
    } while (1000.0 * (c2 - c1) / CLOCKS_PER_SEC < x);
    return 1;
}

int main(void)
{
    int i, stage;
    int level;                            /* 等级（数值的位数）*/
    int success = 0;                      /* 答对数量 */
    clock_t start, end;                   /* 开始时间/结束时间 */
    const char ltr[] = "ABCDEFGHIJKLMNOPQRSTUVWXYZ"   /* 大写英文字母 */
                       "abcdefghijklmnopqrstuvwxyz";  /* 小写英文字母 */

    srand(time(NULL));                    /* 设定随机数的种子 */

    printf("英文字母记忆训练\n");

    do {
        printf("要挑战的等级(%d~%d)：", LEVEL_MIN, LEVEL_MAX);
        scanf("%d", &level);
    } while (level < LEVEL_MIN || level > LEVEL_MAX);

    printf("来记忆%d个英文字母吧。\n", level);

    start = clock();
    for (stage = 0; stage < MAX_STAGE; stage++) {
        char mstr[LEVEL_MAX + 1];         /* 需要记忆的一串英文字母 */
        char x[LEVEL_MAX * 2];            /* 读取到的一串英文字母 */

        for (i = 0; i < level; i++)       /* 生成作为题目的字符串 */
            mstr[i] = ltr[rand() % strlen(ltr)];
        mstr[level] = '\0';

        printf("%s", mstr);
        fflush(stdout);
        sleep(125 * level);               /* 问题提示125 × level毫秒 */

        printf("\r%*s\r请输入：", level, "");
        fflush(stdout);
        scanf("%s", x);
```

```
        if (strcmp(x, mstr) != 0)
            printf("\a回答错误。\n");
        else {
            printf("回答正确。\n");
            success++;
        }
    }
    end = clock();

    printf("%d次中答对了%d次。\n", MAX_STAGE, success);
    printf("用时%.1f秒。\n", (double)(end - start) / CLOCKS_PER_SEC);

    return 0;
}
```

本程序和上一个程序的不同之处在于阴影部分。在阴影部分的声明中，看似数组 *ltr* 被赋给了 2 个字符串常量作为初始值。然而，夹着**换行符、空白字符、水平制表符等的连续字符串常量会连接在一起**，例如夹着空白字符的 "ABC" "DEF" 会连接在一起，变成 1 个字符串常量 "ABCDEF"。因此赋给数组 *ltr* 的初始值就变成了 1 个字符串常量，即 "ABCDEFGHIJKLMNOPQRSTUVWXYZabcdefghijklmnopqrstuvwxyz"。

运行示例

```
英文字母记忆训练
要挑战的等级（3～20）：4
来记忆4个英文字母吧。
aCdx … 0.5秒后消失。
请输入：aCdx
回答正确。
… 省略 …
10次中答对了9次。
用时28.7秒。
```

▶像本程序这样，即使字符串常量间有注释（comment），2 个字符串常量也依旧会连接在一起。这是因为在编译过程中，注释会被替换成 1 个空白字符。

在上一个程序中，为了生成作为题目的字符串，从 *mstr*[0] ～ *mstr*[25] 中随机抽取了字符。而在本程序中，则是从 *mstr*[0] ～ *mstr*[51] 中随机进行抽取。

小结

英文字母的字符编码

在 EBCDIC 编码中，英文字母 'A', 'B', …, 'Z' 的编码并不是以 1 为单位逐渐递增的，因此下面这种处理英文字母的各个字符的方法不具有可移植性。

- 在 'A' 上加上 0~25，得到 'A' ～ 'Z' = 用 'A' + *n* 求从前往后数的第 *n* 个字符。
- 在 'a' 上加上 0~25，得到 'a' ～ 'z' = 用 'a' + *n* 求从前往后数的第 *n* 个字符。

为了在处理英文字母时不受编程环境的影响，我们可以定义一个像下面这样的数组。

- 大写字母 **const char** *upr*[] = "ABCDEFGHIJKLMNOPQRSTUVWXYZ";
- 小写字母 **const char** *lwr*[] = "abcdefghijklmnopqrstuvwxyz";

使用这些数组就能以 *upr*[*i*] 或 *lwr*[*i*] 的形式访问从前往后数的第 *n* 个字符。

5-2 加一训练

下面我们来编写一个训练软件，这个软件不仅能训练玩家对所提示的数值进行单纯记忆的能力，还能将数值加以简单的变形让玩家解答，来提高玩家的大脑信息处理能力。

加一训练

我们来运行一下 List 5-5 所示的“加一训练”的程序。

▶程序的运行示例见后文。

一开始程序会询问玩家要设定的等级，玩家输入等级后，程序指示玩家记住相应数量的“2 位数”，然后消除题目。玩家要输入的是在所记忆的数值上“加上 1 的值”。

题目：53 76 51 88	出了 2 位数的题目
答案：54 77 52 89	回答在各个数值上加 1 后的值

● Fig.5-4　题目与答案

Fig.5-4 所示为题目和答案的一个示例。假设等级是 4，题目里就会出现 4 个数值。如图所示，程序提示了 53、76、51、88，这时的正确答案就是这 4 个数值分别加上 1 的值，即 54、77、52、89。

当然，等级越高训练难度就越大。大家可以多运行几次，让自己的大脑活跃起来。

List 5-5　chap05/plusone1.c

```
/* 加一训练（记忆多个数值并输入这些数值加1后的值）*/

#include <time.h>
#include <stdio.h>
#include <stdlib.h>

#define MAX_STAGE   10                 /* 关卡数 */
#define LEVEL_MIN   2                  /* 最低等级（数值个数）*/
#define LEVEL_MAX   6                  /* 最高等级（数值个数）*/

/*--- 等待x毫秒 ---*/
int sleep(unsigned long x)
{
    clock_t c1 = clock(), c2;

    do {
        if ((c2 = clock()) == (clock_t)-1) /* 错误 */
            return 0;
    } while (1000.0 * (c2 - c1) / CLOCKS_PER_SEC < x);
    return 1;
}

int main(void)
{
    int i, stage;
    int level;                         /* 等级 */
    int success;                       /* 答对数量 */
    int score[MAX_STAGE];              /* 所有关卡的答对数量 */
    clock_t start, end;                /* 开始时间/结束时间 */
```

```
    srand(time(NULL));                      /* 设定随机数的种子 */

    printf("加一训练开始!!\n");
    printf("来记忆2位的数值。\n");
    printf("请输入原数值加1后的值。\n");

    do {
        printf("要挑战的等级(%d～%d): ", LEVEL_MIN, LEVEL_MAX);
        scanf("%d", &level);
    } while (level < LEVEL_MIN || level > LEVEL_MAX);

    success = 0;
    start = clock();
    for (stage = 0; stage < MAX_STAGE; stage++) {
        int no[LEVEL_MAX];                  /* 要记忆的数值 */
        int x[LEVEL_MAX];                   /* 已读取的值 */
        int seikai = 0;                     /* 本关卡的答对数量 */

        printf("\n第%d关卡开始!!\n", stage + 1);

        for (i = 0; i < level; i++) {       /* 仅level个 */
            no[i] = rand() % 90 + 10;       /* 生成10～99的随机数 */
            printf("%d ", no[i]);           /* 显示 */
        }
        fflush(stdout);
        sleep(300 * level);                 /* 等待0.30 × level秒 */
        printf("\r%*s\r", 3 * level, "");   /* 消除题目*/
        fflush(stdout);

        for (i = 0; i < level; i++) {       /* 读取答案 */
            printf("第%d个数: ", i + 1);
            scanf("%d", &x[i]);
        }

        for (i = 0; i < level; i++) {       /* 判断对错并显示 */
            if (x[i] != no[i] + 1)
                printf("× ");
            else {
                printf("○ ");
                seikai++;
            }
        }
        putchar('\n');

        for (i = 0; i < level; i++)         /* 显示正确答案 */
            printf("%2d ", no[i]);

        printf(" … 答对了%d个。\n", seikai);
        score[stage] = seikai;              /* 记录关卡的答对数量 */
        success += seikai;                  /* 更新整体的答对数量 */
    }
    end = clock();

    printf("%d个中答对了%d个。\n", level * MAX_STAGE, success);

    for (stage = 0; stage < MAX_STAGE; stage++)
        printf("第%2d关卡: %d\n", stage + 1, score[stage]);

    printf("用时%.1f秒。\n", (double)(end - start) / CLOCKS_PER_SEC);

    return 0;
}
```

输入等级

启动程序后，程序会要求玩家输入等级。等级就是玩家**需要记忆的数值的个数**，范围在 2 ~ 6。

跟上一节的记忆力训练的程序一样，在这里我们也用变量 *level* 来存放等级信息。

等级为 3 的运行示例如右图所示。因为训练次数是 10 次，所以题目中总共会出现 10 × *level* 个数值。

运行示例

```
加一训练开始!!
来记忆2位的数值。
请输入原数值加1后的值。
要挑战的等级（2~6）：3
第1关卡开始!!
22 52 37 … 0.9秒后消失。
第1个数：23
第2个数：52
第3个数：38
○ × ○
22 52 37 …  答对2个。
… 省略 …
30个中答对了13个。
第1关卡：2
第2关卡：1
…省略…
第9关卡：3
第10关卡：2
用时23.5秒。
```

*

下面我们按顺序来看一下在各关卡的训练中都分别进行了哪些处理。

生成并显示题目

首先要决定作为题目的 *level* 个整数，并将其显示出来。通过如下所示的 **for** 语句把 10 ~ 99 的随机数存入 *no*[0], *no*[1], …, *no*[*level* - 1] 中，并把这些值显示在画面上。

```
for (i = 0; i < level; i++) {          /* 仅level个 */
    no[i] = rand() % 90 + 10;           /* 生成10~99的随机数 */
    printf("%d ", no[i]);               /* 显示 */
}
```

如果 *level* 是 5，那么生成并显示出来的就是 *no*[0] ~ *no*[4] 的 5 个随机数。

消除题目

题目显示的时间是 0.3 × *level* 秒，与等级呈正比例关系（如果等级是 5，那么题目显示的时间就是 1.5 秒）。

为了完全消除屏幕上显示的数值，要先通过回车符 **\r** 把光标移到本行开头，再显示 3 × *level* 个空白字符，然后再次通过回车符 **\r** 把光标移到本行开头。

```
sleep(300 * level);                     /* 等待0.30×level秒 */
printf("\r%*s\r", 3 * level, "");       /* 消除题目 */
```

►在输出回车符和空白字符后再次输出回车符是为了确保把题目全都消除掉（跟上一节中的程序要领相同）。

输入答案

程序要求玩家输入答案，并把 *level* 个整数分别读取到 x[0], x[1], …, x[level - 1] 中。

```
for (i = 0; i < level; i++) {
    printf("第%d个数: ", i + 1);
    scanf("%d", &x[i]);
}
```

判断对错

接下来是判断对错。通过 **for** 语句来判断读取到的 *level* 个答案中每个答案的对错。

若已输入的数值 x[i] 不等于 no[i] + 1（题目数值加 1 后的值），则程序判断**回答错误**，显示 ×。

若两个值相等，则意味着**回答正确**，程序显示〇并对变量 *seikai* 进行增量操作。

```
for (i = 0; i < level; i++) {
    if (x[i] != no[i] + 1)
        printf("×  ");
    else {
        printf("〇  ");
        seikai++;
    }
}
```

▶变量 *seikai* 用于存放当前关卡的答对数量。若都没答对，则变量 *seikai* 的值为 0；若全部都答对了，则变量 *seikai* 的值等于 *level*，因此变量 *seikai* 的值一定位于 0 ~ *level*。

保存答对数量

下面来保存答对数量。

```
printf(" … 答对了%d个。\n", seikai);
score[stage] = seikai;  /* 记录关卡的答对数量 */
success += seikai;      /* 更新答对数量总和 */
```

数组 *score* 用于存储各个关卡的答对数量。第 1 关卡到第 10 关卡的答对数量分别存在 score[0], score[1], …, score[9] 中。

此处我们把当前关卡的答对数量 *seikai* 保存到 score[stage] 中，并添加到表示所有关卡的答对数量总和的变量 *success* 中。

显示训练结果

训练结束后，程序会显示所有关卡的得分，好让玩家能够把握每个关卡的答对数量及答对数量的变化趋势。

最后程序会显示训练所用的时间并结束运行。

```
printf("%d个中答对了%d个。\n", level * MAX_STAGE, success);
for (stage = 0; stage < MAX_STAGE; stage++)
    printf("第%2d关卡: %d\n", stage + 1, score[stage]);
printf("用时%.1f秒。\n", (double)(end - start) / CLOCKS_PER_SEC);
```

用横向图形显示

下面我们用图表的形式来表示答对数量，以便清晰地呈现答对数量的变化趋势。请把上文中 List 5-5 的阴影部分替换成 List 5-6 的内容。

各个关卡的答对数量用横向排列的星号“★”来表示。

List 5-6 chap05/plusone2.c

```
printf("\n■□ 成绩 □■\n");
printf("------------------------\n");
for (stage = 0; stage < MAX_STAGE; stage++) {
    printf("第%2d关卡: ", stage + 1);      ——1
    for (i = 0; i < score[stage]; i++)     ——2
        printf("★");
    putchar('\n');                          ——3
}
printf("------------------------\n");
```

运行示例

```
… 省略 …
■□ 成绩 □■
------------------------
第1关卡:★★★
第2关卡:★★
第3关卡:★★★★
第4关卡:★
第5关卡:★★
第6关卡:
第7关卡:★
第8关卡:★★★★★
第9关卡:★★★
第10关卡:★★★★
------------------------
用时35.6秒。
```

▶运行示例所示为当数组的各个元素中存储的值为 Table 5-2 所示的数值时的运行情况。

● Table 5-2 各个关卡的答对数量示例

stage	0	1	2	3	4	5	6	7	8	9
score[*stage*]	3	2	4	1	2	0	1	5	3	4

用于显示图形的部分是二重循环。外侧的 **for** 语句负责把变量 *stage* 的值按 0, 1, …进行增量，并循环 *MAX_STAGE* 次。每次循环的过程中会进行如下处理。

1 显示关卡编号

将 *stage* 加 1 后的值作为关卡编号来显示。这样一来，*stage* 为 0 时显示的就是“第 1 关卡:”。

2 显示图形主体

内侧的 **for** 语句负责输出 *score*[*stage*]（关卡的答对数量）次★号。

例如第 1 关卡的得分 *score*[0] 是 3，因此在 **for** 语句中变量 *i* 的值被循环增量了 3 次，由 0 增量到 1 再增量到 2。最终，画面上显示出★★★。

③ 换行

显示完 1 个关卡的图形后，程序会进行换行操作。

将上述处理一共进行 10 次，就完成图形的显示了。

用纵向图形显示

这次我们把图形的方向改成纵向。用 List 5-7 替换掉 List 5-5 的阴影部分，程序变得稍微有些复杂。

List 5-7 chap05/plusone3.c

```
printf("\n■□ 成绩 □■\n");
for (i = level; i >= 1; i--) {
    for (stage = 0; stage < MAX_STAGE; stage++)
        if (score[stage] >= i)
            printf(" ★ ");          ―①
        else
            printf("    ");
    putchar('\n');
}
printf("----------------------------------------\n");
for (stage = 1; stage <= MAX_STAGE; stage++)
    printf(" %02d ", stage);         ―②
putchar('\n');
```

等级为 5 时的成绩如 Table 5-2 所示，下面我们来看一下处理流程。

① 显示图形主体

外侧的 **for** 语句把变量 *i* 从 *level* 减量到了 1。刚开始循环时变量 *i* 的值和变量 *level* 一样，都是 5。

内侧的 **for** 语句把变量 *stage* 增量到 0, 1, 2, …, 9，处理第 1 关卡到第 10 关卡的得分。在此过程中根据 *score*[*stage*] **>=** *i* 的判断结果显示如下。

- 答对数量大于等于 *i* 的关卡：显示 " ★ "
- 答对数量小于 *i* 的关卡：显示 "   "

这样一来，运行示例中⑤的部分就显示出来了（得分在 5 分及以上的关卡处显示★）。显示完毕输出换行字符后，在外侧的 **for** 语句的作用下 *i* 的值变成了 4。

i 的值为 4 时显示的是④的部分（得分在 4 分及以上的关卡处显示★）。

重复上述操作直到 *i* 的值变成 1，此时图形主体的显示就完成了。

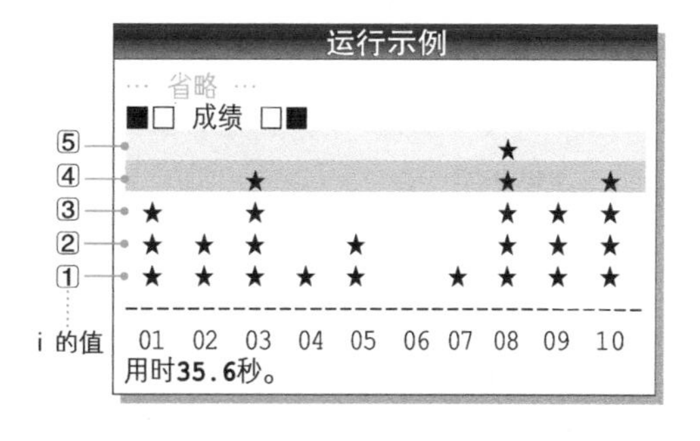

2 显示关卡编号

通过 **for** 语句显示关卡编号，完成图形。

把数值存入数组

我们来改动一下程序：训练的关卡不限于 10 个，玩家可以随意循环。这样一来，问题就出现了：**要如何存储答对数量呢**？

之所以会出现这个问题，是因为即使把存储答对数量的数组的元素个数增加到 50，玩家也会因容量不足而无法进行大于等于 50 关的训练。

因此我们将存储答对数量的数组的元素个数设为 10，**如果训练的关卡超过 10 个，就只存储最后 10 个关卡的答对数量**。

▶例如，假设训练了 25 关，那么数组里存储的就是第 16 关到第 25 关的答对数量。

那么，要如何把答对数量储存到数组中呢？我们先来研究一下 List 5-8 的程序。

List 5-8　　chap05/storearya.c

```
/* 最多读取10个值，存入元素个数为10的数组 */

#include <stdio.h>

#define MAX      10        /* 数组的元素个数 */

int main(void)
{
    int i;
    int a[MAX];            /* 用于存储已读取的值的数组 */
    int cnt = 0;           /* 读取到的个数 */
    int retry;             /* 再来一次？ */

    printf("请输入整数。\n");
    printf("最多能输入%d个。\n", MAX);

    do {
        printf("第%d个整数：", cnt + 1);
        scanf("%d", &a[cnt++]);

        if (cnt == MAX)        /* 把cnt个整数全部输入完毕后 */
            break;             /* 结束 */

        printf("是否继续？ (Yes…1 / No…0)：");
        scanf("%d", &retry);
    } while (retry == 1);

    for (i = 0; i < cnt; i++)
        printf("第%2d个 : %d\n", i + 1, a[i]);

    return 0;
}
```

这个程序最多能读取 10 个整数值，这些整数值按照读取顺序分别被存入元素个数为 10的数组 a 的各个元素中。

10 个整数输入完毕后，对于“是否继续?”这一问题，输入 0，屏幕就会按顺序依次显示读取到的值。

```
运行示例1
请输入整数。
最多能输入10个。
第1个整数: 62
是否继续?  (Yes…1 / No…0): 1
第2个整数: 78
是否继续?  (Yes…1 / No…0): 1
第3个整数: 39
是否继续?  (Yes…1 / No…0): 0
第1个: 62
第2个: 78
第3个: 39
```

▪ 当读取到的值不满 10 个时

运行示例①中读取了 3 个值。如 Fig.5-5 ⓐ所示，玩家输入的 3 个值 62、78、39 按顺序依次存入了 *a*[0]、*a*[1]、*a*[2] 中。

▶各个元素上方用方框圈起来的数值表示的不是下标，而是**第几个被读取的值。**

▪ 当读取到的值刚好为 10 个时

```
运行示例2
请输入整数。
最多能输入10个。
第1个整数: 15
是否继续?  (Yes…1 / No…0): 1
第2个整数: 32
是否继续?  (Yes…1 / No…0): 1
第3个整数: 64
是否继续?  (Yes…1 / No…0): 1
…省略…
第8个整数: 23
是否继续?  (Yes…1 / No…0): 1
第9个整数: 44
是否继续?  (Yes…1 / No…0): 1
第10个整数: 55
第1个: 15
第2个: 32
第3个: 64
第4个: 57
第5个: 99
第6个: 21
第7个: 5
第8个: 23
第9个: 44
第10个:55
```

如运行示例②所示，程序刚好读取到了 10 个值。请看图ⓑ，玩家输入的值 15, 32, …, 55 分别存入了 *a*[0] ~ *a*[9] 中。

因为读取完第 10 个整数后，*cnt* 的值就等于 *MAX*，也就是等于 10，所以要通过阴影部分的 **break** 语句来强制退出 do 语句。

▶需要注意的是，应在程序询问玩家“是否继续?”之前判断变量 *cnt* 的值是否已经达到了 *MAX*。
因为如果程序变成下面这样（在程序询问之后再进行判断），那么在输入第 10 个整数后，对于“是否继续?”的问题，玩家就有可能选择 1，即 Yes（然而玩家并不能输入第 11 个值）。

```
do {
    printf("第%d个整数: ", cnt + 1);
    scanf("%d", &a[cnt++]);

    printf("是否继续?  (Yes…1 / No…0): ");
    scanf("%d", &retry);
} while (retry == 1 && cnt < MAX);
```

ⓐ 读取到了3个值

①	②	③							
62	78	39							

ⓑ 读取到了10个值

①	②	③	④	⑤	⑥	⑦	⑧	⑨	⑩
15	32	64	57	99	21	5	23	44	55

● Fig.5-5 把读取到的整数值存入数组元素中

如何存储超过数组元素个数的值（其一）

下面大家要思考的是 List 5-9 中的程序，为了能读取 10 个以上的值，我们对原先的程序进行了扩展。扩展后的程序在读取超过 10 个的值时，只会显示**最后的 10 个值**。

List 5-9 chap05/storearyb1.c

```
/* 读取想要的数量，把最后10个存入元素个数为10的数组（其一）*/
#include <stdio.h>
#define MAX     10              /* 数组的元素个数 */
int main(void)
{
    int i;
    int a[MAX];                 /* 用于存储已读取的值的数组 */
    int cnt = 0;                /* 读取到的个数 */
    int retry;                  /* 再来一次？ */
    printf("请输入整数。\n");
    do {
        if (cnt >= MAX) {             /* 在读取第MAX + 1个值及其后续值之前 */
            for (i = 0; i < MAX - 1; i++)   /* 把元素a[1]～a[MAX-1] */
                a[i] = a[i + 1];            /* 往前移动一个位置 */
        }                                                        ─1
        printf("第%d个整数：", cnt + 1);
        scanf("%d", &a[cnt < MAX ? cnt : MAX - 1]);              ─2
        cnt++;
        printf("是否继续？（Yes…1/No…0）：");
        scanf("%d", &retry);
    } while (retry == 1);
    if (cnt <= MAX)                     /* 读取的值不超过MAX个 */
        for (i = 0; i < cnt; i++)
            printf("第%2d个 : %d\n", i + 1, a[i]);
    else                                /* 读取的值超过MAX个 */   ─3
        for (i = 0; i < MAX; i++)
            printf("第%2d个 : %d\n", cnt - MAX + 1 + i, a[i]);
    return 0;
}
```

我们来看一下1。在读取第 11 个以后的值时，由于 `cnt >= MAX` 成立，因此在 **if** 语句的作用下 **for** 语句得以运行。

这个 **for** 语句通过对 *i* 的值进行 0, 1, 2, …的增量操作来重复执行 *MAX* - 1 次赋值操作，将 a[*i* + 1] 的值赋给它前一个元素 a[*i*]。其结果如 Fig.5-6 所示，a[1] 及其后面的**所有元素都向前移动了一个位置**。

▶也就是说，a[1] ~ a[9] 的值被复制到了 a[0] ~ a[8] 中。

0	1	2	3	4	5	6	7	8	9	
15	32	64	57	99	21	5	23	44	55	a[0] = a[1];
32	32	64	57	99	21	5	23	44	55	a[1] = a[2];

… 省略 …

32	64	57	99	21	5	23	44	44	55	a[8] = a[9];
32	64	57	99	21	5	23	44	55	55	

● Fig.5-6 在读取第 11 个值及其后续值之前进行的处理（把所有元素往前移动一个位置）

2的部分用于存储读取到的值，若 cnt 大于等于 MAX（读取第 11 个以后的值时），就把输入的值存入末尾元素 a[MAX - 1]（即 a[9]）中。

▶若 cnt 小于 MAX（读取第 1 个至第 10 个值时），则把读取到的值存入 a[cnt] 中。

因此，第 10 个、第 11 个、第 12 个值的读取流程就如 Fig.5-7 所示。

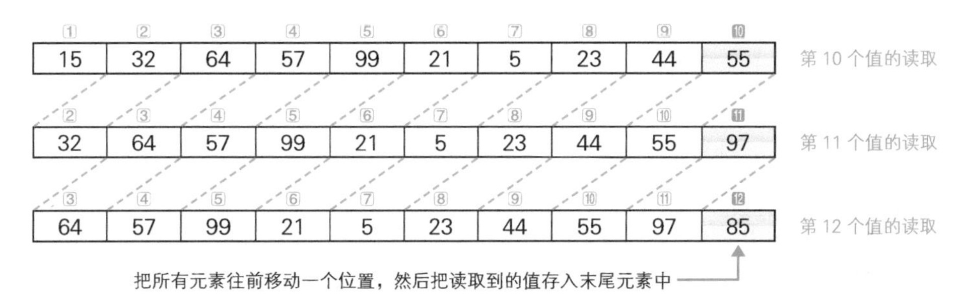

● Fig.5-7 在读取第 10、11、12 个值及其后续值时值的存储

3的部分用于显示结果，这部分会根据读取到的值的个数 cnt 进行不同的处理。

▪ **读取到的值不超过 MAX 个**

按顺序显示数组开头的 cnt 个值。要显示的 a[i] 是第 i + 1 个读取到的值。

▶如果读取到 3 个值，就把 a[0] ～ a[2] 显示为第 1 个～第 3 个值。

▪ **读取到的值超过 MAX 个**

显示数组的所有元素。要显示的 a[i] 是第 cnt - MAX + 1 + i 个读取到的值。

▶如运行示例所示，如果读取到 12 个值，就把 a[0] ～

运行示例

```
请输入整数。
第1个整数：15
是否继续？（Yes…1／No…0）：1
第2个整数：32
… 省略 …
第11个整数：97
是否继续？（Yes…1／No…0）：1
第12个整数：85
是否继续？（Yes…1／No…0）：0
第3个：64
第4个：57
第5个：99
第6个：21
第7个：5
第8个：23
第9个：44
第10个：55
第11个：97
第12个：85
```

a[9] 显示为第3个~第12个值。

很明显，**本程序用了一个效率很低的方法**。因为如果数组的元素个数是 1000，那么在读取第1001个及其后续的值时，必须移动999个元素。

如何存储超过数组元素个数的值（其二）

为了**能够在不移动元素的前提下**把读取到的值存入数组，我们对程序进行了改良，改良后的程序如 List 5-10 所示。本程序要比上一个程序更短、更简洁。

▶由于程序的显示结果和 List 5-9 相同，因此这里省略了运行示例。

List 5-10　　chap05/storearyb2.c

```
/* 读取想要的数量，把最后10个存入元素个数为10的数组（其二）*/

#include <stdio.h>

#define MAX     10              /* 数组的元素个数 */

int main(void)
{
    int i;
    int a[MAX];                 /* 用于存储已读取的值的数组 */
    int cnt = 0;                /* 读取到的个数 */
    int retry;                  /* 再来一次？ */

    printf("请输入整数。\n");

    do {
        printf("第%d个整数：", cnt + 1);
        scanf("%d", &a[cnt++ % MAX]);

        printf("是否继续？（Yes…1/No…0）：");
        scanf("%d", &retry);
    } while (retry == 1);

    i = cnt - MAX;
    if (i < 0) i = 0;

    for ( ; i < cnt; i++)
        printf("第%2d个 : %d\n", i + 1, a[i % MAX]);

    return 0;
}
```

在阴影部分中，程序在把读取到的值存入 a[cnt % MAX] 中的同时对 cnt 进行了增量操作，下面我们结合具体例子来理解一下。

▪ 第10个值的读取

cnt 的值是 9，用它除以 MAX（也就是 10）得到的余数为 9。如 Fig.5-8 ⓐ 所示，第10个读取到的整数被存入 a[9] 中。

▪ 第 11 个值的读取

cnt 的值是 10，用它除以 *MAX*（也就是 10）得到的余数为 0。如图 b 所示，读取到的值被存入 *a*[0] 中。

▪ 第 12 个值的读取

cnt 的值是 11，用它除以 *MAX*（也就是 10）得到的余数为 1。如图 c 所示，读取到的值被存入 *a*[1] 中。

a 第10个值的读取

1	2	3	4	5	6	7	8	9	10
15	32	64	57	99	21	5	23	44	55

b 第11个值的读取

11	2	3	4	5	6	7	8	9	10
97	32	64	57	99	21	5	23	44	55

c 第12个值的读取

11	12	3	4	5	6	7	8	9	10
97	85	64	57	99	21	5	23	44	55

● Fig.5-8 读取到第 10、11、12 个值时值的存储（改良版）

如 Fig.5-9 所示，数组 *a* 被当成一个末尾元素 *a*[9] 后紧跟着开头元素 *a*[0] 的**循环结构**。该图表示读取到 12 个值时的状态，读取到的第 3 个 ~ 第 12 个值按顺序依次存放在 *a*[2]，*a*[3]，…，*a*[9]，*a*[0]，*a*[1] 中。

跟上一个程序不同，本程序在每次读取值时，**不需要移动元素**。

*

不过，在显示读取到的值时则需要费一点功夫。

如果读取到的值的个数 *cnt* 小于等于 10，那么只要按顺序显示以下的值即可。

a[0] ~ *a*[*cnt* - 1]

但是如右图所示，如果读取了 12 个值，就需要按照 *a*[2]，*a*[3]，…，*a*[9]，*a*[0]，*a*[1] 的顺序来显示。

*

本程序使用取余运算符 % 简明地进行了处理，请大家好好理解一下。

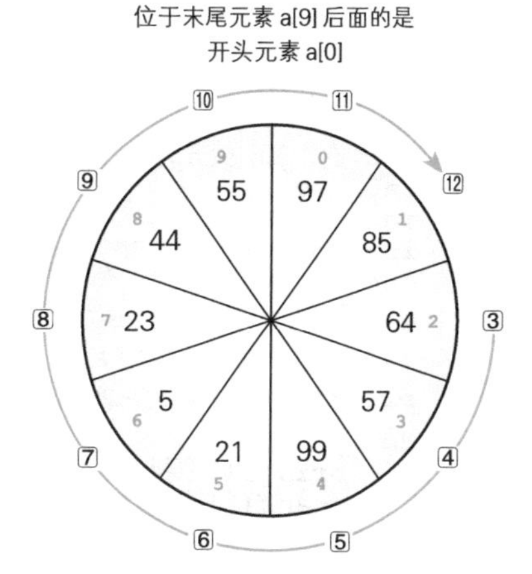

● Fig.5-9 将数组视作循环结构

小结

为了把数组当作能够按照时间先后顺序丢弃旧值的有界缓冲区来使用，可以将其视为一个循环结构来访问。

加一训练的改良

我们已经掌握了把最新的数据高效率地存入数组的方法，使用这个方法改良后的加一训练程序如 List 5-11 所示。

List 5-11 chap05/plusone4.c

```
/* 加一训练（其四）
         - 显示最后的MAX_RECORD关卡的答对数量 -                    */

#include <time.h>
#include <stdio.h>
#include <stdlib.h>

#define LEVEL_MIN    2              /* 最低等级（数值的个数）*/
#define LEVEL_MAX    5              /* 最高等级（数值的个数）*/
#define MAX_RECORD 10               /* 记录得分的关卡数 */

/*--- 等待x毫秒 ---*/
int sleep(unsigned long x)
{
    clock_t c1 = clock(), c2;
    do {
        if ((c2 = clock()) == (clock_t)-1) /* 错误 */
            return 0;
    } while (1000.0 * (c2 - c1) / CLOCKS_PER_SEC < x);
    return 1;
}

int main(void)
{
    int i, j, stage, stage2;
    int level;                      /* 等级 */
    int success;                    /* 答对数量 */
    int point[MAX_RECORD];          /* 得分 */
    int retry;                      /* 再来一次？ */
    clock_t start, end;             /* 开始时间/结束时间 */
    srand(time(NULL));              /* 设定随机数的种子 */
    printf("记忆数值并输入这些数值加1后的值。\n");
    do {
        printf("要挑战的等级(%d~%d): ", LEVEL_MIN, LEVEL_MAX);
        scanf("%d", &level);
    } while (level < LEVEL_MIN || level > LEVEL_MAX);
    success = stage = 0;
    start = clock();
    do {
        int no[LEVEL_MAX];          /* 要记忆的数值 */
        int x[LEVEL_MAX];           /* 已读取的值 */
        int seikai = 0;             /* 本关卡的答对数量 */

        printf("\n第%d关卡开始!!\n", stage + 1);
```

```
        for (i = 0; i < level; i++) {          /* 仅level个 */
            no[i] = rand() % 90 + 10;          /* 生成10~99的随机数 */
            printf("%d ", no[i]);              /* 显示 */
        }
        fflush(stdout);
        sleep(300 * level);                    /* 等待0.30 × level秒 */
        printf("\r%*s\r", 3 * level, "");      /* 消除题目 */
        fflush(stdout);

        for (i = 0; i < level; i++) {          /* 读取答案 */
            printf("第%d个数: ", i + 1);
            scanf("%d", &x[i]);
        }

        for (i = 0; i < level; i++) {          /* 判断对错并显示 */
            if (x[i] != no[i] + 1)
                printf("× ");
            else {
                printf("○ ");
                seikai++;
            }
        }
        putchar('\n');

        for (i = 0; i < level; i++)                /* 显示正确答案 */
            printf("%2d ", no[i]);

        printf(" … 答对了%d个。\n", seikai);

        point[stage++ % MAX_RECORD] = seikai;  /* 记录关卡的答对数量 */
        success += seikai;                     /* 更新整体的答对数量 */

        printf("是否继续? (Yes…1/No…0): ");
        scanf("%d", &retry);
    } while (retry == 1);
    end = clock();

    printf("\n■□ 成绩 □■\n");

    stage2 = stage - MAX_RECORD;
    if (stage2 < 0) stage2 = 0;

    for (i = level; i >= 1; i--) {
        for (j = stage2; j < stage; j++)
            if (point[j % MAX_RECORD] >= i)
                printf(" ★ ");
            else
                printf("    ");
        putchar('\n');
    }
    printf("------------------------------------------\n");

    for (j = stage2; j < stage; j++)
        printf(" %02d ", j + 1);
    putchar('\n');

    printf("%d个中答对了%d个。\n", level * stage, success);
    printf("用时%.1f秒。\n", (double)(end - start) / CLOCKS_PER_SEC);

    return 0;
}
```

本程序中各个关卡的答对数量的存储方法和 List 5-10 相同，大家应该能够理解。

▶表示数组元素个数的宏不是 *MAX* 而是 *MAX_RECORD*，另外，此处省去了程序的运行示例。

5-3 存储空间的动态分配与释放

本节我们将学习如何在程序运行时根据需要分配或释放对象所需的空间。

声明数组

上一节中我们编写了一个用于记忆最后 10 次答对数量的程序，现在**我们再来编写一个程序，能让玩家在游戏开始时自行决定训练次数，同时存储下所有答对数量**。

比如，训练开始时，玩家希望进行 25 次训练，那程序便会进行 25 次训练，并记录下这 25 次训练中所有的答对数量。

需要注意的是，为了实现上述目标，用于存储答对数量的**数组的元素个数应在程序运行时决定好，而不是在编译时决定**。

*

从 List 5-5（5-2 节）的程序中抽出与数组有直接关系的声明，结果如 Fig.5-10ⓐ所示。存储训练次数和答对数量的是 *MAX_STAGE*。

似乎只要把图ⓐ改成像图ⓑ这样就可以了。

ⓐ List 5-5的声明

```
/* 关卡数和数组 */
#define MAX_STAGE   10

int main(void)
{
    int score[MAX_STAGE];
    /* … */
}
```

➡

ⓑ 更改后的声明（编译错误）

```
/* 关卡数和数组 */
int max_stage;

int main(void)
{
    printf("训练次数: ");
    scanf("%d", &max_stage);

    int score[max_stage];
    /* … */
}
```

● Fig.5-10 用于存放答对数量的数组的声明

然而，因为ⓑ中包含双重错误，所以会出现编译错误。

▪ 声明不位于函数的开头

包括数组在内，变量的“声明”必须位于“语句”的前面。上述程序则把“声明”放在了调用 ***printf*** 函数和 ***scanf*** 函数的“语句”的后面。

- **所声明的数组的元素个数不是常量表达式**

声明数组时，必须把数组的元素个数作为常量表达式给出（1-4 节），不能像上述程序这样给出变量。

动态存储期

如果我们能在程序运行中的任何时刻分配存储空间，把不需要的存储空间释放或丢弃，就能生成任意大小的对象，比如生成元素个数为 15 个、25 个，甚至更多的数组。

用于分配存储空间的两个函数是 **calloc** 函数和 **malloc** 函数。这两个函数能从专门留出的空闲空间中分配存储空间，这些空闲空间一般称为**堆**（heap）。

	calloc
头文件	`#include <stdlib.h>`
格式	`void *calloc(size_t nmemb, size_t size);`
功能	为 *nmemb* 个大小为 *size* 字节的对象分配存储空间，该空间内的所有位都会初始化为 0
返回值	若分配成功，则返回一个指向已分配的空间开头的指针；若分配失败，则返回空指针

	malloc
头文件	`#include <stdlib.h>`
格式	`void *malloc(size_t size);`
功能	为大小为 *size* 字节的对象分配存储空间，此存储空间中的初始值不确定
返回值	若分配成功，则返回一个指向已分配的空间开头的指针；若分配失败，则返回空指针

▶我们会在下一章（专栏 6-1）学习空指针和表示空指针的常量 **NULL** 的详细内容。

在程序运行时通过这些函数分配了存储空间的对象的生存期叫作**动态存储期**（allocated storage duration）（详情请参照专栏 5-2）。

此外，当我们不再需要已分配的存储空间时，就得将其释放，用于实现这一功能的是 **free** 函数。

	free
头文件	`#include <stdlib.h>`
格式	`void free(void *ptr);`
功能	释放 *ptr* 指向的空间，让这部分空间能继续用于之后的动态分配。当 *ptr* 为空指针时，不执行任何操作。除此之外，当实际参数与之前通过 **calloc** 函数、**malloc** 函数或 **realloc** 函数返回的指针不一致时，或者 *ptr* 指向的空间已经通过调用 **free** 或 **realloc** 被释放时，则作未定义处理
返回值	无

▶除了此处介绍的3个函数以外，C语言还提供了 ***realloc*** 函数，用来更改已分配的空间的大小，重新分配。

存储空间的动态分配与释放

下面我们用 ***calloc*** 函数来分配 **double** 型对象所需的存储空间，用 ***free*** 函数来释放空间。操作流程如 Fig.5-11 所示。

calloc 函数从堆区的适当位置分配指定大小（本例中为 1 × **sizeof**(**double**) 字节）的空间，返回指向该空间的指针，然后把返回的值赋给指针，在释放空间时把该指针传递给 ***free*** 函数。

▶下图中我们假设 **double** 型对象占用的字节数，也就是 **sizeof**(**double**) 为 8。

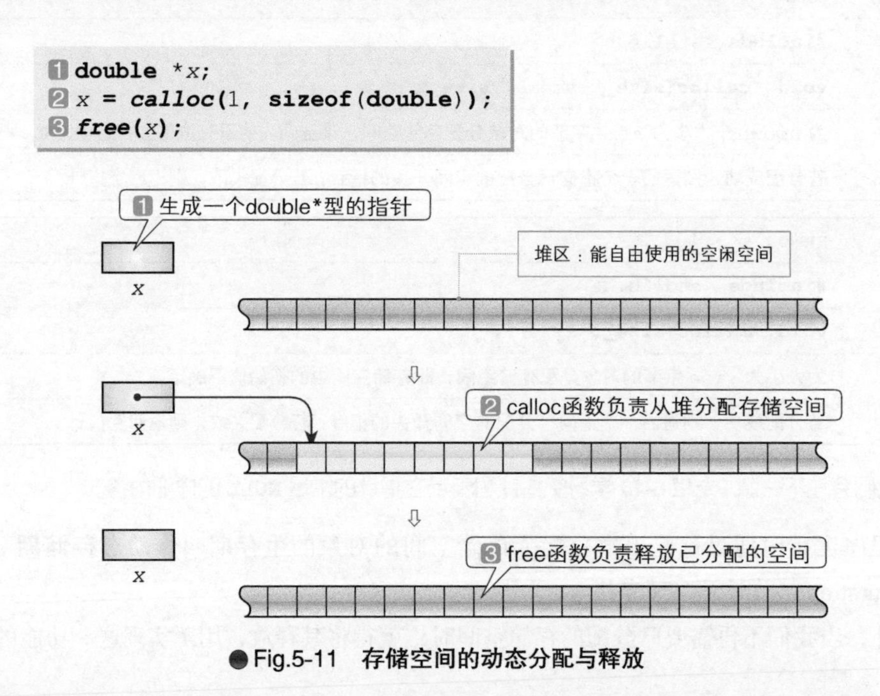

● Fig.5-11 存储空间的动态分配与释放

如果使用的是 ***malloc*** 函数而非 ***calloc*** 函数，2的部分就需要改成以下代码（给出的实际参数为1个）。

```
x = malloc(sizeof(double));
```

指向 void 型的指针

上述3个函数用于分配及释放 **int** 型对象、**double** 型对象、数组和结构体对象等所有类型对象的存储空间，因此其返回和接收的指针是兼容性很强的万能指针，即**指向 void 型的指针**。

▶如果返回和接收的是某种特定类型的指针，会有些麻烦。

指向 **void** 型的指针可以指向任意类型的对象，是一种特殊类型的指针。指向 **void** 型的指针的值可以赋给指向任意类型 *Type* 的指针，反之亦可（Fig.5-12）。

可以相互赋值
指向 void 型的指针 ⇄ 指向 Type 型的指针

● **Fig.5-12 指向 void 型的指针和其他类型的指针**

专栏 5-2 对象的存储期和初始化

C 语言的对象的生存期（寿命），即存储期包括以下 3 种。

- **自动存储期（automatic storage duration）**

对象的生存期（寿命）一直持续到程序退出声明该对象的块 {/*…*/} 为止。

- 函数接收的形式参数
- 函数中如下定义的对象
  - 未用存储类型修饰符定义的对象
  - 使用存储类型修饰符 **auto** 定义的对象
  - 使用存储类型修饰符 **register** 定义的对象

这些对象都是程序在进行声明时被生成并初始化的。此外，如果没有明确给出初始值，这些对象就会初始化为不确定值。

- **静态存储期（static storage duration）**

对象的生存期从程序启动一直持续到程序终止，与各个函数的运行无关。

- 在函数外定义的对象
- 函数中使用 **static** 定义的对象

只在程序开始运行前（开始运行 **main** 函数之前）进行唯一一次的初始化，因此不会在程序每次声明时都进行初始化。此外，如果没有明确给出初始值，这些对象就会初始化为 0。

- **动态存储期（allocated storage duration）**

对象的生存期取决于程序的指令，程序会在任意的时间生成或释放存储空间。

如前所述，通过 ***calloc*** 函数、***malloc*** 函数、***realloc*** 函数来动态分配存储空间，通过 ***free*** 函数及 ***realloc*** 函数来释放空间。

通过 ***malloc*** 函数分配的空间初始化为不确定的值，而通过 ***calloc*** 函数分配的空间的所有位都初始化为 0。

为单个对象分配存储空间

下面来实际为对象动态分配存储空间。List 5-12 所示的程序为 **int** 型的对象分配存储空间，并为该对象赋值并显示。

List 5-12 chap05/dynamic1.c

```
/* 为动态分配了存储空间的整数赋值并显示 */

#include <stdio.h>
#include <stdlib.h>

int main(void)
{
    int *x;

    x = calloc(1, sizeof(int));       /* 分配 */  ―❶

    if (x == NULL)
        puts("存储空间分配失败。");
    else {
        *x = 57;
        printf("*x = %d\n", *x);                   ―❷
        free(x);                      /* 释放 */   ―❸
    }

    return 0;
}
```

运行示例

```
*x = 57
```

在❶的部分，程序通过调用 ***calloc*** 函数为对象分配存储空间。此处赋给指针 *x* 的值是 ***calloc*** 函数的返回值。

后面的 **if** 语句会检查 ***calloc*** 函数是否成功地分配了存储空间。当 ***calloc*** 函数返回空指针时，**if** 语句的控制表达式 *x* **==** **NULL** 成立，程序显示“存储空间分配失败。”。

若存储空间分配成功，则接下来会运行 **else** 部分。

如 Fig.5-13 所示，可以用 *****x 来访问已分配的空间（3-1 节和 4-1 节），所以好像存在 *****x 这个变量似的。

❷的部分负责把整数值 57 赋给 *****x，并用 ***printf*** 函数显示该数值。

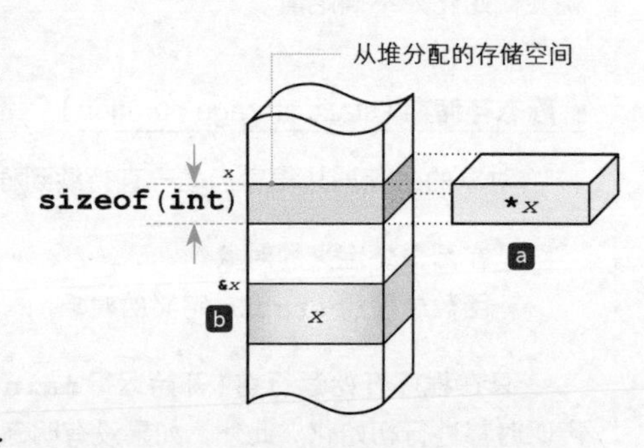

● Fig.5-13 访问已分配的存储空间

由于 ***calloc*** 函数会用 0 填满已分配的存储空间的所有位，因此删除用于赋值的语句 *****x **=** 57 后运行程序的话，程序会显示出 *****x **=** 0。大家可以实际操作确认一下。

*

变量使用结束后，在❸的部分调用 ***free*** 函数，释放已分配的空间。

下面让我们重新编写程序，对于通过 ***calloc*** 函数动态分配了存储空间的对象，使其存放从键盘输入的值而非常数值 57，程序如 List 5-13 所示。

List 5-13　　chap05/dynamic2.c

```c
/* 把从键盘输入的值存入动态分配了存储空间的整数中（错误）*/

#include <stdio.h>
#include <stdlib.h>

int main(void)
{
    int *x;

    x = calloc(1, sizeof(int));          /* 分配 */

    if (x == NULL)
        puts("存储空间分配失败。");
    else {
        printf("要存入*x的值：");
        scanf("%d", &x);
        printf("*x = %d\n", *x);
        free(x);                         /* 释放 */
    }

    return 0;
}
```

运行结果示例

```
要存入*x的值：64
*x = 2002
```

我们先来运行一下程序。因为程序中存在错误，所以会出现诸如 `*x` 的值显示为一个奇怪的值的异常情况。我们来想想这是为什么。

▶根据系统环境和编程环境的不同，程序的运行情况也存在差异。

阴影部分把 `&x`（即指针 x 的地址）作为第 2 参数传递给了 ***scanf*** 函数，错误就在于此。

① 用于存放 ***scanf*** 函数读取的整数值的不是 ***calloc*** 函数分配的空间（即 Fig.5-13 的ⓐ部分），而是存放指针 x 的空间（ⓑ部分）。由于 x 本身的值会被改写，因此 x 就不能指向已分配的空间了。不仅如此，为了释放存储空间而调用的 ***free*** 函数会把不正确的值（***calloc*** 函数分配的空间的地址以外的值）传递给 ***scanf*** 函数。

② 如果 **int** 型是 4 个字节，指针是 2 个字节，***scanf*** 函数就会把值一直写到指针 x 的空间（ⓑ部分）后面的 2 个字节。如果在这部分空间里存入了其他变量，这个值就会遭到破坏。

传递给 ***scanf*** 函数的必须是 x 指向的 **int** 型对象的地址。因为 x 本身是指针，所以不需要使用地址运算符，因此阴影部分必须是以下代码。

```c
scanf("%d", x);
```

将指针 x 的值直接传递给 ***scanf*** 函数才是正确的方法。

我们来改写程序确认一下，如右图所示，程序会正确运行。

运行示例

```
要存入*x的值：64
*x = 64
```

专栏 5-3 指向 void 型的指针与类型转换

List 5-12 和 List 5-13 中调用 *calloc* 函数的部分如下。

```
A x = calloc(1, sizeof(int));                /* 隐式类型转换 */
```

calloc 函数返回的 **void** * 型的指针值赋给了 **int** * 型的变量。因此，在赋值的过程中会发生**隐式类型转换**，这一点大家要注意。

```
B x = (int *)calloc(1, sizeof(int));         /* 显式类型转换 */
```

void * 型的指针可以赋给指向任意类型的指针，反过来也可以，因此不必进行显式类型转换。

但是在 C++ 中，把指向 **void** 型的指针赋给指向其他类型的指针时，必须进行强制类型转换（也就是说，在 C 语言中用A用B都可以，但在 C++ 中只能用B）。

不过，为什么在 C++ 中，宁愿牺牲与 C 语言的兼容性也要进行强制类型转换呢？下面我们就来探寻这个问题的原因，同时深入学习一下指向 **void** 型的指针。

*

并不是所有对象都能够存入任意地址中。这是因为在某些环境中，为了能够快速读写对象，要将对象的开头存入编号为偶数的地址中（例如编号为 2 的倍数的地址、4 的倍数的地址、8 的倍数的地址……），这种合理调节对象存储位置的行为就叫作**对齐**。

举个例子，假设 **sizeof(double)** 为 8，以 8 字节对齐。此时 **double** 型的对象的开头会被存入用 8 除得尽的地址中。

此时指向 8 的倍数的地址（如编号为 8 的地址和编号为 16 的地址等）的指针能够正确地指向 **double** 型对象，然而指向编号为 1 和编号为 5 的地址的指针就无法正确指向 **double** 型对象。

我们用 List 5C-3 的程序来验证一下上述结论。

List 5C-3 chap05/pointconv.c

```
/* 指针和类型转换 */

#include  <stdio.h>

int main(void)
{
    double x;
    double *pd;
    char   *pc = &x;          ―― 1

    pc++;                     ―― 2

    pd = (double *)pc;        ―― 3

    printf("pc = %p\n", pc);
    printf("pd = %p\n", pd);

    return 0;
}
```

运行结果示例

```
pc = 9
pd = 16
```

如 Fig.5C-1 所示，假设 **double** 型的 *x* 存储在编号为 8 的地址中，程序中声明了两个指针，*pd* 是 **double** * 型的指针，*pc* 是 **char** * 型的指针。

在1中，指向 **char** 的指针类型 *pc* 初始化为指向存有 *x* 的编号为 8 的地址。因为初始值 **&***x* 是 **double** * 型的指针，所以程序会进行隐式类型转换，把 **double** * 转换成 **char** *。

接下来在2中对 *pc* 进行增量操作，指针增量后，就会指向原元素后面的那个元素（3-1 节）。因为字符是 1 个字节，所以增量后 *pc* 会指向编号为 9 的地址。

在3中，程序把指针 *pc* 的值赋给了指向 **double** 的指针 *pd*。但如果 **double** 型是以 8 字节对齐的，那么 **double** 型的指针就必须是 8 的倍数。虽然在不同编程环境下可能有所差别，但若以 8 字节为单位进行进位或舍位，就有可能变成编号为 8 或编号为 16 的地址。

本程序以 **char** * 型为例进行了说明，但在以 1 字节对齐、能够指向任意地址这一点上，**void** * 型与 **char** * 型是共通的。

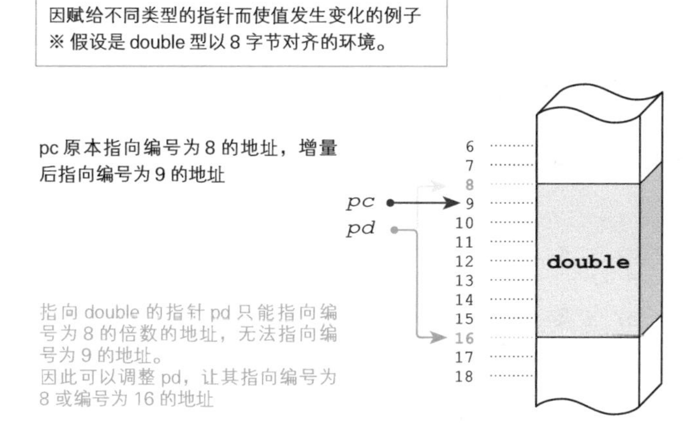

● Fig.5C-1 List 5C-3中的两个指针

将指针转换成指向其他类型的指针是很危险的，因为这样甚至可能改变指针本身的值。因此在 C++ 中，如果要把指向 **void** 的指针赋给指向其他类型的指针，就必须进行显式类型转换。

虽然在 C 语言中不是必须进行显式类型转换，但在把指针的值赋给不同的指针类型时，需要让使用编程环境和程序的人知道“赋值时指针的值有可能发生变化”。在这个意义上，可以说即使在 C 语言这种不必进行显式类型转换的编程环境中，也还是进行显式转换更稳妥一些。

*

calloc 函数、***malloc*** 函数、***realloc*** 函数**一定会返回合理对齐后的值**。例如在某编程环境中，最多以 8 字节对齐，原则上这些函数返回的地址都是用 8 能够除尽的值。

在对这些函数返回的值进行赋值操作时，由于不需要考虑与对齐的统一性，因此在把 **void** * 指针转换成指向其他类型的指针时，不必非要进行显式转换。

为数组对象分配存储空间

这次我们来为数组对象动态分配存储空间。为元素类型为 **int** 的数组动态分配存储空间的程序如 List 5-14 所示。

List 5-14 chap05/dynamicary.c

```
/* 为整数数组动态分配存储空间 */

#include <stdio.h>
#include <stdlib.h>

int main(void)
{
    int *x;
    int n;                                      /* 元素个数 */

    printf("要分配存储空间的数组的元素个数: ");
    scanf("%d", &n);

    x = calloc(n, sizeof(int));                 /* 分配 */

    if (x == NULL)
        puts("存储空间分配失败。");
    else {
        int i;

        for (i = 0; i < n; i++)                 /* 赋值 */
            x[i] = i;

        for (i = 0; i < n; i++)                 /* 显示值 */
            printf("x[%d] = %d\n", i, x[i]);

        free(x);                                /* 释放 */
    }

    return 0;
}
```

运行示例

```
要分配存储空间的数组的元素个数: 5
x[0] = 0
x[1] = 1
x[2] = 2
x[3] = 3
x[4] = 4
```

来实际运行一下程序。把与下标相同的值 0, 1, 2, …从前往后依次赋给分配了存储空间的数组的元素，并按顺序依次显示这些值。

*

我们把 List 5-12 和 List 5-13 的程序中调用 ***calloc*** 函数的部分和本程序中调用 ***calloc*** 函数的部分进行对比，如 Table 5-3 所示。

● Table 5-3 calloc 函数在各个程序中的调用

程序	calloc 函数的调用
List 5-12 / List 5-13	`calloc(1, sizeof(int))`
List 5-14	`calloc(n, sizeof(int))`

可以发现，除了第 1 参数的值不同，其他完全相同。没有指定要“为整数分配存储空间。”或“为数组分配存储空间。”。

这是因为，***calloc*** 函数和 ***malloc*** 函数分配的**是存储空间的“块”**。

*

本程序中分配的存储空间和访问该空间的情形如 Fig.5-14 所示。

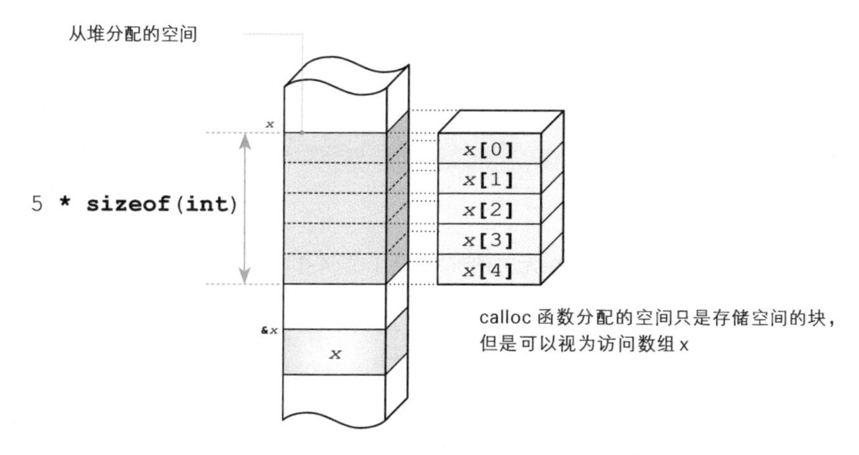

● Fig.5-14　访问由堆区分配空间的数组

calloc 函数返回已分配的存储空间的地址，并赋给 *x*。

根据指针和数组的可交换性（**专栏 5-4**），程序能够像访问数组那样，用表达式 *x*[0], *x*[1], *x*[2], …来访问已分配的空间。

专栏 5-4　数组和指针的可交换性

在 C 语言中，数组和指针有着密切的关系，我们来简单学习一下。

这里我们以元素类型为 **int** 型，元素个数为 5 的数组 *a*，以及初始化为 *a* 的 **int** * 型指针 *p* 为例进行说明。

```
int a[5];      /* 元素类型为int型，元素个数为5的数组 */
int *p = a;    /* 解释为int *p = &a[0] */
```

不带下标运算符 **[]** 的数组名称原则上会被程序理解为**指向该数组开头元素的指针**。换句话说，只写一个 *a*，会被程序视为 *a*[0] 的地址，也就是 **&***a*[0]。因此指针 *p* 初始化后会指向开头元素 *a*[0]，而不是指向数组 *a*。

也就是说，*p* 和 *a* 都是指向 *a*[0] 的指针，如 Fig.5C-2 所示。

［注］：也存在例外情况，即不把数组名称视为指向开头元素的指针。

- 应用了 **sizeof** 运算符的 **sizeof**(*a*) 生成的是整个数组的大小，程序不会将其解释为 **sizeof**(**&***a*[0]) 而生成指针的大小。
- 应用了地址运算符的 **&***a* 生成的是指向整个数组的指针，程序不会将其解释为 **&**(**&***a*[0])。

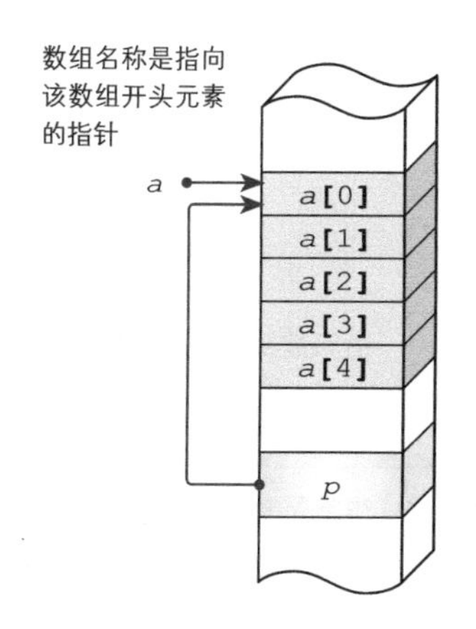

● Fig.5C-2　数组和指针①

当指针 *ptr* 指向数组内的某个元素 *e* 时，存在以下规则。

- *ptr* + *i* 是指向 *e* 后面第 *i* 个元素的指针。
- *ptr* - *i* 是指向 *e* 前面第 *i* 个元素的指针。

因为指针 p 指向的是 a[0]，所以 p + 0, p + 1, p + 2, … 分别指向 a[0], a[1], a[2], …。

同理，因为 a 也指向 a[0]，所以 a + 0, a + 1, a + 2, … 分别指向 a[0], a[1], a[2], …。

具体如 Fig.5C-3 所示。

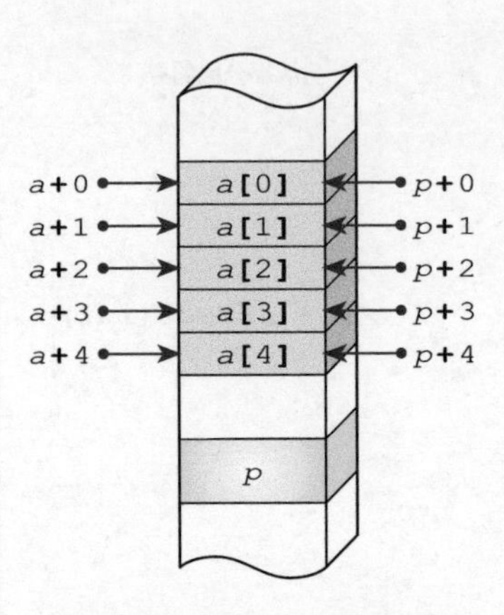

● Fig.5C-3 数组和指针②

*

请大家回忆一下，指针有一个与数组无关的规则（3-1 节、4-1 节），即：

> 指针 ptr 指向对象 x 时，*ptr 是 x 的别名（绰号）。

若将这个规则用到指向数组内元素的指针 p + i 上，那么使用了间接运算符 * 的表达式 *(p + i) 就变成了 p 所指元素后面第 i 个元素的别名。例如 *(p + 2) 就是 a[2] 的别名。

当然，因为 a 也指向 a[0]，所以 *(a + 2) 也是 a[2] 的别名。

具体如 Fig.5C-4 所示。

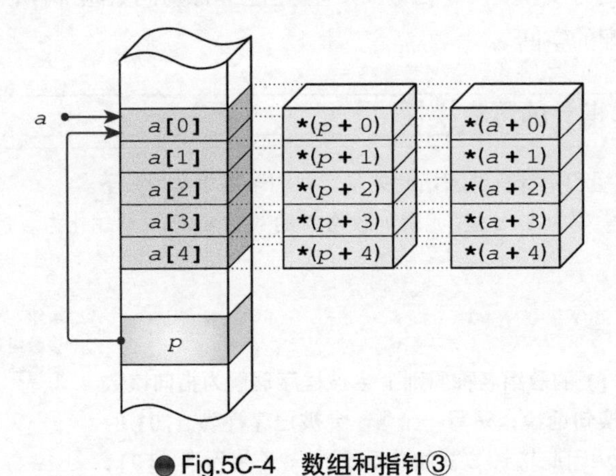

● Fig.5C-4 数组和指针③

指向数组内元素的指针还存在下述重要规则。

> ▪ *(p + i) 可以记作 p[i]。

也就是说，a[2] 的别名 *(p + 2) 可以记作 p[2]。

此外，由于 + 运算符和 [] 运算符的操作数的顺序是随意的（c + d 等同于 d + c），因此下列 8 个表达式全部都是一个意思。

a[2]　2[a]　p[2]　2[a]　*(p + 2)　*(2 + p)　*(a + 2)　*(2 + a)

具体如 Fig.5C-5 所示（图中只显示出了 8 个表达式中的 4 个）。

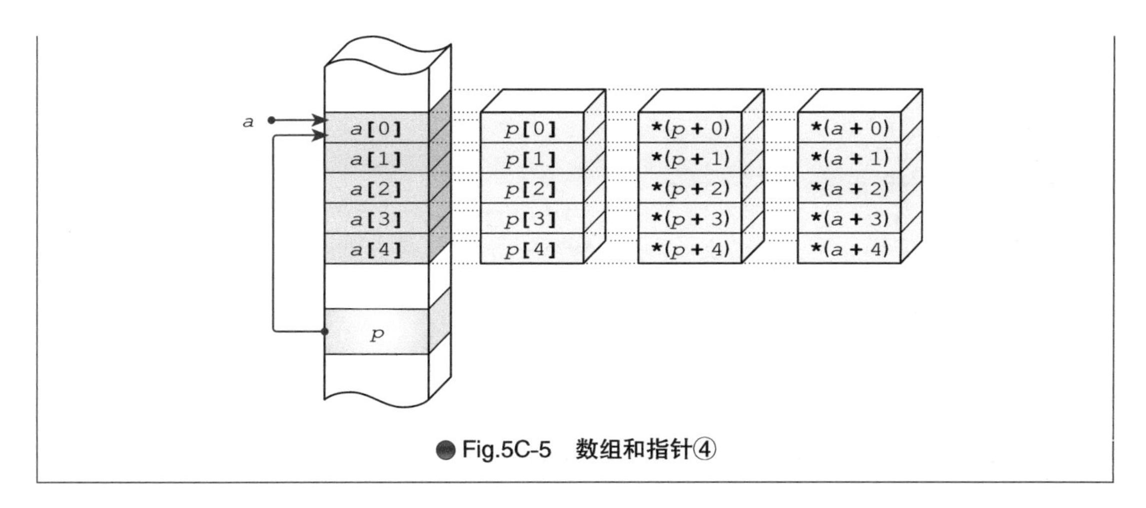

● Fig.5C-5 数组和指针④

我们已经知道了如何在程序运行时为任意元素个数的数组分配存储空间。本节的课题是**编写一个能让玩家在游戏开始时自行决定训练次数，同时存储所有答对数量的程序。**

改写前后的程序如 Fig.5-15 所示。

a List 5–5的声明

```
/* 关卡数和数组 */
#define MAX_STAGE   10

int main(void)
{
    int score[MAX_STAGE];
    /* … */
}
```

➡

b 更改后的声明

```
/* 关卡数和数组 */
int main(void)
{
    int max_stage;
    int *score;
    printf("训练次数: ");
    scanf("%d", &max_stage);
    score = calloc(max_stage, sizeof(int));
    /* … */
    free(score);
    /* … */
}
```

● Fig.5-15 用于存放答对数量的数组的声明

根据此方针编写的程序如 List 5-15 所示。

▶阴影部分是跟 List 5-5 主要的不同之处，此处省略了程序的运行结果。

List 5-15 chap05/plusone5.c

```
/* 加一训练（其五：记忆多个数值并输入这些数值加1后的值）*/

#include <time.h>
#include <stdio.h>
#include <stdlib.h>

#define LEVEL_MIN   2                       /* 最低等级（数值的个数）*/
#define LEVEL_MAX   6                       /* 最高等级（数值的个数）*/

/*--- 等待x毫秒 ---*/
int sleep(unsigned long x)
{
    clock_t c1 = clock(), c2;

    do {
        if ((c2 = clock()) == (clock_t)-1)   /* 错误 */
            return 0;
    } while (1000.0 * (c2 - c1) / CLOCKS_PER_SEC < x);
    return 1;
}

int main(void)
{
    int i, stage;
    int max_stage;                          /* 关卡数 */
    int level;                              /* 等级 */
    int success;                            /* 答对数量 */
    int *score;                             /* 所有关卡的答对数量 */
    clock_t   start, end;                       /* 开始时间/结束时间 */

    srand(time(NULL));                          /* 设定随机数的种子 */

    printf("加一训练开始!!\n");
    printf("记忆2位的数值。\n");
    printf("请输入原数值加1后的值。\n");

    do {
        printf("要挑战的等级(%d~%d)：", LEVEL_MIN, LEVEL_MAX);
        scanf("%d", &level);
    } while (level < LEVEL_MIN || level > LEVEL_MAX);

    do {
        printf("训练次数：");
        scanf("%d", &max_stage);
    } while (max_stage <= 0);

    score = calloc(max_stage, sizeof(int));

    success = 0;
    start = clock();
    for (stage = 0; stage < max_stage; stage++) {
        int no[LEVEL_MAX];                          /* 要记忆的数值 */
        int x[LEVEL_MAX];                           /* 已读取的值 */
        int seikai = 0;                             /* 本关卡的答对数量 */

        printf("\n第%d关卡开始!!\n", stage + 1);

        for (i = 0; i < level; i++) {               /* 仅level个 */
            no[i] = rand() % 90 + 10;               /* 生成10～99的随机数 */
            printf("%d ", no[i]);                   /* 显示*/
        }
        fflush(stdout);
        sleep(300 * level);                         /* 等待0.30 × level秒 */
        printf("\r%*s\r", 3 * level, ""); /* 消除题目 */
```

```
        fflush(stdout);

        for (i = 0; i < level; i++) {       /* 读取答案 */
            printf("第%d个数: ", i + 1);
            scanf("%d", &x[i]);
        }

        for (i = 0; i < level; i++) {       /* 判断对错并显示 */
            if (x[i] != no[i] + 1)
                printf("× ");
            else {
                printf("○ ");
                seikai++;
            }
        }
        putchar('\n');

        for (i = 0; i < level; i++)         /* 显示正确答案 */
            printf("%2d ", no[i]);

        printf(" … 答对了%d个。\n", seikai);
        score[stage] = seikai;              /* 记录关卡的答对数量 */
        success += seikai;                  /* 更新整体的答对数量 */
    }
    end = clock();

    printf("%d个中答对了%d个。\n", level * max_stage, success);

    for (stage = 0; stage < max_stage; stage++)
        printf("第%2d关卡: %d\n", stage + 1, score[stage]);

    printf("用时%.1f秒。\n", (double)(end - start) / CLOCKS_PER_SEC);

    free(score);

    return 0;
}
```

小结

✽ 存储空间的动态分配与释放

我们可以在程序运行时的任意时刻分配所需大小的存储空间，释放或丢弃不需要的空间。

用于分配存储空间的两个函数是 ***calloc*** 函数和 ***malloc*** 函数。这两个函数能从专门留出的空闲空间中分配存储空间，这些空闲空间一般称为**堆**。***calloc*** 函数会把已分配的空间的所有位都初始化为 0，而 ***malloc*** 函数则不会进行初始化。

在程序运行时通过这些函数分配了存储空间的对象的生存期（寿命）叫作**动态存储期**。

用于释放不需要的空间的是 ***free*** 函数。

```
1 long *x;
2 x = calloc(2, sizeof(long));
3 free(x);
```

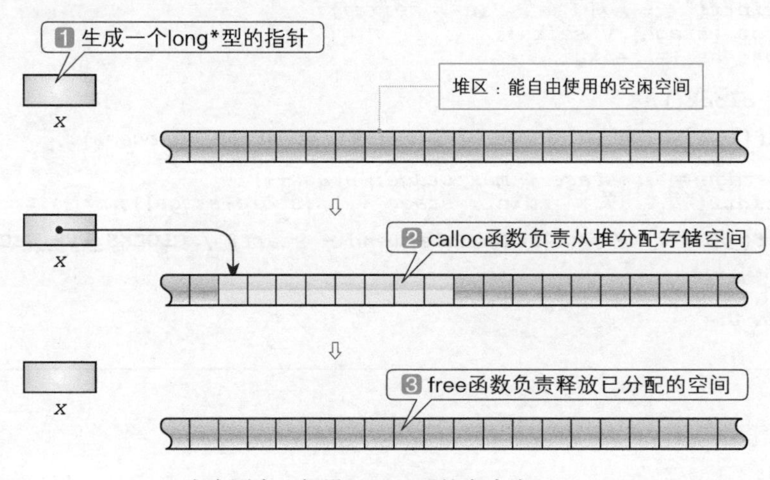

※ 在本图中，假设 **long** 型的大小为 4。

calloc、***malloc***、***free*** 这 3 个函数接收和返回的是 **void** * 型的指针（指向 **void** 的指针）。这个类型的指针是一种能够跟其他类型的指针相互赋值的万能指针类型。

分配存储空间时，不会指定要"为整数分配存储空间。"或"为数组分配存储空间。"（没有必要指定）。这是因为 ***calloc*** 函数和 ***malloc*** 函数分配的只是存储空间的"块"。

假设我们把已分配的空间赋给了 *Type* * 型的指针 *p*，则现在可以灵活进行如下应用。

- 通过表达式 ***p*** 将已分配的空间当成单独的 *Type* 型对象来访问。
- 通过表达式 *p*[*i*] 将已分配的空间当成由 *Type* 型元素构成的数组来访问。

✍ 自由演练

练习 5-1

编写一个“记忆力训练”程序，玩家需按相反的顺序输入已记忆的整数的各个数位，例如提示的题目是 5892，那么玩家就必须输入 2985。

编写两个版本，一个像 List 5-1 一样，将数值表示为 **int** 型的整数来处理的程序，另一个像 List 5-2 一样，将数值表示为字符串来处理的程序。

练习 5-2

编写一个“记忆力训练”程序，玩家记忆整数后需回答出其中某个数位的数值，例如提示的题目是 5982，当程序询问“从左往右数第 3 位的数字是什么:”时，玩家就必须输入 8（与上一题相同，编写的程序要有两个版本）。

练习 5-3

根据 List 5-3 和 List 5-4，编写一个“记忆力训练”程序，玩家需按相反的顺序输入已记忆的 *level* 个英文字母。例如提示的题目是 AWNJK，那么玩家就必须输入 KJNWA。

练习 5-4

根据 List 5-3 和 List 5-4，编写一个“记忆力训练”程序，玩家需记忆 *level* 个英文字母，并回答其中一个字母。例如提示的题目是 AWNJK,当程序询问“从左往右数第 2 个字母是什么:”时，玩家就必须输入 W。

练习 5-5

编写一个“记忆力训练”程序，玩家需记忆 *level* 个英文字母，并回答出其中某个字母在什么位置。例如提示的题目是 AWNJKQBP，当程序询问“B 是第几个字母:”时，玩家应输入 7。另外，题目中的字母不能重复。

练习 5-6

改良 List 5-15“加一训练”中输入数值的部分，使玩家一旦输入 -1，程序就会返回到之前的步骤，让玩家重新输入上一个数值，例如输入第 3 个数值时，一旦输入 -1，程序就会让玩家重新输入第 2 个数值；输入第 2 个数值时，一旦输入 -1，程序就会让玩家重新输入第 1 个数值。

练习 5-7

根据上一题编写一个“减一训练”程序。玩家要输入的是已记忆的数值减1后的值。

练习 5-8

改良 List 3-9 的“猜拳游戏”，把手势和胜负的记录存在数组里，在游戏结束时显示记录。程序需要有两个版本，一个能够保存最后10次的记录，另一个能够根据玩家输入的值来决定保存多少次记录。

第 6 章

日历

本章中我们会一起学习如何获取并显示当前日期和时间，以及怎样编写根据日期来求星期的程序，在这过程中我们将编写一个显示日历的程序。

本章主要学习的内容

- 日历时间和分解时间
- 获取当前日期和时间
- 通过当前时间设定随机数种子
- 计算处理时间
- 星期的求法与日历
- 空指针和空指针常量
- 拼写相同的字符串常量
- 命令行参数

⊙ struct tm 型
⊙ time_t 型
⊙ asctime 函数
⊙ ctime 函数
⊙ difftime 函数
⊙ gmtime 函数
⊙ localtime 函数
⊙ mktime 函数
⊙ sprintf 函数
⊙ strcat 函数
⊙ strcpy 函数
⊙ time 函数
⊙ tolower 函数
⊙ toupper 函数
⊙ NULL

6-1 今天是几号

本章中将编写一个显示日历的程序。让我们从基础学起，先来学习如何获取当前日期及时间。

今天的日期

List 6-1 是一个用于获取并显示当前（运行程序时）日期和时间的程序。C 语言标准库中提供了两种表示日期和时间的类型，即 **time_t** 型和 **struct tm** 型。阴影部分是这些类型的变量的声明。

List 6-1　　chap06/lcltime1.c

```
/* 显示当前日期和时间（其一）*/

#include <time.h>
#include <stdio.h>

/*--- 显示日期和时间 ---*/
void put_date(const struct tm *timer)
{
    char *wday_name[] = {"日", "一", "二", "三", "四", "五", "六"};

    printf("%4d年%02d月%02d日(%s)%02d时%02d分%02d秒",
            timer->tm_year + 1900,      /* 年 */
            timer->tm_mon + 1,          /* 月 */
            timer->tm_mday,             /* 日 */
            wday_name[timer->tm_wday],  /* 星期 */
            timer->tm_hour,             /* 时*/
            timer->tm_min,              /* 分*/
            timer->tm_sec               /* 秒*/
        );
}

int main(void)
{
    time_t current;                      /* 日历时间（单独的算数类型）*/
    struct tm *timer;                    /* 分解时间（结构体）*/

    time(&current);                      /* 获取当前时间 */
    timer = localtime(&current);         /* 转换成分解时间（本地时间） */

    printf("当前日期和时间是");
    put_date(timer);
    printf("。\n");

    return 0;
}
```

运行示例

```
当前日期和时间是2018年11月18日（日）21时05分24秒。
```

time_t 型：日历时间

time_t 型，又称为**日历时间**（calendar time），说白了就是像 **long** 型和 **double** 型一样，能够进行加减乘除运算的**算数型**。具体等同于哪个类型取决于编程环境，因此通常用 <time.h> 头文件定义，下面是定义的一个示例。

time_t型

```
typedef long  time_t;      /* 定义示例：根据编程环境不同而有所不同 */
```

编程环境不光决定了日历时间的**类型**，还决定了其**具体的值**。

此外，有很多编程环境把 **time_t** 型等同于 **int** 型或 **long** 型，以格林尼治标准时间（专栏 6-2），也就是 1970 年 1 月 1 日 0 时 0 分 0 秒后经过的秒数作为日历时间的具体值。

time 函数：以日历时间的形式来获取当前时间

time 函数用于以日历时间的形式来获取**当前时间**。

	time
头文件	**#include** <time.h>
格式	**time_t** ***time***(**time_t** **timer*);
功能	决定当前的日历时间。未定义该值的表现形式
返回值	用所在编程环境中的最佳逼近返回求出的日历时间。若日历时间无效则返回值 **(time_t)**-1，当 *timer* 不为空指针时，将返回值赋给 *timer* 指向的对象

此函数在求出日历时间的基础上，把日历时间存入参数 *timer* 指向的对象中，同时返回日历时间。因此可以根据不同的用途和个人喜好来选择各种调用方式，如 Fig.6-1 所示。

本程序中使用了1的方法，即把指向变量 *current* 的指针作为参数传递给了 **time** 函数。

2和3是把 ***time*** 函数的返回值移动到了赋值表达式的右边。2中将空指针作为参数传递给了 **time** 函数（专栏 6-1），3中则将指向 *current* 的指针作为参数传递了出去。

▶还有一种方法，如下所示，将参数和返回值当作不同的变量。

```
c1 = time(&c2);      /* 把当前时间存入c1与c2中 */
```

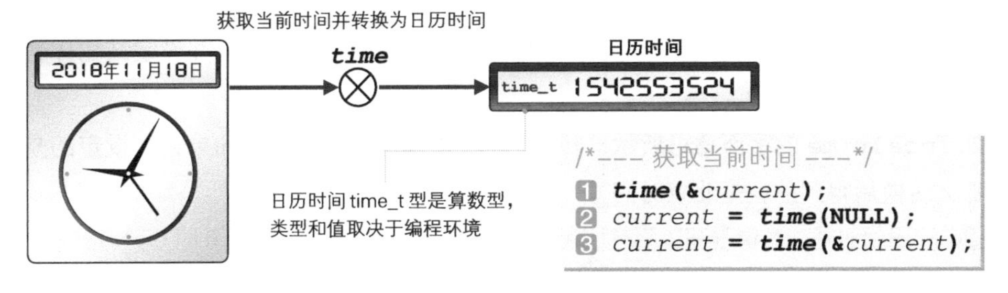

● Fig.6-1 通过 time 函数来获取日历时间

tm 结构体：分解时间

日历时间 **time_t** 型是一个方便计算机计算的算数型的数值，但却不便于人们直观理解。

为此，可以使用另外一个表示方法，就是被称为**分解时间**（broken-down time）的 **tm** 结构体类型。

代码段中所示的是 **tm** 结构体的定义示例。**其成员是**年、月、日、星期等**关于日期和时间的元素**。

tm 结构体类型

```
/* 定义示例：根据编程环境不同而有所不同 */
struct tm {
    int tm_sec;     /* 秒(0 ~ 61) */
    int tm_min;     /* 分(0 ~ 59) */
    int tm_hour;    /* 时(0 ~ 23) */
    int tm_mday;    /* 日(0 ~ 31) */
    int tm_mon;     /* 从1月开始的月份(0 ~ 11) */
    int tm_year;   /* 从1900开始的年份 */
    int tm_wday;    /* 星期：星期日~星期六(0 ~ 6) */
    int tm_yday;    /* 从1月1日开始的天数(0 ~ 365) */
    int tm_isdst;  /* 夏令时标志 */
};
```

大家对照注释就能理解各个成员表示的值了。

▶这个定义是众多示例中的一例，成员的声明顺序等细节取决于编程环境。

- 把表示秒的成员 *tm_sec* 的值的范围设置在 0 ~ 61，是因为考虑到了“闰秒”。
- 如果采用了**夏令时**，则成员 *tm_isdst* 的值为正，如果未采用则为 0，如果未能获取其信息则为负（夏令时就是在夏季将时间提前一小时左右）。

localtime 函数：把日历时间转换成表示本地时间的分解时间

localtime 函数用于把日历时间的值转换成分解时间。

	localtime
头文件	**#include** <time.h>
格式	**struct tm** ****localtime*(const time_t** **timer*);
功能	把 *timer* 指向的日历时间转换成用本地时间表示的分解时间
返回值	返回指向转换后的对象的指针

Fig.6-2 是该函数的动作示意图。程序根据单独的算数型的值来计算并设定结构体各个成员的值。

正如 ***localtime*** 的字面意思所示，转换后得到的是**本地时间**[①]（如果程序设定的是在中国使用，那么转换后得到的就是北京时间）。

▶图中的日历时间的数值是在以格林尼治标准时间的 1970 年 1 月 1 日 0 时 0 分 0 秒后经过的秒数作为日历时间的编程环境下，把 2018 年 11 月 18 日 21 时 5 分 24 秒的日历时间转换成分解时间而得到的。

① 系统设置时区的当前时间。——译者注

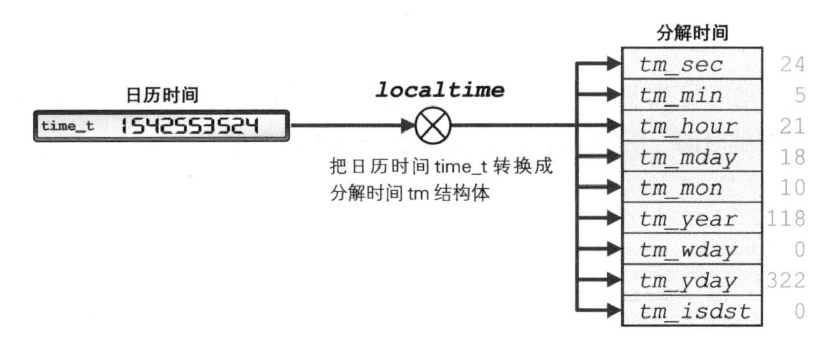

● Fig.6-2 通过 localtime 函数把日历时间转换成分解时间

下面我们来研究一下整个程序。

在 **main** 函数中，通过 ***time*** 函数以 **time_t** 型的日历时间的形式获取当前时间，将其转换成分解时间，即 **tm** 结构体。

使用函数 *put_date* 接收转换后的结果，并用公历纪元显示分解时间。

此时，在 *tm_year* 上加上 1900，在 *tm_mon* 上加上 1。由于表示星期的 *tm_wday* 从星期日到星期六分别对应 0 到 6，因此我们利用数组 *wday_name* 将其转换成中文字符串 "日"，"一"，…，"六" 并显示出来。

专栏 6-1 空指针和空指针常量

空指针（null pointer）是一个特殊的指针，它能够区别于指向任何对象的指针，也能够区别于指向任何函数的指针。整数值 0 能够转换成任意的指针类型，其转换结果为空指针。

表示空指针的是被称为**空指针常量**（null pointer constant）的宏 **NULL**。这个 **NULL** 在 C 语言标准库中定义如下。

> **表示 0 值的整数常量，或者将该常量表达式转换为 void * 的表达式。**

宏 **NULL** 是用 <stddef.h> 头文件定义的。此外，不管它包含 <locale.h>、<stdio.h>、<stdlib.h>、<time.h> 中的哪一个头文件，都能进行声明。

下面是 **NULL** 的一个定义示例。

```
#define NULL    0             /* NULL定义示例（C/C++） */
#define NULL    (void *)0     /* NULL定义示例（在C++中不通用） */
```

在 C++ 标准库中，**NULL** 被定义为**表示 0 值的整数常量表达式**，但 C++ 标准库中也说了定义内容可以是 0 及 0**L**，但不能是 **(void *)**0。

gmtime 函数：把日历时间转换成 UTC 分解时间

除了转换成本地时间以外，日历时间还能转换成用**协调世界时**（UTC = Coordinated Universal Time）表示的分解时间。用于执行这项操作的是 ***gmtime*** 函数。

	gmtime
头文件	**#include** <time.h>
格式	**struct tm** **gmtime*(**const time_t** *timer*);
功能	把 *timer* 指向的日历时间转换成用协调世界时表示的分解时间
返回值	返回指向转换后的对象的指针

用协调世界时表示当前日期和时间的程序如 List 6-2 所示。

List 6-2　　chap06/utctime1.c

```
/* 用协调世界时显示当前日期和时间 */

#include <time.h>
#include <stdio.h>

/*--- 显示日期和时间 ---*/
void put_date(const struct tm *timer)
{
    char *wday_name[] = {"日", "一", "二", "三", "四", "五", "六"};

    printf("%4d年%02d月%02d日(%s)%02d时%02d分%02d秒",
           timer->tm_year + 1900,      /* 年 */
           timer->tm_mon + 1,          /* 月 */
           timer->tm_mday,             /* 日 */
           wday_name[timer->tm_wday],  /* 星期 */
           timer->tm_hour,             /* 时*/
           timer->tm_min,              /* 分*/
           timer->tm_sec               /* 秒*/
          );
}

int main(void)
{
    time_t current;                    /* 日历时间（单独的算数型）*/
    struct tm *timer;                  /* 分解时间（结构体）*/

    time(&current);                    /* 获取当前时间 */
    timer = gmtime(&current);          /* 转换成分解时间（协调世界时）*/

    printf("当前日期和时间用UTC表示是");
    put_date(timer);
    printf("。\n");

    return 0;
}
```

运行示例

```
当前日期和时间用UTC表示是2018年11月18日(日)03时05分24秒。
```

本程序与上一个程序的不同之处在于，阴影部分调用的是 ***gmtime*** 函数而不是 ***localtime*** 函数。

通过当前时间设定随机数种子

在第 1 章中我们学习了把随机数种子设定为随机值的通用方法，如下所示。

```
srand(time(NULL));        /* 根据当前时间设定随机数种子 */
```

我们来深入研究一下这一行代码都执行了什么操作。

- 首先调用 ***time*** 函数，通过 ***time*(NULL)** 获取当前日历时间。获取的日历时间是像 **int** 型和 **long** 型那样能够进行加减乘除运算的算术型。
- 然后把获取的值传递给 ***srand*** 函数。此时表示当前时间的 **time_t** 型的值会被隐式转换成 ***srand*** 函数接收的 **unsigned int** 型，被调用的 ***srand*** 函数把接收到的值设定为随机数种子。

通过 ***time*** 函数获取的“当前时间”会在程序每次运行时发生变化，所以要把随机数种子设定成随机值（把当前的日历时间转换成 **unsigned int** 型后的值）。

▶下面是在 C 语言标准库中，***rand*** 函数和 ***srand*** 函数可移植的定义示例。

```
static unsigned long int next = 1;
int rand(void) /* 假设RAND_MAX为32767 */
{
    next = next * 1103515245 + 12345;
    return (unsigned int)(next / 65536) % 32768;
}
void srand(unsigned int seed)
{
    next = seed;
}
```

由上可知，在本示例中我们对种子（*next*）应用了加法、乘法、除法以生成随机数。

专栏 6-2 协调世界时和标准时间

协调世界时（UTC）是一种利用原子钟（一种精准测量时间间隔的仪器），在一定程度上尽量接近基于地球自转的**世界时**（UT）的时间。

人们用原子钟计算**格林尼治标准时间**（GMT）的 1958 年 1 月 1 日 0 时 0 分 0 秒后经过的时间，设定为**国际原子时**（TAI），为了调整与 GMT 的偏差，人们在国际原子时中追加了“闰秒”。地球的自转周期逐年增加，100 年后，GMT 和 UTC 之间会偏差约 18 秒。为了让这个偏差值不超过 1 秒，只要偏差超过 0.8 秒，就在 UTC 中追加“闰秒”，缩小与 GMT 的偏差。

中国采用的**北京时间**比协调世界时快了 8 个小时。

asctime 函数：把分解时间转换成字符串

利用 ***asctime*** 函数把分解时间转换成字符串，就能简单明了地表示出当前日期和时间，程序如 List 6-3 所示。

►本程序采用 Fig.6-1 2 中的方法来获取当前时间。

List 6-3　　chap06/lcltime2.c

```
/* 显示当前日期和时间（其二：利用asctime函数）*/

#include <time.h>
#include <stdio.h>

int main(void)
{
    time_t current = time(NULL);        /* 获取当前时间 */

    printf("当前日期和时间：%s", asctime(localtime(&current)));

    return 0;
}
```

运行示例

```
当前日期和时间：Sun Nov 18 21:05:24 2018
```

asctime 函数是把分解时间转换成字符串形式的函数。运行示例中的转换情况如 Fig.6-3 所示。生成和返回的字符串从左到右按**星期 / 月 / 日 / 时 / 分 / 秒 / 年的顺序**排列，用空白字符与冒号“:”隔开。

另外，**星期**和**月**中分别存有其英语单词开头的 3 个字母（开头的字母是大写字母，第 2 个和第 3 个是小写字母）。

	asctime
头文件	`#include <time.h>`
格式	`char *asctime(const struct tm *timeptr);`
功能	把 *timeptr* 指向的结构体的分解时间转换成下面这种形式的字符串 `Sun Sep 16 01:03:52 1973\n\0`
返回值	返回指向转换后的对象的指针

因为字符串的末尾添加了**换行符**和**空字符**，所以总共有 26 个字符。

►该函数会挪用单独的字符串空间。每次调用该函数，都会覆盖之前的字符串空间，如果需要保存转换后的字符串，就需要在调用方的程序中把转换后的字符串复制到其他的数组空间。

因为 ***asctime*** 函数返回的字符串的末尾包括换行符，所以如果把字符输出到画面上，在显示出日期与时间后，程序就会“擅自”进行换行，因此无法编写下面的程序（因为程序会在“。”之前就换行）。

```
printf("当前日期和时间是%s。\n", asctime(localtime(&current)));
```

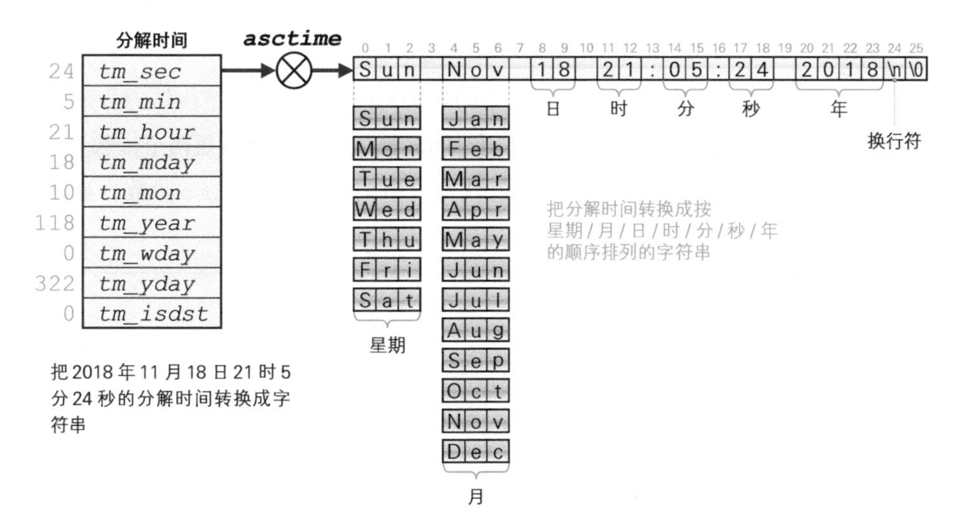

● Fig.6-3　通过 asctime 函数把分解时间转换成字符串

如果有一个不用添加换行符就能把分解时间转换成字符串的函数就好了。而函数 *asctime2* 就能帮助我们实现这个愿望，具体如 List 6-4 所示。

List 6-4　chap06/asctime2.c

```
/*--- 根据asctime函数把分解时间转换成字符串（不添加换行符）---*/
char *asctime2(const struct tm *timeptr)
{
    const char wday_name[7][3] = {                          /* 星期 */
        "Sun", "Mon", "Tue", "Wed", "Thu", "Fri", "Sat"
    };
    const char mon_name[12][3] = {                          /* 月份名称 */
        "Jan", "Feb", "Mar", "Apr", "May", "Jun",
        "Jul", "Aug", "Sep", "Oct", "Nov", "Dec",
    };
    static char result[25];              /* 用于存储字符串的空间是静态空间 */

    sprintf(result, "%.3s %.3s %02d %02d:%02d:%02d %4d",
                    wday_name[timeptr->tm_wday], mon_name[timeptr->tm_mon],
                    timeptr->tm_mday, timeptr->tm_hour, timeptr->tm_min,
                    timeptr->tm_sec,  timeptr->tm_year + 1900);
    return result;
}
```

数组 *result* 用于存放转换后的字符串。通过添加存储类型修饰符 **static** 并进行声明，给字符串分配一个**静态存储期**（对象的生存期从程序启动一直持续到程序终止）（**专栏 5-2**）。

static 不能省略。因为被分配了自动存储期的数组 *result* 会随着函数运行的结束而消失，这样一来**就无法保证能够从函数的调用方引用字符串了**。

▶关于本函数中用到的 ***sprintf*** 函数，我们会在后面学习。

ctime 函数：把日历时间转换成字符串

使用 ***asctime*** 函数时，为了把 **time_t** 型的日历时间转换成 **tm** 结构体的分解时间，需要事先调用 ***localtime*** 函数。这样一来，把日历时间**转换**成字符串**就需要两个步骤**。

但是，如果使用如下所示的 ***ctime*** 函数，就可以不调用 ***localtime*** 函数，**直接**就把日历时间转换成字符串。

	ctime
头文件	**#include** <time.h>
格式	**char** ****ctime***(**const time_t** **timer*);
功能	把 *timer* 指向的日历时间转换成与 ***asctime*** 函数具有相同字符串形式的本地时间，相当于 ***asctime*** (***localtime***(*timer*))
返回值	返回以分解时间为实际参数的 ***asctime*** 函数返回的指针

利用该函数改写 List 6-3 后得到的程序如 List 6-5 所示。

List 6-5　chap06/lcltime3.c

```
/* 显示当前日期和时间（其三：利用ctime函数）*/

#include <time.h>
#include <stdio.h>

int main(void)
{
    time_t current = time(NULL);     /* 获取当前时间 */

    printf("当前日期和时间：%s", ctime(&current));

    return 0;
}
```

运行示例

```
当前日期和时间：Sun Nov 18 21:05:24 2018
```

当然，该程序的阴影部分和 ***asctime***(***localtime***(&*current*)) 作用相同。

与 ***asctime*** 函数一样，***ctime*** 函数生成的字符串后也带有“多余”的换行符。同样地，我们也来生成一个不带换行符的函数。

专栏 6-3　不提供设定时间的函数

也有一些 OS 只允许管理员设置计算机内置时钟的时间，而不允许一般的用户进行设置，因此 C 语言标准库中**不提供**用于设定时间的函数。

但是从头开始做的话效率太低，利用刚才做好的 *asctime2* 函数就简单多了，如 List 6-6 所示。

List 6-6 chap06/ctime2.c

```
/*--- 根据ctime函数把time_t型表示的时间转换成字符串（不添加换行符）---*/
char *ctime2(const time_t *timer)
{
    return asctime2(localtime(timer));
}
```

▶当然，使用 **ctime** 函数时需要同时使用函数 asctime2 的定义。

小结

我们能够借助**日历时间**和**分解时间**来表示日期和时间。

日历时间（time_t 型）

日历时间被定义为等同于算术型。大多数编程环境都将自 1970 年 1 月 1 日 0 时 0 分 0 秒后经过的秒数作为日历时间的值。

可以通过 **time** 函数以日历时间的形式获取当前（程序运行时）的时间。

分解时间（tm 结构体）

分解时间被定义为把年月日时分秒等作为各个成员的结构体。

下图揭示了如何获取当前时间并将其转换成日历时间 / 分解时间 / 字符串。

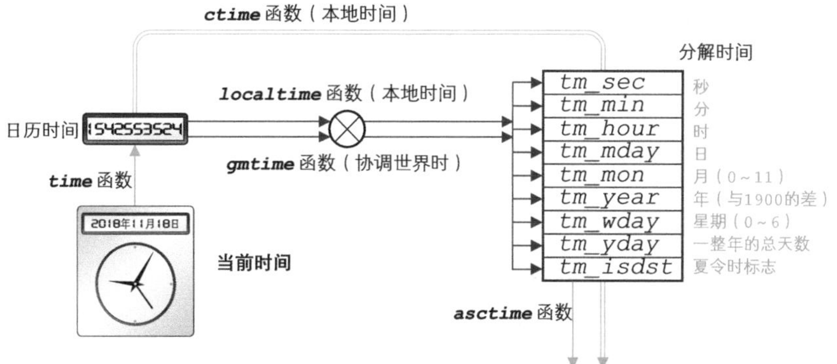

asctime 函数和 **ctime** 函数生成的字符串的末尾附有换行符。如果不想要换行符，可以使用 List 6-4 的函数 asctime2 和 List 6-6 的函数 ctime2。

difftime 函数：求时间差

我们在第 2 章中已经学过如何通过 **clock** 函数来计算处理时间。

如果程序开始后所经过的时间超过了 **clock_t** 型能表示的值，使用 **clock** 函数就无法正确地进行计算。比如，要计算一个花费多日的处理时间，虽然会受编程环境的影响，但基本上都是不可能的吧。

下面我们将学习如何利用 ***time*** 函数获取的日历时间来计算处理时间。

在 List 6-7 的程序中，我们用与 **time_t** 型一样的精度（大多编程环境中以秒为单位）来计算连加 4 个 0 ~ 99 的整数所需要的时间。

List 6-7　chap06/mental.c

```
/* 心算能力检测（计算连加4个0~99的整数所需要的时间）*/

#include <time.h>
#include <stdio.h>
#include <stdlib.h>

int main(void)
{
    int a, b, c, d;               /* 要加的数值 */
    int x;                        /* 读取到的值 */
    time_t start, end;            /* 开始时间和结束时间 */

    srand(time(NULL));            /* 设定随机数的种子 */

    a = rand() % 100;             /* 生成0~99的随机数 */
    b = rand() % 100;             /*     〃       */
    c = rand() % 100;             /*     〃       */
    d = rand() % 100;             /*     〃       */

    printf("%d + %d + %d + %d等于多少：", a, b, c, d);

    start = time(NULL);                             /* 开始计算 */

    while (1) {
        scanf("%d", &x);
        if (x == a + b + c + d)
            break;
        printf("\a回答错误!!\n请重新输入：");
    }

    end = time(NULL);                               /* 计算结束 */

    printf("用时%.0f秒。\n", difftime(end, start));

    return 0;
}
```

运行示例

```
46 + 74 + 31 + 65等于多少：216
用时14秒。
```

阴影部分调用的 ***difftime*** 函数用来求两个日历时间的差。

它的用法很简单，把两个 **time_t** 型的值作为参数给出即可，并用以秒为单位的 **double** 型数值的形式返回时间差。

本程序用以秒为单位的数值表示 *end* 减去 *start* 后的值。

	difftime
头文件	**#include** <time.h>
格式	**double** ***difftime***(**time_t** *time1*, **time_t** *time0*);
功能	计算两个日历时间的差 *time1* - *time0*
返回值	以秒为单位表示求得的时间差，将其作为 **double** 型返回

暂停处理一段时间

我们在第 2 章学习的 *sleep* 函数也是使用 **clock_t** 型进行内部计算的，因此不适合用于长时间暂停处理的情况。

List 6-8 所示的函数 *ssleep* 使用日历时间实现了长时间暂停处理。

List 6-8　　chap06/ssleep.c

```
/*--- 等待经过x秒 ---*/
int ssleep(double x)
{
    time_t t1 = time(NULL), t2;

    do {
        if ((t2 = time(NULL)) == (time_t)-1)          /* 错误 */
            return 0;
    } while (difftime(t2, t1) < x);
    return 1;
}
```

与 *sleep* 函数不同，*ssleep* 函数指定给参数 *x* 的值以**秒**而不是**毫秒**为单位。此外，暂停处理的时间最多会产生将近 1 秒的误差。

▶假设在 **time_t** 型的精度为 1 秒的环境下调用了 *ssleep*(1.0)，如果在函数的开头 *t1* 获取的时间是 3 时 2 分 0.4 秒，由于 **do** 语句会在大约 3 时 2 分 1 秒时结束，因此值从函数返回是在 0.6 秒之后。

小结

日历时间的差

可以借助 ***difftime*** 函数以 **double** 型的实数值的形式求出两个日历时间的差。

暂停处理一段时间

可以选用下列函数来把处理暂停一段时间。

- *sleep* 函数：适用于暂停时间短、精度高的情况（List 2-7）。
- *ssleep* 函数：适用于暂停时间长、不要求精度的情况（List 6-8）。

6-2 求星期

本节我们将一起学习如何求出某个指定日期的星期。

mktime 函数：把表示本地时间的分解时间转换成日历时间

本节我们将一起学习如何求出某个指定日期的星期。下面我们来编写一个程序，先读取公历年 / 月 / 日的值，然后显示出对应的星期，该程序如 List 6-9 所示。用于求星期的是 ***mktime*** 函数。

	mktime
头文件	**#include** <time.h>
格式	**time_t *mktime*(struct tm** **timeptr*);
功能	把表示 *timeptr* 指向的结构体中的本地时间的分解时间转换成与 ***time*** 函数的返回值具有相同表现形式的日历时间值。忽略结构体 *tm_wday* 以及 *tm_yday* 元素的值。其他元素的值可以不在 **tm** 结构体的定义示例（6–1 节）中注释所示的值的范围内。当函数正常运行结束后，适当地设定结构体 *tm_wday* 以及 *tm_yday* 元素的值，其他元素则设定成用于表示指定的日历时间。这些值会被强制归纳在注释所示的范围内。这里，在决定 *tm_mon* 以及 *tm_year* 的值之前并不设定 *tm_mday* 的最终值
返回值	把指定的分解时间转换成 **time_t** 型的值的表现形式并返回。当无法用日历时间表示时，函数会返回值 **(time_t)**-1

此函数负责将分解时间（**tm** 结构体类型的本地时间）转换成日历时间 **time_t** 型的值，即与 ***localtime*** 函数进行的转换正好相反（Fig.6-4）。

而且，此函数还有一个“附赠的功能”，可以计算并设定结构体的星期（成员 *tm_wday*）和一年中经过的天数（成员 *tm_yday*）的值。

利用该功能，（就算不需要转换成 **time_t** 型的值）只需**设定分解时间的年 / 月 / 日并调用 *mktime* 函数，就能求出对应的星期**。

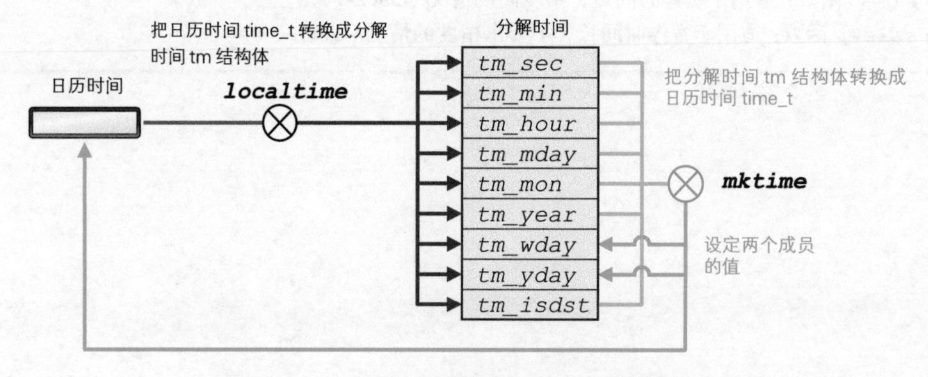

● Fig.6-4 mktime 函数与 localtime 函数的作用

List 6-9 chap06/dayofweek1.c

```
/* 求星期（其一：利用mktime函数）*/

#include <time.h>
#include <stdio.h>

/*--- 求year年month月day日是星期几 ---*/
int dayofweek(int year, int month, int day)
{
    struct tm t;

    t.tm_year  = year - 1900;  /* 调整年份 */
    t.tm_mon   = month - 1;    /* 调整月份 */
    t.tm_mday  = day;          /* 日 */
    t.tm_hour  = 0;            /* 时 */
    t.tm_min   = 0;            /* 分 */
    t.tm_sec   = 0;            /* 秒 */
    t.tm_isdst = -1;           /* 夏令时 */

    if (mktime(&t) == (time_t)-1)  /* 转换失败的话 */
        return -1;                 /* 返回-1 */
    return t.tm_wday;          /* 返回mktime函数设定的星期 */
}

int main(void)
{
    int  y, m, d, w;
    char *ws[] = {"日", "一", "二", "三", "四", "五", "六"};

    printf("求星期。\n");
    printf("年：");    scanf("%d", &y);
    printf("月：");    scanf("%d", &m);
    printf("日：");    scanf("%d", &d);

    w = dayofweek(y, m, d);        /* 求星期 */

    if (w != -1)
        printf("这一天是星期%s。\n", ws[w]);
    else
        printf("无法求出星期。\n");

    return 0;
}
```

运行示例

```
求星期。
年：2018
月：11
日：18
这一天是星期日。
```

*

本程序中定义的 *dayofweek* 函数会根据接收的年 / 月 / 日这 3 个值来生成分解时间，然后调用 ***mktime*** 函数，之后函数会通过“附赠”的功能直接返回成员 *tm_wday* 中设定的值，值为 0是星期日，值为 1 是星期一，值为 2 是星期二……值为 6 是星期六。

此外，***mktime*** 函数返回错误时，说明程序有可能求出了错误的星期数值，因此函数 *dayofweek* 会返回 -1。

蔡勒公式

C 语言提供的关于日期和时间的库**不一定能正确处理 1970 年以前的日期**（专栏 6-4），因此程序在处理早于 1970 年的日期时，是无法依赖标准库的。

▶对 1970 年以前出生的笔者来说，使用 List 6-9 连自己生日当天是星期几都不一定能正确求出来，所以笔者并不怎么想用该程序。

这里我们为大家介绍一个根据**蔡勒**（Zeller）公式来求星期的程序，请看 List 6-10。

List 6-10 chap06/dayofweek2.c

```
/* 求星期（其二：利用蔡勒公式）*/

#include <stdio.h>

/*--- 求year年month月day日是星期几 ---*/
int dayofweek(int year, int month, int day)
{
    if (month == 1 || month == 2) {
        year--;
        month += 12;
    }
    return (year + year/4 - year/100 + year/400 + (13*month+8)/5 + day) % 7;
}

int main(void)
{
    int  y, m, d, w;
    char *ws[] = {"日", "一", "二", "三", "四", "五", "六"};

    printf("求星期。\n");
    printf("年：");    scanf("%d", &y);
    printf("月：");    scanf("%d", &m);
    printf("日：");    scanf("%d", &d);

    w = dayofweek(y, m, d);                 /* 求星期 */

    printf("这一天是星期%s。\n", ws[w]);

    return 0;
}
```

运行示例

```
求星期。
年：2018
月：11
日：18
这一天是星期日。
```

dayofweek 函数是将蔡勒公式变形后作为 C 语言的函数来实现的。和程序 List 6-9 一样，函数的返回值 0 ~ 6 分别对应星期日 ~ 星期六。

此外，因为蔡勒公式以格里高利历[①]为前提，所以这里所示的 *dayofweek* 函数能求出的是**1582 年 10 月 15 日及其之后的日期**所对应的星期。

而即使给出早于 1582 年 10 月 15 日的日期，本程序也不会对其进行检查，这点还请大家注意。

▶ *dayofweek* 函数只会按照公式来求星期，因此我们没有必要去理解计算表达式本身。

你知道自己出生那天是星期几吗？如果不知道的话，就运行本程序调查一下吧。

① 公历的标准名称。——译者注

专栏 6-4 历法和 C 语言的库

C 语言和 UNIX 是于 20 世纪 70 年代初诞生的。因为系统的时间和文件中记录的更新日期的时间等不会早于 1970 年，所以 C 语言标准库只能够处理 1970 年 1 月 1 日及其之后的日期。

当今多数国家都在使用**格里高利历**，该历法将地球围绕太阳旋转一周所需的天数（即 1 回归年，等于 365.2422 日）计为 365 日，并采用下述方法来进行调整。

① 用 4 能除尽的年是闰年。

② 用 100 能除尽的年是平年。

③ 用 400 能除尽的年是闰年。

古代欧洲一直采用**儒略历**①。儒略历中规定 1 回归年为 365.25 日，没有弥补与实际的 1 回归年（365.2422 日）之间的误差，只规定了用 4 能除尽的年为闰年，换句话说，该历法只应用了上面的方法①，所以误差会越来越大。

因此，为了一举消除这些误差，人们将儒略历的 1582 年 10 月 4 日的第二天作为格里高利历的 1582 年 10 月 15 日，由此切换成了我们当今所使用的格里高利历。

英国自 1752 年 11 月 24 日起由儒略历切换成格里高利历，中国使用格里高利历是在 1912 年 1 月 1 日。

综上所述，因为各个国家过去使用的历法不同，所以在调查或者用程序处理古老文献的日期时，就需要我们格外注意。

*

顺带一提，虽然根据 C 语言标准库的严格定义，“**time_t** 型≒日历时间”，但是由于解说时将 **time_t** 型几乎等同于日历时间，因此本书中也视为“**time_t** 型 = 日历时间”。

小结

日期和时间的库的限制

C 语言提供的关于日期和时间的标准库只保证能正确处理 1970 年 1 月 1 日及其以后的日期和时间。

把分解时间转换成日历时间

可以通过 ***mktime*** 函数把分解时间转换成日历时间。此时，函数会自动计算并设定分解时间的星期（成员 *tm_wday*）和一年中经过的天数（成员 *tm_yday*）。这样一来，即使不需要把分解时间转换成日历时间，也能通过只调用 ***mktime*** 函数求出该日期是星期几。

※ 星期日是 0，星期一是 1，星期二是 2……星期六是 6。

蔡勒公式

利用蔡勒公式能求出 1582 年 10 月 15 日及其以后的日期所对应的星期。下述表达式用于求 *year* 年 *month* 月 *day* 日是星期几。

```
year + year/4 - year/100 + year/400 + (13*month + 8)/5 + day) % 7
```

① 儒略历（Julian calendar）是公元前 45 年 1 月 1 日起开始执行的一种历法，是格里高利历的前身。——译者注

6-3 日历

本节我们将应用之前学习的内容来编写一个显示日历的程序。

显示日历

List 6-11 所示的程序将读取公历的年和月，并显示该月的日历。

List 6-11 chap06/calendar1.c

```
/* 显示日历 */
#include <stdio.h>

/*--- 各月的天数 ---*/
int mday[12] = {31, 28, 31, 30, 31, 30, 31, 31, 30, 31, 30, 31};

/*--- 求year年month月day日是星期几 ---*/
int dayofweek(int year, int month, int day)
{
    if (month == 1 || month == 2) {
        year--;
        month += 12;
    }
    return (year + year/4 - year/100 + year/400 + (13*month+8)/5 + day) % 7;
}

/*--- year年是闰年吗？（0…平年/1…闰年）---*/
int is_leap(int year)
{
    return year % 4 == 0 && year % 100 != 0 || year % 400 == 0;
}

/*--- year年month月的天数（28～31）---*/
int monthdays(int year, int month)
{
    if (month-- != 2)                           /* 当month非2月时 */
        return mday[month];
    return mday[month] + is_leap(year);         /* 当month为2月时 */
}

/*--- 显示y年m月的日历 ---*/
void put_calendar(int y, int m)
{
    int i;
    int wd = dayofweek(y, m, 1);        /* y年m月1日对应的星期 */
    int mdays = monthdays(y, m);        /* y年m月的天数 */

    printf(" 日 一 二 三 四 五 六 \n");
    printf("---------------------\n");

    printf("%*s", 3 * wd, "");          /* 显示1日左侧的空格 */

    for (i = 1; i <= mdays; i++) {
        printf("%3d", i);
```

```
        if (++wd % 7 == 0)          /* 显示星期六后 */
            putchar('\n');          /* 换行 */
    }
    if (wd % 7 != 0)
        putchar('\n');
}

int main(void)
{
    int y, m;

    printf("显示日历。\n");
    printf("年: ");    scanf("%d", &y);
    printf("月: ");    scanf("%d", &m);

    putchar('\n');

    put_calendar(y, m);        /* 显示y年m月的日历 */

    return 0;
}
```

运行示例

```
显示日历。
年: 2018
月: 11

 日  一  二  三  四  五  六
----------------------------
                 1   2   3
  4   5   6   7   8   9  10
 11  12  13  14  15  16  17
 18  19  20  21  22  23  24
 25  26  27  28  29  30
```

求星期

显示日历时不可或缺的操作之一就是求星期，这里我们从前面的程序中直接沿用了 *dayofweek* 函数。

▶不需要求出月份内的每一天各自对应的星期，求星期这个操作只执行 1 次，这一点我们会在后面学习。

闰年的判断

函数 *is_leap* 用于检查 *year* 年是否为闰年。如果是闰年，函数就返回 1；如果是平年，则返回 0。

▶我们在**专栏 6-4** 中学习过，用 4 能除尽的是闰年，但用 100 能除尽且用 400 除不尽的是平年。

月份的天数

函数 *monthday* 用于返回 *year* 年 *month* 月的天数。除了 2 月以外，每个月的天数都是固定的，跟年份没有关系，只有 2 月在平年有 28 天，在闰年有 29 天。

我们利用在程序开头定义的数组 *mday* 和函数 *is_leap* 来计算天数。

▶数组 mday 的元素 mday[0]，mday[1]，…，mday[11] 中分别存放有 1 月到 12 月各个月的天数。如果所求天数是 2 月份以外的月份的天数，函数就会直接返回数组元素的值。如果所求天数是 2 月份的天数，函数会返回 mday[1] 的值 28 加上 *isleap(year)* 的返回值（闰年为 1，平年为 0）后的值。

显示日历的过程

put_calendar 函数用于显示公历 *y* 年 *m* 月的日历，下面我们来学习一下这个函数。

```
/*--- 显示y年m月的日历 ---*/
void put_calendar(int y, int m)
{
    int i;
    int wd = dayofweek(y, m, 1);        ―1
    int mdays = monthdays(y, m);        ―2

3― printf(" 日 一 二 三 四 五 六 \n");
    printf("---------------------\n");

    printf("%*s", 3 * wd, "");          ―4

    for (i = 1; i <= mdays; i++) {
        printf("%3d", i);
        if (++wd % 7 == 0)              ―5
            putchar('\n');
    }
    if (wd % 7 != 0)                    ―6
        putchar('\n');
}
```

1 算出第 1 日是星期几

为了求出 *y* 年 *m* 月 1 日是星期几，我们调用 *dayofweek* 函数。

变量 *wd* 中存放的值是星期日到星期六，分别对应整数值 0 到 6。

2 算出该月的天数

为了求 *y* 年 *m* 月的天数，我们调用 *monthdays* 函数。

变量 *mdays* 中存放的值是与年和月对应的值，范围在 28 和 31 之间。

3 显示标题

显示日历的标题部分，也就是 Fig.6-5 a 的部分。

4 在第 1 日左侧显示空格

如果第 1 日的日期是星期日，该日期就能显示在行的开头，但如果不是星期日，那么就需要在该日期左侧留出空白。

这个日历中用 3 位的长度来显示各个日期，因此需要输出的空白字符数量就等于变量 *wd*（用 0 ~ 6 表示 *y* 年 *m* 月 1 日是星期几的变量）乘以 3。

▶ Fig.6-5 所示为第 1 日是星期五的情形。如图 b 所示，要显示的空白字符有 15 个。另外，我们已经在 2-4 节学习过如何通过 "%*s" 来输出空白字符。

```
 日 一 二 三 四 五 六   ] a 显示标题部分
---------------------
□□□□□□□□□□□□□□□
b 显示3*wd个空白字符
```

● Fig.6-5　显示日历的过程（其一）

5 日期的显示

for 语句负责按顺序显示各个日期。它会从变量 *i* 的值为 1 时开始不断循环，直到 *i* 变成该月的天数 *mdays*。

Fig.6-6 所示为第 1 日为星期五、月份天数为 30 天的日历的显示过程。此时 **for** 语句中变量 *i* 的值从 1 增量到 30。将循环体中变量 *i* 的值作为日期，用 3 位的长度来显示。

显示日期后要立即对变量 *wd* 进行增量操作。如图 b，用 7 除增量后的 *wd*，当余数为 0 时，通过输出换行符**在显示星期六后换行**。

图 e 是最后的日期显示结束时的状态。

6 换行

最后要进行的是输出换行符。然而，月份的末尾如果是星期六，就没必要输出换行符了，因此我们只在用 7 除 *wd* 后余数不为 0 时输出换行符。

▶如果删除“**if** (*wd* % 7 != 0)”，在输出最后一天为星期六的日历时，程序就会输出多余的空行。

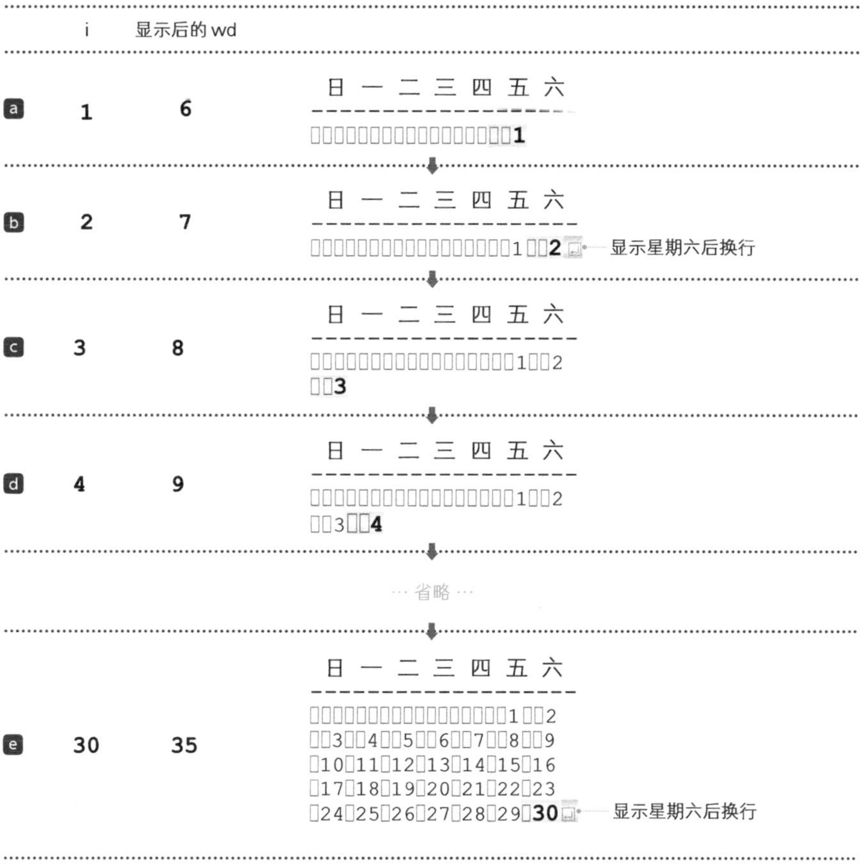

	i	显示后的 wd	
a	1	6	日 一 二 三 四 五 六 --------------------- □□□□□□□□□□□□□□□□□**1**
b	2	7	日 一 二 三 四 五 六 --------------------- □□□□□□□□□□□□□□□□□1□□**2**↵ ← 显示星期六后换行
c	3	8	日 一 二 三 四 五 六 --------------------- □□□□□□□□□□□□□□□□□1□□2 □□**3**
d	4	9	日 一 二 三 四 五 六 --------------------- □□□□□□□□□□□□□□□□□1□□2 □□3□□**4**
			… 省略 …
e	30	35	日 一 二 三 四 五 六 --------------------- □□□□□□□□□□□□□□□□□1□□2 □□3□□4□□5□□6□□7□□8□□9 □10□11□12□13□14□15□16 □17□18□19□20□21□22□23 □24□25□26□27□28□29□**30**↵ ← 显示星期六后换行

● Fig.6-6　显示日历的过程（其二）

横向显示

普通的控制台画面的宽度约有 80 位，能够排下 3 个月的日历。我们来编写一个程序，使其能读取要显示的年月的范围，横向排列并显示 3 个月的日历。该程序如 List 6-12 所示。

List 6-12 chap06/calendar2.c

```
/* 横向显示最多3个月的日历 */

#include <stdio.h>
#include <stdlib.h>
#include <string.h>

/*--- 各月的天数 ---*/
int mday[12] = {31, 28, 31, 30, 31, 30, 31, 31, 30, 31, 30, 31};

int dayofweek(int year, int month, int day)
{
    /*--- 省略：与List 6-11相同 ---*/
}

int is_leap(int year)
{
    /*--- 省略：与List 6-11相同 ---*/
}

int monthdays(int year, int month)
{
    /*--- 省略：与List 6-11相同 ---*/
}

/*--- 把y年m月的日历存入二维数组s中 ---*/
void make_calendar(int y, int m, char s[7][22])
{
    int i, k;
    int wd = dayofweek(y, m, 1);          /* y年m月1日对应的星期 */
    int mdays = monthdays(y, m);          /* y年m月的天数 */
    char tmp[4];

    sprintf(s[0], "%10d / %02d       ", y, m);  /* 标题（年/月）*/

    for (k = 1; k < 7; k++)               /* 清除除标题以外的缓冲区 */
        s[k][0] = '\0';

    k = 1;
    sprintf(s[k], "%*s", 3 * wd, "");    /* 在1日的左侧填上空白字符 */

    for (i = 1; i <= mdays; i++) {
        sprintf(tmp, "%3d", i);
        strcat(s[k], tmp);                /* 追加第i日的日期 */
        if (++wd % 7 == 0)                /* 存入星期六后 */
            k++;                          /* 移到下一行 */
    }

    if (wd % 7 == 0)
        k--;
    else {
        for (wd %= 7; wd < 7; wd++)       /* 在最后一日的右侧追加空白字符 */
            strcat(s[k], "   ");
    }
    while (++k < 7)                       /* 用空白字符填满未使用的行 */
        sprintf(s[k], "%21s", "");
}
```

```
/*--- 把存在三维数组sbuf中的日历横向排列n个并显示 ---*/
void print(char sbuf[3][7][22], int n)
{
    int i, j;

    for (i = 0; i < n; i++)                          /* 显示标题（年/月）*/
        printf("%s   ", sbuf[i][0]);
    putchar('\n');

    for (i = 0; i < n; i++)
        printf(" 日 一 二 三 四 五 六   ");
    putchar('\n');

    for (i = 0; i < n; i++)
        printf("---------------------   ");
    putchar('\n');

    for (i = 1; i < 7; i++) {                        /* 把日历的主体部分 */
        for (j = 0; j < n; j++)                      /* 横向排列n个 */
            printf("%s   ", sbuf[j][i]);             /* 并显示 */
        putchar('\n');
    }
    putchar('\n');
}

/*--- 显示自y1年m1月起至y2年m2月的日历 ---*/
void put_calendar(int y1, int m1, int y2, int m2)
{
    int y = y1;
    int m = m1;
    int n = 0;                              /* 存在缓冲区的月数 */
    char sbuf[3][7][22];                    /* 日历字符串的缓冲区 */

    while (y <= y2) {
        if (y == y2 && m > m2) break;
        make_calendar(y, m, sbuf[n++]);
        if (n == 3) {                       /* 累积到3个月即显示 */
            print(sbuf, n);
            n = 0;
        }
        m++;                                /* 到下一个月 */
        if (m == 13 && y < y2) {            /* 转入下一年 */
            y++;
            m = 1;
        }
    }
    if (n)                                  /* 如果有未显示的月份 */
        print(sbuf, n);                     /* 就显示该月份 */
}

int main(void)
{
    int y1, m1, y2, m2;

    printf("显示日历。\n");

    printf("输入开始年月。\n");
    printf("年：");    scanf("%d", &y1);
    printf("月：");    scanf("%d", &m1);

    printf("输入结束年月。\n");
    printf("年：");    scanf("%d", &y2);
    printf("月：");    scanf("%d", &m2);
```

```
    putchar('\n');
    put_calendar(y1, m1, y2, m2);
    return 0;
}
```

下图所示为运行的示例。我们来输入开始年月和结束年月，输入完毕后，程序就会显示出开始年月和结束年月范围内的各个月的日历。

运行示例

```
显示日历。
输入开始年月。
年：2018
月：10
输入结束年月。
年：2019
月：8

      2018 / 10               2018 / 11               2018 / 12
 日 一 二 三 四 五 六     日 一 二 三 四 五 六     日 一 二 三 四 五 六
---------------------   ---------------------   ---------------------
     1  2  3  4  5  6                 1  2  3                       1
  7  8  9 10 11 12 13     4  5  6  7  8  9 10     2  3  4  5  6  7  8
 14 15 16 17 18 19 20    11 12 13 14 15 16 17     9 10 11 12 13 14 15
 21 22 23 24 25 26 27    18 19 20 21 22 23 24    16 17 18 19 20 21 22
 28 29 30 31             25 26 27 28 29 30       23 24 25 26 27 28 29
                                                 30 31

      2019 / 01               2019 / 02               2019 / 03
 日 一 二 三 四 五 六     日 一 二 三 四 五 六     日 一 二 三 四 五 六
---------------------   ---------------------   ---------------------
        1  2  3  4  5                    1  2                    1  2
  6  7  8  9 10 11 12     3  4  5  6  7  8  9     3  4  5  6  7  8  9
 13 14 15 16 17 18 19    10 11 12 13 14 15 16    10 11 12 13 14 15 16
 20 21 22 23 24 25 26    17 18 19 20 21 22 23    17 18 19 20 21 22 23
 27 28 29 30 31          24 25 26 27 28          24 25 26 27 28 29 30
                                                 31

      2019 / 04               2019 / 05               2019 / 06
 日 一 二 三 四 五 六     日 一 二 三 四 五 六     日 一 二 三 四 五 六
---------------------   ---------------------   ---------------------
     1  2  3  4  5  6              1  2  3  4                       1
  7  8  9 10 11 12 13     5  6  7  8  9 10 11     2  3  4  5  6  7  8
 14 15 16 17 18 19 20    12 13 14 15 16 17 18     9 10 11 12 13 14 15
 21 22 23 24 25 26 27    19 20 21 22 23 24 25    16 17 18 19 20 21 22
 28 29 30                26 27 28 29 30 31       23 24 25 26 27 28 29
                                                 30

      2019 / 07               2019 / 08
 日 一 二 三 四 五 六     日 一 二 三 四 五 六
---------------------   ---------------------
     1  2  3  4  5  6                 1  2  3
  7  8  9 10 11 12 13     4  5  6  7  8  9 10
 14 15 16 17 18 19 20    11 12 13 14 15 16 17
 21 22 23 24 25 26 27    18 19 20 21 22 23 24
 28 29 30 31             25 26 27 28 29 30 31
```

Fig.6-7 所示为排列并显示日历的大致原理。事先把应显示的字符和数字存入 3 个月的日历的字符串数组中，然后进行显示。

1 个月有 7 行字符串，每行共有包含空字符在内的 22 个字符。因为需要 3 个月的日历，所以要用到 3 × 7 × 22 的三维数组的字符串。在本程序中，我们将该数组设为 *sbuf*。

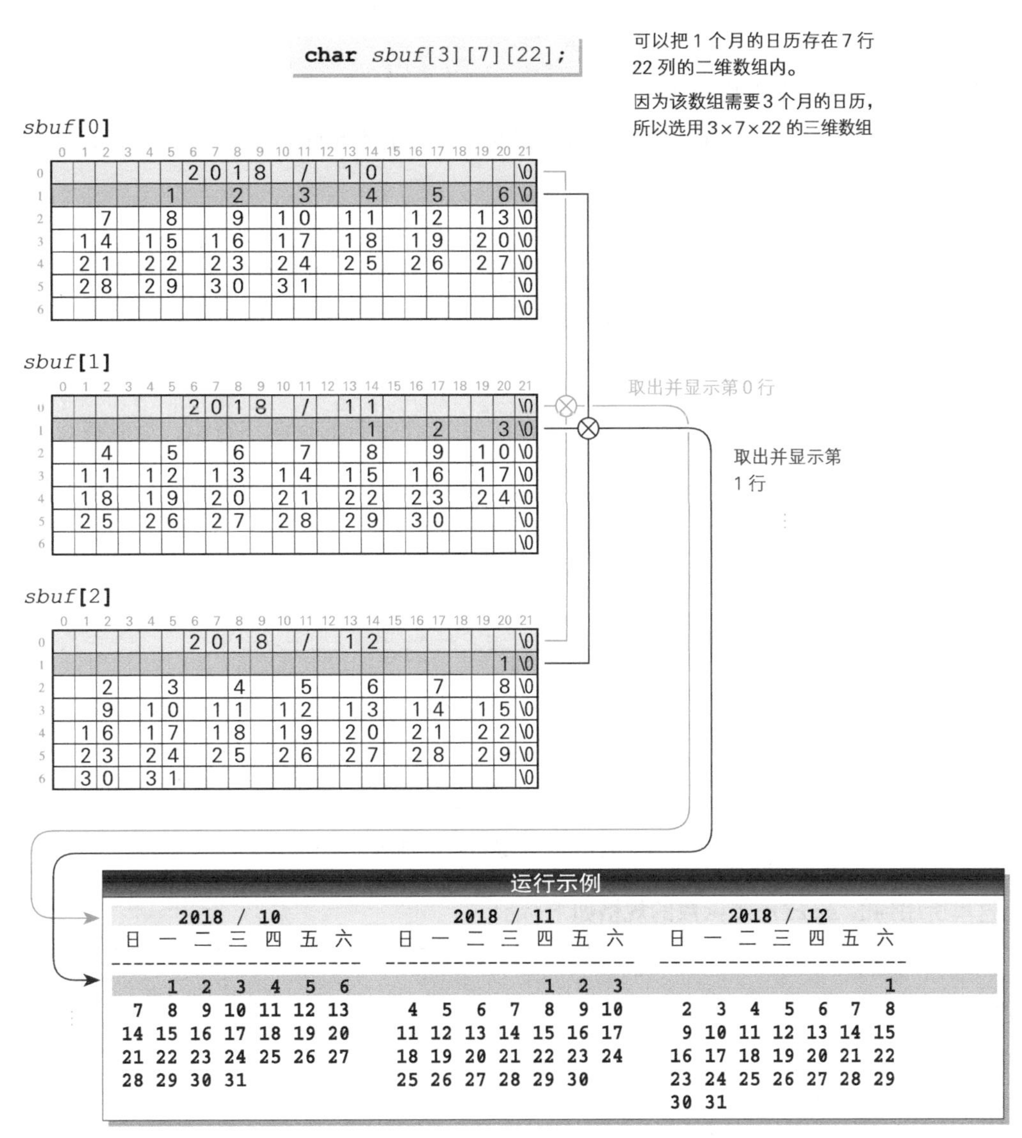

● Fig.6-7 用于显示日历的字符串

把1个月的日历存入字符串

首先我们来看一下 *make_calendar* 函数，该函数会生成用于1个月的日历的字符串。

```
/*--- 把y年m月的日历存入二维数组s中 ---*/
void make_calendar(int y, int m, char s[7][22])
{
    /* … */
}
```

该函数所接收的3个参数分别是 *y*、*m*、*s*。

生成用于公历 *y* 年 *m* 月的日历的字符串（标题1行 + 主体6行 = 共7行）后，将其存入7行22列的二维数组 *s* 中。

sprintf 函数：对字符串进行格式化输出

首先我们要生成用于表示年和月的标题字符串。

▶为了和数组下标保持一致，我们把日历的1到7行分别称为第0行到第6行。

如 Fig.6-8 所示，生成一个包括空格字符在内共21个字符的标题字符串，然后将其存入开头第0行的 *s*[0] 中。

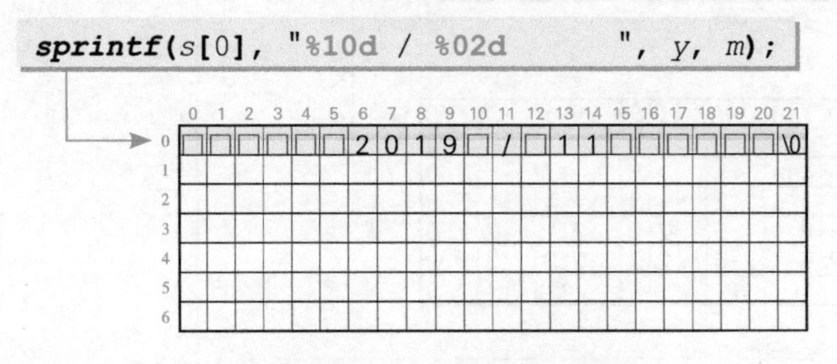

●Fig.6-8 生成标题字符串

这里所用到的 **sprintf** 函数的规格如下所示。

	sprintf
头文件	`#include <stdio.h>`
格式	`int sprintf(char *s, const char *format,…);`
功能	除了数据的写入方向是 *s* 指向的数组而不是标准输出流之外，其他与 **printf** 函数相同。虽然在已写入的输出字符的末尾会添加空字符，但统计返回的字符数时不会将该空字符计算在内。在空间重叠的对象间进行复制操作时，作未定义处理
返回值	返回已写入数组的不包含空字符的字符数

sprintf 函数和 printf 函数一样，都是把参数展开并整理后输出，但是 sprintf 函数并不把参数输出到标准输出流（控制台画面），而是把参数输出到调用方指定的数组（字符串）。

因此函数开头追加了一个参数 *s*。**sprintf** 函数对 *s* 指向的数组（严格来说，是以 *s* 指向的字符为开头元素的数组）进行输出操作。

这个函数的用法很简单，比如，当 *str* 是字符的数组时，运行下面代码，就能把 "□□123" 放进数组 *str* 中。

```
sprintf(str, "%5d", 123);
```

▶此时也正确存入了表示字符串末尾的空字符。

本程序把字符串都存放在 *s*[0] 中。年 *y* 的值根据格式字符串 "%10d" 以 10 位的长度存放在 *s*[0] 中，月 *m* 的值根据 "%02d" 以 2 位的长度存放在 *s*[0] 中。

▶当月份的值不满 2 位时，程序会在其开头添上 0，例如 "08"（2-4 节）。

生成空字符串

下面要进行的是把日历主体部分放入第 1 行 ~ 第 6 行的前期准备工作。我们把用于日历主体的字符串 *s*[1], *s*[2], …, *s*[6] 清空。

字符串是一串字符，其范围一直持续到第一个空字符处。因此如果我们像下面这样把空字符赋给开头字符，字符串 *str* 就变成空字符串了。

```
str[0] = '\0';              /* 把字符串str变成空字符串 */
```

如 Fig.6-9 所示，在本程序中，通过把空字符赋给 *s*[1][0], *s*[2][0],…, *s*[6][0]，就把 *s*[1], *s*[2], …, *s*[6] 变成了空字符串。

把第 1 行 ~ 第 6 行变成空字符串

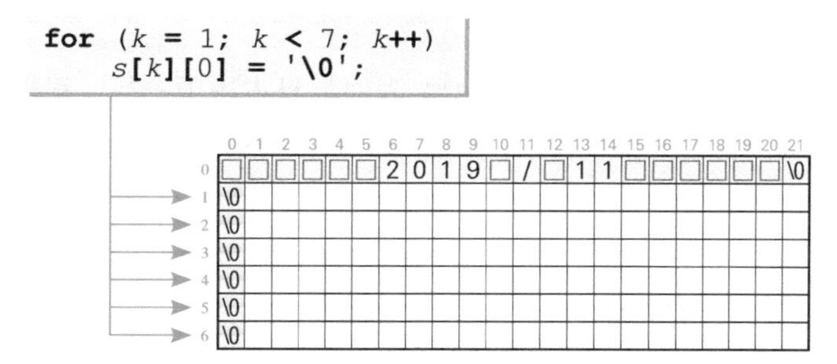

● Fig.6-9　生成日历主体部分的前期准备工作（把日历主体所在的行变成空字符串）

strcpy 函数：字符串的复制

strcpy 函数用于复制字符串，很多书里都介绍了使用 ***strcpy*** 函数来清空字符串的方法。

▶也许正因如此，这个方法才被广泛用于实际编程中。

	strcpy
头文件	**#include** <string.h>
格式	**char** *__*strcpy*__(**char** **s1*, **const char** **s2*);
功能	把 *s2* 指向的字符串复制到 *s1* 指向的数组。当 *s2* 与 *s1* 重叠时，作未定义处理
返回值	返回 *s1* 的值

因为 ***strcpy*** 函数会将第 2 参数的字符串复制到第 1 参数，所以把空字符串复制过去，字符串 *str* 也会变成空字符串，如下所示。

```
strcpy(str, "");     /* 复制空字符串使字符串str变成空字符串 */
```

右边的程序就用了这个方法，把日历的第 1 行到第 6 行变成了空字符串。

```
for (k = 1; k < 7; k++)
    strcpy(s[k], "");
```

然而因为下列原因，笔者并不推荐大家使用这个方法。

▪ 浪费存储空间

字符串常量 "" 看起来为空，但实际上却是由 1 个空字符构成的，因此它会**占用 1 字节的用于静态存储期的存储空间**。

在那些把拼写相同的字符串常量看作“不同的东西”的编程环境（专栏 6-5）中，如果源程序中有多个 ""，就会消耗掉相应数量的存储空间。

▪ 调用函数时存在额外负担

用于调用 ***strcpy*** 函数的 ***strcpy***(*str*, "") 表面上只占用了一行，很短很简洁。然而，事实正好相反，程序内部要进行好几项作业，如把 *str* 和 "" 这两个指针作为参数给出、调用函数、从函数中返回返回值等。

函数 ***strcpy*** 的运行示例如右图所示。只为了复制一个字符而调用这种包括循环的函数，实在是没有必要。

```
/*--- strcpy函数的运行示例 ---*/
char *strcpy(char *s1, const char *s2)
{
    char *p = s1;

    while (*s1++ = *s2++)
        ;
    return p;
}
```

在第 1 日左侧设置空白

把日历主体部分的字符串清空后，准备工作就大功告成了。下面要做的是根据第 1 日对应的星期，用适当个空白字符填充第 1 行的开头。

如果第 1 日是星期五，就要用 15 个空白字符填充第 1 行的开头，如 Fig.6-10 所示。

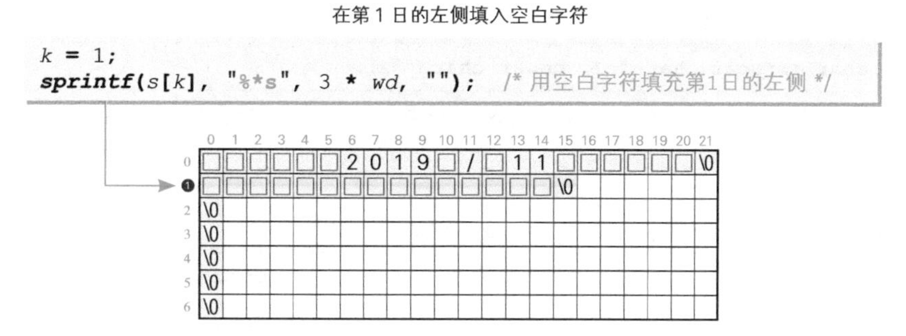

● Fig.6-10　在第 1 日的左侧填入空白字符

变量 *k* 表示当前所在（存储日期的）行的编号。

►在 Fig.6-10 中，●中的数值就是 *k*。

因为这里已经把 `3 * wd` 赋给了格式字符串中的 `"*"`，所以会有 *wd*×3 个空白字符存入 `s[k]`，也就是 `s[1]` 中。

►关于格式字符串 `"%*s"`，我们已经在第 2 章中学习过了（2-4 节）。

专栏 6-5　拼写相同的字符串常量

如下所示，假设两个指针指向了拼写相同的字符串常量。

```
char *ptr1 = "ABC";
char *ptr2 = "ABC";
```

包含末尾的空字符在内，字符串常量 `"ABC"` 共占用 4 个字节。

"周到" 的编程环境会帮我们节约存储空间，将两个字符串常量视为 "同一个东西"，也就是说，*ptr1* 和 *ptr2* 指向的是同一个字符串常量。此时如果运行以下代码，*ptr1* 和 *ptr2* 指向的字符串就都会变成 `"AZC"`。

```
ptr1[1] = 'Z';
```

在那些 "规规矩矩" 地把拼写相同的字符串常量当作 "不同的东西" 的编程环境中，各个指针指向的是不同的空间，因此在运行完上述赋值操作后，*ptr1* 指向的字符串就变成了 `"AZC"`，而 *ptr2* 指向的字符串还是 `"ABC"`。

此外，**能否改写字符串常量的空间也取决于编程环境**。如果不能改写，那么运行上述赋值操作后再运行程序时就可能发生错误。

strcat 函数：字符串的连接

下一步要做的是把与该月份的天数相应个数的整数作为日历的日期，从 1 开始按顺序存入字符串。这里我们要用到连接字符串的 ***strcat*** 函数。

	strcat
头文件	`#include <string.h>`
格式	`char *strcat(char *s1, const char *s2);`
功能	把 *s2* 指向的字符串复制到 *s1* 指向的数组的末尾。当 *s2* 与 *s1* 重叠时，作未定义处理
返回值	返回 *s1* 的值

此函数用于把第 2 参数指向的字符串连接到第 1 参数指向的字符串的末尾。

如 Fig.6-11 所示，本程序把表示日期的 3 位字符串生成为数组 *tmp*，并将该数组连接到数组 *s*[*k*] 的末尾，然后循环上述操作。

```
for (i = 1; i <= mdays; i++) {
    sprintf(tmp, "%3d", i);
    strcat(s[k], tmp);
    if (++wd % 7 == 0)
      k++;
}
```

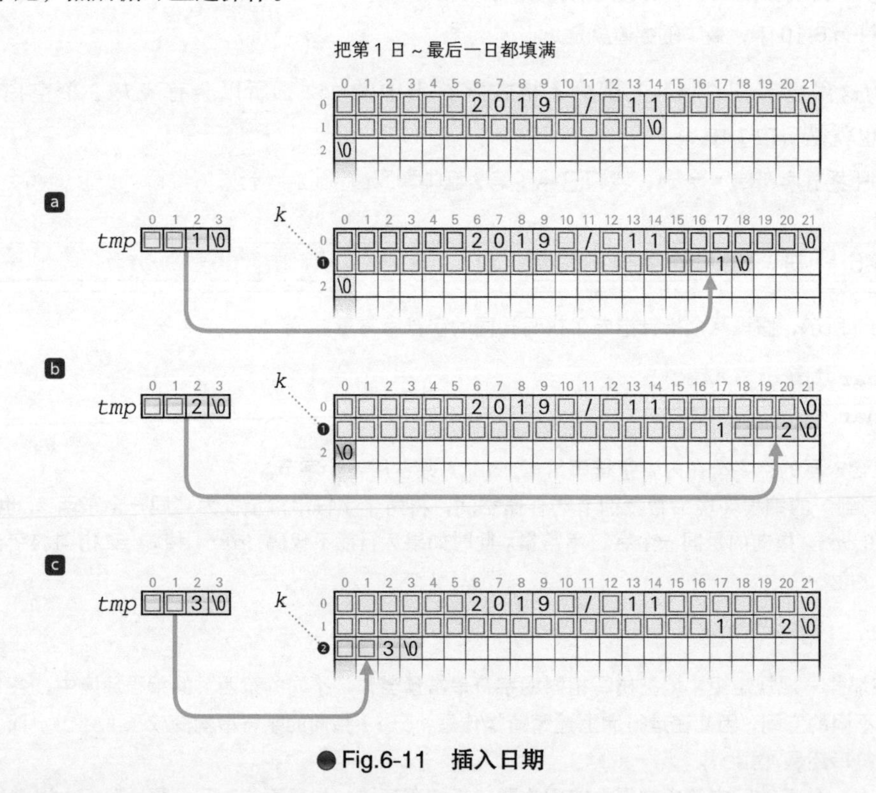

● Fig.6-11 插入日期

由图 a 和图 b 的推移过程可知，存入星期六的日期后已经用完了 1 行的字符空间，所以接下来如图 c 所示，对 *k* 进行增量操作，移到下一行。

如 Fig.6-12 所示，以公历 2020 年 11 月为例，将本次处理循环到变量 *i* 变成 *mdays* 为止。

已填入整整 30 日的 2020 年 11 月的日历

	0	1	2	3	4	5	6	7	8	9	10	11	12	13	14	15	16	17	18	19	20	21
0	□	□	□	□	□	□	2	0	2	0	□	/	□	1	1	□	□	□	□	□	□	\0
1	□	□	1	□	□	2	□	□	3	□	□	4	□	□	5	□	□	6	□	□	7	\0
2	□	□	8	□	□	9	□	1	0	□	1	1	□	1	2	□	1	3	□	1	4	\0
3	□	1	5	□	1	6	□	1	7	□	1	8	□	1	9	□	2	0	□	2	1	\0
4	□	2	2	□	2	3	□	2	4	□	2	5	□	2	6	□	2	7	□	2	8	\0
5	□	2	9	□	3	0	\0															
6	\0																					

● Fig.6-12 填满日期的日历

这样还不算结束。因为最后一天（图中为 30 日）不是星期六，所以字符填不满第 5 行。

▶如果在此状态下横向排列多个月份的日历，那么上图中没有填上空格的地方就会被填满（右侧月份的日历的同一行就会错位到本图中的第 5 行）。

因此我们必须用空白字符填满最后一日的右侧部分。以本图为例，存储完第 30 日的日期后，*wd* 的值是 29，把这个值增量到 30后除以 7 得到的余数是 2，也就是说，30 日的后一天是星期二。

如 Fig.6-13 所示，通过 **for** 语句增量 *wd* 的值，一直增量到 *wd* 变成 7 为止，同时连接由 3 个空白字符构成的字符串 "□□□"，然后循环上述操作。

用空白字符填满最后一日的右侧部分

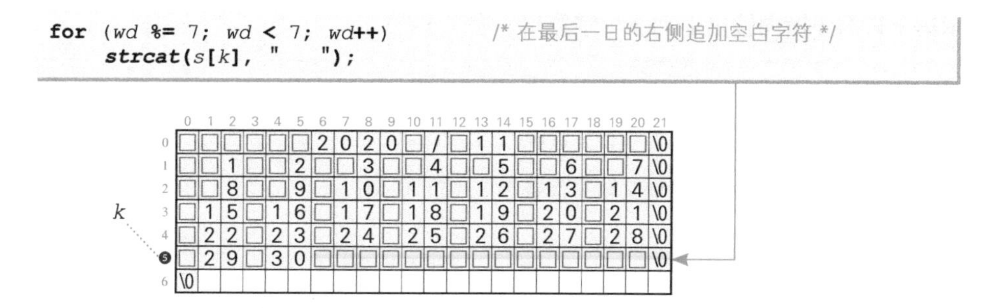

● Fig.6-13 用空白字符填满最后一日的右侧部分

现在，日历主体部分中的第 0 行到第 5 行都被填满了，然而第 6 行还是空的。

因此，接下来我们要用 21 个空白字符填满完全没有填入日期的空行，如 Fig.6-14 所示。

这样就做好了用于 1 个月的日历的字符串。

用空白字符填满没有存入日期的未使用的行

● Fig.6-14　用空白字符填满主体部分中未使用的行

▶第 1 日是星期日的平年 2 月的第 1 日 ~ 第 28 日的日期共占 4 行，需要对第 5 行和第 6 行各自填入 21 个空白字符。

显示字符串

函数 *print* 用于显示已生成的字符串，参数 *n* 的值表示横向排列了多少个月的日历。

▶当然，参数 *n* 的值要大于等于 1 且小于等于 3。

例如，假设我们横向排列了 2031 年 4 月到 6 月的日历，这些月份的字符串都存在三维数组 *sbuf* 中。

显示第 1 行需要横向输出下列 3 个字符串。

```
sbuf[0][0] … 2031 年 4 月第 0 行字符串 "□□□□□□2031□/□04□□□□□□"
sbuf[1][0] … 2031 年 5 月第 0 行字符串 "□□□□□□2031□/□05□□□□□□"
sbuf[2][0] … 2031 年 6 月第 0 行字符串 "□□□□□□2031□/□06□□□□□□"
```

显示结果如下。

```
□□□□□□2031□/□04□□□□□□□□□□□□□□□2031□/□05□□□□□□□□□□□□□□□2031□/□06□□□□□□□□□
```

▶为了不让各个月份的日历相连，我们在每个月的后面输出 3 个蓝色的空白字符。

显示日历主体的第 1 行需要横向排列下列 3 个字符串。

```
sbuf[0][1] … 2031 年 4 月第 1 行字符串 "□□□□□□□□1□□2□□3□□4□□5"
sbuf[1][1] … 2031 年 5 月第 1 行字符串 "□□□□□□□□□□□□□□1□□2□□3"
sbuf[2][1] … 2031 年 6 月第 1 行字符串 "□□1□□2□□3□□4□□5□□6□□7"
```

显示结果如下。

```
□□□□□□□□1□□2□□3□□4□□5□□□□□□□□□□□□□□□□□1□□2□□3□□□□□1□□2□□3□□4□□5□□6□□7□□□
```

循环上述操作直到第 6 行，3 个月的日历就显示完毕了。

年月的计算

本程序会显示从指定的开始年月到指定的结束年月的日历。举个例子，假设要显示从 2031 年的 4 月到 8 月，程序会进行如下排列。

```
2031 年 4 月    2031 年 5 月    2031 年 6 月        … 排列并显示 3 个月
2031 年 7 月    2031 年 8 月                        … 排列并显示 2 个月
```

在此过程中，负责计算和控制要排列多少个月日历的是函数 *put_calendar*。首先求出要排列的月份数，然后调用 *make_calendar* 函数和 *print* 函数，生成并显示日历字符串。

小结

字符串的复制

用 **strcpy**(*s1*,*s2*) 可以把字符串 *s2* 复制到字符串 *s1*。

字符串的连接

用 **strcat**(*s1*,*s2*) 可以把字符串 *s2* 连接到字符串 *s1* 的后面。

清空字符串

把空字符赋给字符串 *str* 的开头字符，可清空字符串 *str*。

```
str[0] = '\0';
```

也可以调用 **strcpy**(*str*,"") 来实现，但不建议使用。

生成带有格式的字符串

利用 **sprintf** 函数可以生成带有格式的字符串。

该函数并不像 **printf** 函数那样会把参数输出到标准输出流（控制台画面），而是会把参数输出到第 1 参数指定的 **char** 型数组。

6-4 命令行参数

下面我们来改良这个日历程序，让用户在启动程序时就能够指定年月，而不是在启动程序后再从键盘输入年月。

命令行参数[1]

我们先以 List 6-13 所示的程序为例，学习一下程序启动时参数的接收。

List 6-13 chap06/argtest1.c

```
/* 程序名和程序形式参数的显示（其一）*/

#include <stdio.h>

int main(int argc, char *argv[])
{
    int i;

    for (i = 0; i < argc; i++)
        printf("argv[%d] = \"%s\"\n", i, argv[i]);

    return 0;
}
```

启动与运行示例

```
>argtest1 Sort BinTree
argv[0] = "argtest1"
argv[1] = "Sort"
argv[2] = "BinTree"
>
```

▶运行示例中的不等号 > 是 OS（操作系统）显示的提示符。显示的符号和字符根据 OS 不同而有所不同（而且有时会根据 OS 的设定而发生变化）。

运行示例中显示了 3 个字符串，这 3 个字符串分成以下 2 种。

▪ 程序名

表示程序自身名字的字符串，第 1 个（作为 *argv*[0]）显示。

▶有些版本的 MS-Windows 中采用扩展名的形式将其显示为 "argtest1.exe"。此外，根据系统的设定，有时也会追加存储文件的路径名。

▪ 程序形式参数

命令行给出的字符串，在第 2 个之后显示。

用 Fig.6-15 ⓐ 的形式定义 **main** 函数后，程序将不会接收运行环境给出的字符串，直接无视。为了接收给出的字符串，我们用图 ⓑ 的形式进行定义。**main** 函数接收的 2 个参数是 *argc* 和 *argv*。

---

① 以命令行方式运行程序时所带参数。——译者注

a 不接收命令行参数

```
int main(void)
{
    /* 不接收参数 */
}
```

b 接收命令行参数

```
int main(int argc, char *argv[])
{
    /* 接收参数 */
}
```

● Fig.6-15 main 函数的两个形式

▪ 第 1 参数 argc

int 型的第 1 参数 *argc* 接收的是程序名和程序形式参数的总个数。

变量名 *argc* 源自 argument count①。

▪ 第 2 参数 argv

第 2 参数 *argv* 的类型是“指向 **char** 型的指针数组”。数组的开头元素 *argv*[0] 指向**程序名**，它之后的元素指向**程序形式参数**（详细内容我们会在后面学习）。

变量名 *argv* 源自 argument vector②。

▶第 2 参数的声明 **char** **argv*[] 也可以写成 **char** ***argv*（含义相同）。

两个参数的名称可以随意设定，不过一般都设定为 *argc* 和 *argv*（很多人误以为必须使用这两个名称）。

只有在 OS 等主机环境下运行 **main** 函数时，**main** 函数才会接收程序名和程序形式参数，只在程序中运行时，函数是无法接收参数的。

C 语言标准库中规定 *argv* 接收的是“编程环境定义的字符串”。不过因为在大部分运行环境和编程环境中它接收的都是命令行参数，所以我们以此为前提来进行学习。

专栏 6-6 命令行参数接收受限的环境下的 argv

在有些运行环境中，程序无法接收自身的名称，*argv*[0] 会**指向空字符**。这种情况下的运行示例如①所示。

此外，在那些无法区别程序名和程序形式参数的大写字母和小写字母的环境下，*argv* 会以小写字母的形式接收所有的字符串，此时的运行示例如②所示。

启动与运行示例 1

```
>argtest1 Sort BinTree
argv[0] = ""
argv[1] = "Sort"
argv[2] = "BinTree"
>
```

启动与运行示例 1

```
>argtest1 Sort BinTree
argv[0] = "argtest1"
argv[1] = "sort"
argv[2] = "bintree"
>
```

① 即参数数量。——译者注

② 即参数向量。——译者注

argv 指向的实体

main 函数是在程序主体开始运行前（我们没有注意到的时候）接收参数的。

在下面这种情形中，程序已经运行了。

```
>argtest1 Sort BinTree↵
```

伴随着运行程序 argtest1 的启动，将给出 2 个命令行参数，即 "Sort" 和 "BinTree"。

程序 argtest1 启动后，将进行以下操作。

① 为字符串分配空间

程序会分配用于存放程序名和程序形式参数的各个字符串用的空间（Fig.6-16 a 的部分）。

▶ a 中为 3 个字符串 "argtest1"、"Sort"、"BinTree" 分配了空间。

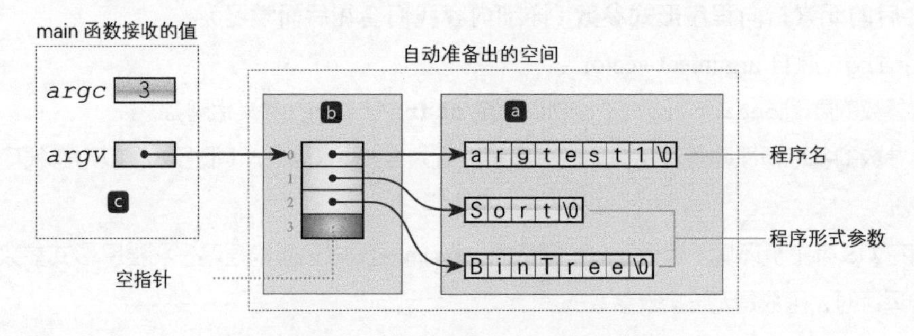

● Fig.6-16 main 函数接收的 argc 和 argv

② 为指向字符串的指针数组分配空间

下面要分配的是用于数组的空间，该数组的元素是指向①中已分配空间的各个字符串的指针（图 b）。这个数组的元素类型和元素个数如下。

▪ 元素类型

元素类型是指向 **char** 型的指针型，也就是 **char *** 型。除了末尾元素以外，其他元素都指向图 a 的各个字符串（严格来说是指向各个字符串的开头字符）。

▪ 元素个数

图 a 中已分配空间的字符串的数量加 1 后的值就等于数组的元素个数，本例中元素个数为 4。末尾元素中存储有空指针。

▶末尾元素中存储的空指针起着哨兵的作用。关于这点我们会在后面学习。

因此，图 b 的数组中各个元素的值如下所示。

- 开头元素：指向程序名 "argtest1" 的开头字符 'a' 的指针。
- 第 2 个元素：指向程序形式参数 "Sort" 的开头字符 'S' 的指针。
- 第 3 个元素：指向程序形式参数 "BinTree" 的开头字符 'B' 的指针。
- 第 4 个元素：空指针。

③ 调用 main 函数

完成步骤①和②后，下一步调用 **main** 函数，此时要进行下列处理。

- 把程序名和程序形式参数的总个数（整数值）传递给第 1 参数 *argc*。
- 把指向已生成的数组的开头元素的指针传递给第 2 参数 *argv*。

也就是说，**main** 函数接收的 2 个参数是图 c 中所示的部分。

在图 c 中，*argc* 接收的值是 3，*argv* 接收的是指向图 b 中数组的开头元素的指针。

图 b 的数组的元素类型为“指向 **char** 型的指针”。因为接收的是指向该数组开头元素的指针，所以 *argv* 的类型是“指向‘指向 **char** 型的指针’的指针”（因为是指向 **char** * 的指针，所以写作 **char** **）。

根据数组和指针在形式上的可交换性（**专栏 5-4**），*argv* 指向的数组（图 b）的各个元素从前往后依次可以写作 *argv*[0]，*argv*[1]，…。

*

本程序从前往后按顺序显示了图 b 中数组的各个元素指向的字符串。负责进行这项操作的是下面的 **for** 语句。

```
for (i = 0; i < argc; i++)
    printf("argv[%d] = \"%s\"\n", i, argv[i]);
```

由于数组元素都是指向各个字符串开头字符的指针，因此连同格式字符串 "%s" 一并传递给 ***printf*** 函数后，字符串就显示出来了。

通过指针以字符串为单位遍历 argv

为了能熟练使用命令行参数，我们继续往下学习。

如 List 6-14 所示，程序在没有使用下标运算符 [] 的情况下，访问了 *argv* 指向的字符串数组。

▶虽然程序名变成了 argtest2，但运行示例还是跟前面的程序 argtest1 一样。

List 6-14 chap06/argtest2.c

```
/* 程序名和程序形式参数的显示（其二：以字符串为单位遍历命令行参数）*/

#include <stdio.h>

int main(int argc, char **argv)
{
    int i = 0;

    while (argc-- > 0)
        printf("argv[%d] = \"%s\"\n", i++, *argv++);

    return 0;
}
```

启动与运行示例

```
>argtest2 Sort BinTree
argv[0] = "argtest2"
argv[1] = "Sort"
argv[2] = "BinTree"
>
```

占据整个程序的 **while** 语句会在对 *argc* 进行减量操作的同时循环 *argc* 次。在此过程中各个字符串的显示情况如 Fig.6-17 所示。

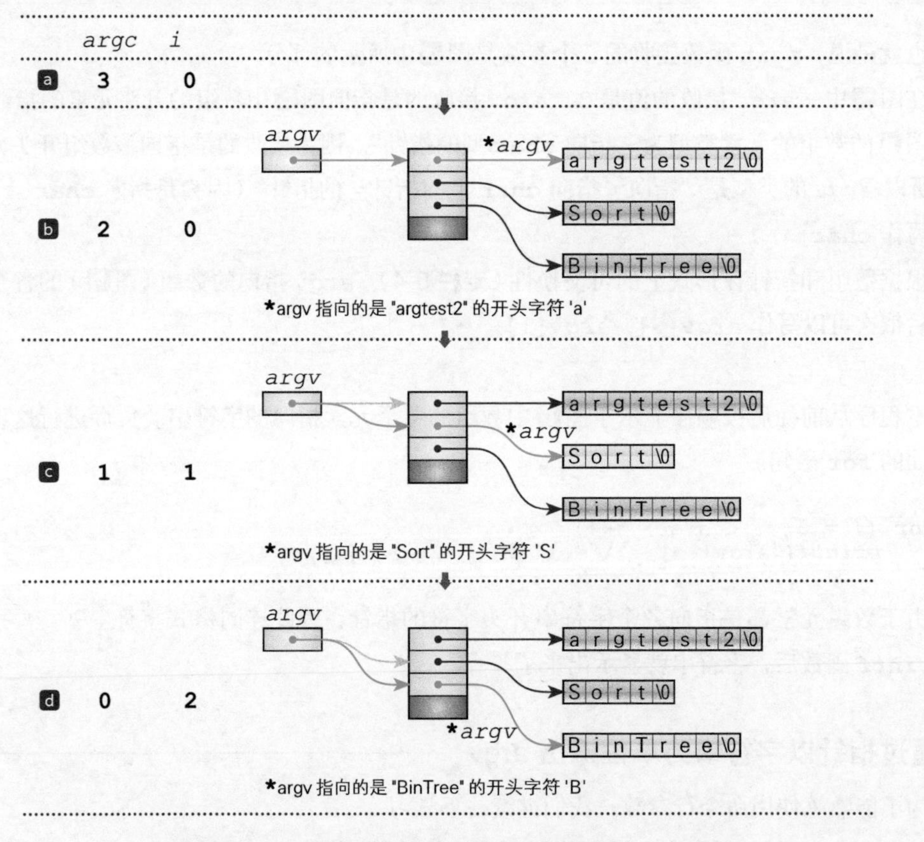

● Fig.6-17 通过 argv 以字符串为单位遍历命令行参数

ⓐ **while** 语句开始运行后，程序会对控制表达式 *argc*-- > 0求值。判断出 *argc* 是否大于 0后，*argc* 的值从 3 减量到 2。

b 在循环体中会显示整数值 *i* 和字符串 **argv*，然后对两者进行增量操作。

argv* 是在指向数组开头元素的指针 *argv* 上应用了间接运算符 * 的指针，指向字符串 "argtest2" 的开头字符 'a'。把指针 **argv* 和格式字符串 "%s" 一起传递给 ***printf* 函数后，就会显示出字符串 "argtest2"。

c 对控制表达式 *argc*-- > 0进行求值，将 *argc* 减量为 1。

i 和指针 *argv* 在步骤 **b** 中显示完毕后会进行增量操作，*i* 的值会变成 1，指针 **argv* 会更新为指向字符串 "Sort" 的开头字符 'S'。

▶对指针进行增量操作后，指针所指位置就会更新到原先所指元素的后面一个元素。这点我们已经在 3-1 节中已经学习过了。

在这种情况下把 **argv* 传递给 ***printf*** 函数后，就会显示出字符串 "Sort"。

d 将 *argc* 减量为 0。

i 和指针 *argv* 在步骤 **c** 中显示完毕后会进行增量操作，*i* 的值会变成 2，指针 **argv* 会更新为指向字符串 "BinTree" 的开头字符 'B'。

在这种情况下把 **argv* 传递给 ***printf*** 函数后，就会显示出字符串 "BinTree"。

*

对控制表达式 *argc*-- > 0进行求值。因为无法判断 *argc* 的值是否大于 0，所以 **while** 语句将结束运行，程序也将终止。

通过指针以字符为单位遍历 argv

下面我们编写一个程序，以字符为单位来增量指针，遍历命令行参数的字符串。该程序如 List 6-15 所示。

List 6-15 chap06/argtest3.c

```c
/* 程序名和程序形式参数的显示（其三：以字符为单位遍历命令行参数）*/

#include <stdio.h>

int main(int argc, char **argv)
{
    int i = 0;
    char c;

    while (argc-- > 0) {
        printf("argv[%d] = \"", i++);
        while (c = *(*argv)++)
            putchar(c);
        argv++;
        printf("\"\n");
    }

    return 0;
}
```

启动与运行示例

```
>argtest3 Sort BinTree
argv[0] = "argtest3"
argv[1] = "Sort"
argv[2] = "BinTree"
>
```

外侧的 **while** 语句和 List 6-14 的程序相同，但阴影部分的内侧的 **while** 语句则较为复杂。接下来我们结合 Fig.6-18 来看一下程序的流程。

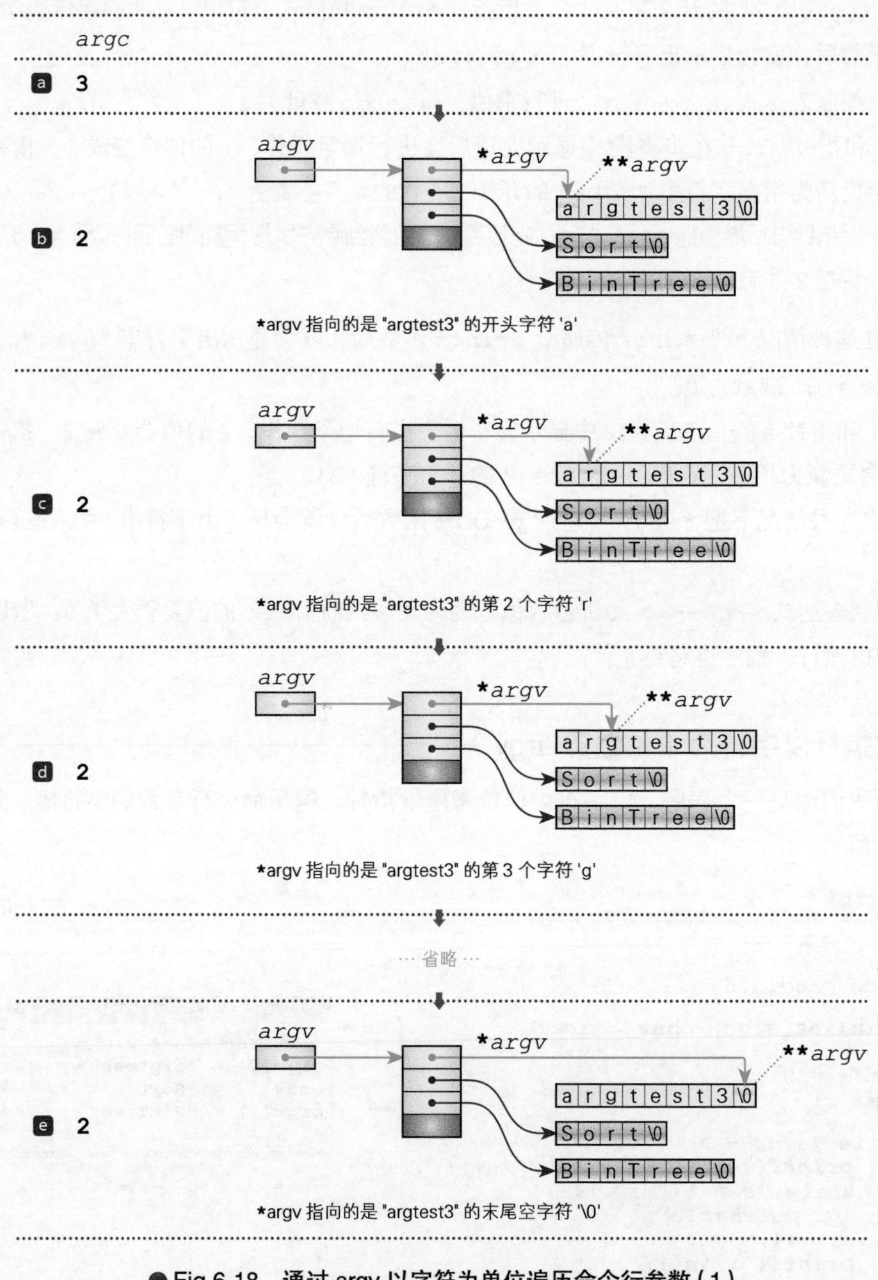

● Fig.6-18 通过 argv 以字符为单位遍历命令行参数（1）

ⓐ **while** 语句开始运行后，程序会对控制表达式 *argc*-- > 0求值。判断出 *argc* 是否大于 0后，*argc* 的值从 3 减量到 2。

ⓑ 指针 **argv* 指向 "argtest3" 的开头字符 'a'，把该指针所指向的实体 ***argv*，即 'a' 赋给变量 *c*，通过 ***putchar*** 函数显示该字符。

▶ **while** 语句的控制表达式 *c* = *(**argv*)++ 很复杂，像下面这样分解后会容易理解一些。

```
c = **argv;         /* 把argv所指的指针指向的值赋给c */
*argv++;            /* 赋值完成后增量*argv */
```

ⓒ 指针 **argv* 在步骤ⓑ中增量后指向第 2 个字符 'r'。把该指针指向的实体 ***argv*，即 'r' 赋给变量 *c* 后，显示该字符。

ⓓ 指针 **argv* 在步骤ⓒ中增量后指向第 3 个字符 'g'。把该指针指向的实体 ***argv*，即 'g' 赋给变量 *c* 后，显示该字符。

ⓔ 指针 **argv* 在上一步骤中增量后指向字符串末尾的空字符。对 **while** 语句的控制表达式 *c* = *(**argv*)++ 进行求值，得到的值为 0。

这样，内侧的 **while** 语句执行的循环就结束了。

当内侧的 **while** 语句循环结束，最开始的字符串 "argtest3" 显示完毕后，通过阴影部分增量 *argv*。

结果如 Fig.6-19ⓐ所示，*argv* 更新为指向下一个字符串 "Sort" 的开头字符 'S'。

▶这里的增量操作和上一个程序相同。

```
while (argc-- > 0) {
    printf("argv[%d] = \"", i++);
    while (c = *(*argv)++)
        putchar(c);
    argv++;
    printf("\"\n");
}
```

在这种状态下运行内侧的 **while** 语句后，字符串 "Sort" 内的字符就会从前往后逐个显示出来，如 Fig.6-19 所示。

▶我们在上文中学习过如何遍历和显示字符串 "argtest3"，此处用的是相同的方法。

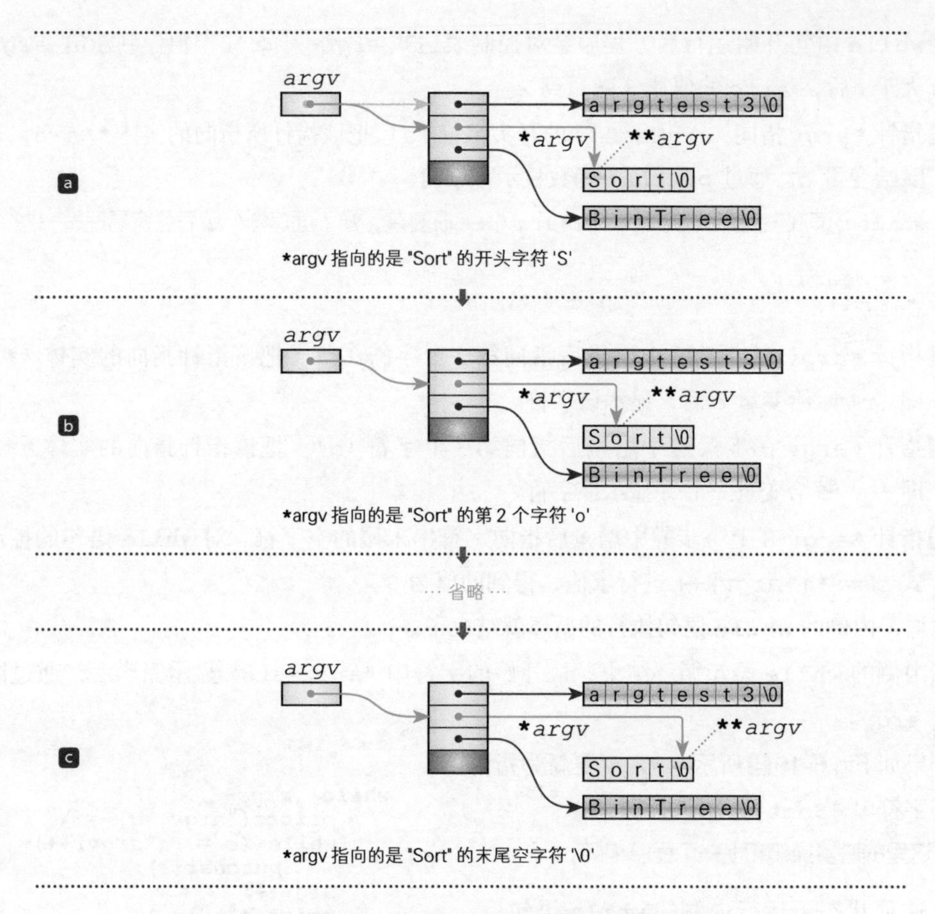

● Fig.6-19　通过 argv 以字符为单位遍历命令行参数（2）

字符串 "Sort" 显示完毕后，再次增量 *argv*。

这样一来就如 Fig.6-20 所示，***argv* 指向了 "BinTree" 的开头字符 'B'。我们对这个字符串也如法炮制，用内侧的 **while** 语句进行遍历后，从前往后按顺序显示字符串内的字符。

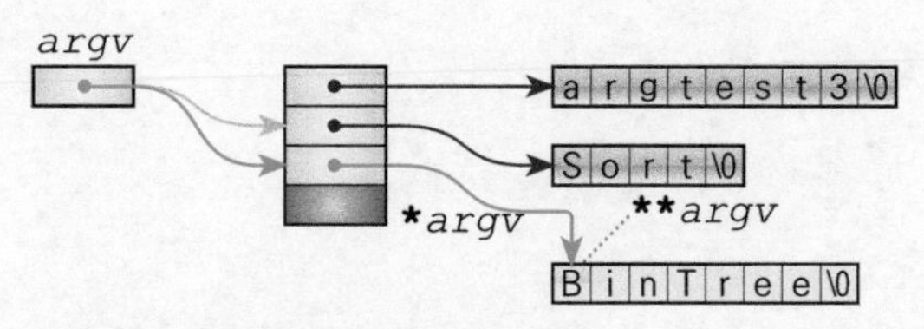

● Fig.6-20　通过 argv 以字符为单位遍历命令行参数（3）

对外侧的 **while** 语句的控制表达式 *argc*-- > 0进行求值。因为无法判断 *argc* 的值是否大于 0，所以 **while** 语句将结束循环，程序也将终止。这样所有的字符串就都显示完毕了。

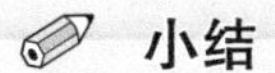

小结

命令行参数的接收

为了获取命令行给出的字符串，**main** 函数以程序名和程序形式参数的形式接收下列两个参数。

argc：程序名和程序形式参数的总个数。

argv：指向"指向程序名和程序形式参数的"指针数组的开头元素的指针。

```
int main(int argc, char *argv[])
{
    /* … */
}
```

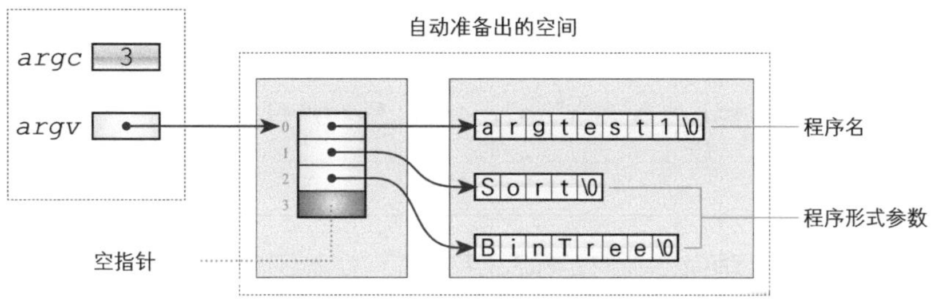

专栏 6-7 main 函数的递归调用

C 语言中可以递归调用 **main** 函数（由 **main** 函数调用 **main** 函数），程序示例如 List 6C-1 所示。

List 6C-1 chap06/recmain.c

```
/* main函数的递归调用 */

#include <stdio.h>

int main(void)
{
    static int x = 5;
    static int v = 0;

    if (--x > 0) {
        printf("x       = %d\n", x);
        printf("main()  = %d\n", main());
        v++;
        return v;
    } else {
        return 0;
    }
}
```

运行结果

```
x       = 4
x       = 3
x       = 2
x       = 1
main()  = 0
main()  = 1
main()  = 2
main()  = 3
```

但是在 C++ 中就无法递归调用 **main** 函数，也无法获取 **main** 函数的地址。

不使用 argc 来遍历

把 *argv* 指向的数组的末尾元素中存储的空指针作为“哨兵”来使用是很有效果的。

改写 List 6-14，把末尾元素用作哨兵进行显示，如 List 6-16 所示。

List 6-16 chap06/argtest4.c

```c
/* 不用argc来显示程序名和程序形式参数 */

#include <stdio.h>

int main(int argc, char **argv)
{
    int i = 0;

    while (*argv)
        printf("argv[%d] = \"%s\"\n", i++, *argv++);

    return 0;
}
```

启动与运行示例

```
>argtest4 Sort BinTree
argv[0] = "argtest4"
argv[1] = "Sort"
argv[2] = "BinTree"
>
```

▶哨兵指的是作为循环处理的结束条件的标志的数据。

另外，在有些不支持 C 语言标准库的较老的编程环境中，*argv* 指向的数组的最后一个元素中是不能存储空指针的。

本程序中遍历命令行参数的情形如 Fig.6-21 所示。如图 d，当 *argv* 指向的值变成空指针时，控制表达式 `*argv` 的求值结果为 0，**while** 语句的循环结束。

▶跟前面的程序不同，本程序的实现完全不使用 *argc* 的值。

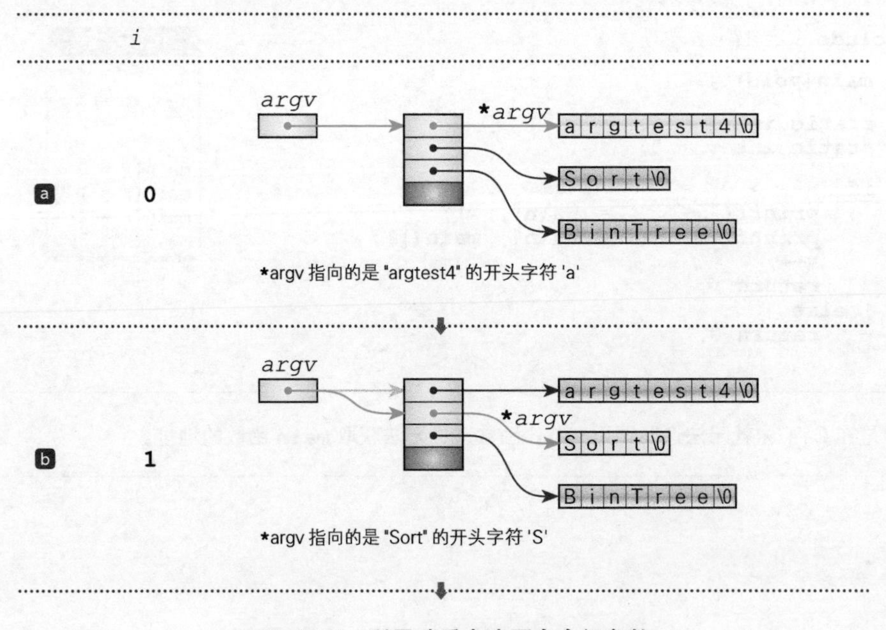

● Fig.6-21 利用哨兵来遍历命令行参数

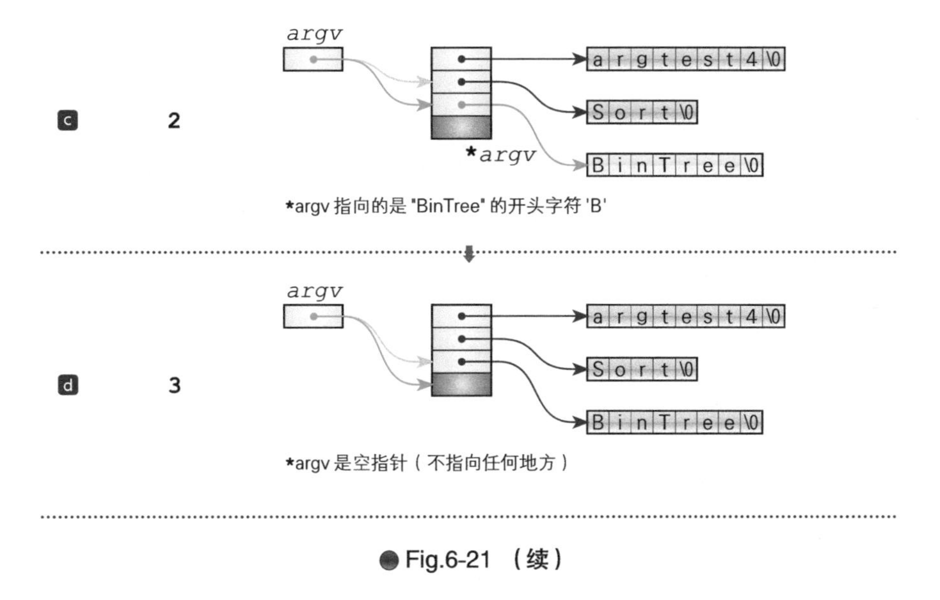

● Fig.6-21 （续）

启动程序时指定年月的日历

本节的目的是让用户在启动程序时能够指定要显示的日历的年月，为此编写的日历程序如 List 6-17 所示。

List 6-17　chap06/calend.c

```
/* 显示日历（用命令行指定要显示的年月）*/

#include <time.h>
#include <ctype.h>
#include <stdio.h>
#include <stdlib.h>

/*--- 各个月份的天数 ---*/
int mday[12] = {31, 28, 31, 30, 31, 30, 31, 31, 30, 31, 30, 31};

int dayofweek(int year, int month, int day)     { /* 省略：与List 6-11相同 */ }
int is_leap(int year)                           { /* 省略：与List 6-11相同 */ }
int monthdays(int year, int month)              { /* 省略：与List 6-11相同 */ }
void put_calendar(int y, int m)                 { /* 省略：与List 6-11相同 */ }

/*--- 比较字符串开头的n个字符（不区分大小写）---*/
int strncmpx(const char *s1, const char *s2, size_t n)
{
    while (n && toupper(*s1) && toupper(*s2)) {
        if (toupper(*s1) != toupper(*s2))              /* 不相等 */
            return (unsigned char)*s1 - (unsigned char)*s2;
        s1++;
        s2++;
        n--;
    }
    if (!n)  return 0;
    if (*s1) return 1;
    return -1;
}
```

```
/*--- 从字符串中获取月份的值 ---*/
int get_month(char *s)
{
    int i;
    int m;        /* 月 */
    char *month[] = {"", "January", "February", "March", "April",
                     "May", "June", "July", "August", "September",
                     "October", "November", "December"};

    m = atoi(s);
    if (m >= 1 && m <= 12)          /* 数字表示："1","2",…,"12" */
        return m;

    for (i = 1; i <= 12; i++)       /* 英语表示 */
        if (strncmpx(month[i], s, 3) == 0)
            return i;

    return -1;                      /* 转换失败 */
}

int main(int argc, char *argv[])
{
    int  y, m;
    time_t t = time(NULL);                /* 获取当前时间 */
    struct tm *local = localtime(&t);     /* 转换成分解时间（本地时间）*/

    y = local->tm_year + 1900;            /* 今天的年份 */
    m = local->tm_mon + 1;                /* 今天的月份 */

    if (argc >= 2) {                      /* argv[1]的解析 */
        m = get_month(argv[1]);
        if (m < 0 || m > 12) {
            fprintf(stderr, "月份的值不正确。\n");
            return 1;
        }
    }
    if (argc >= 3) {                      /* argv[2]的解析 */
        y = atoi(argv[2]);
        if (y < 0) {
            fprintf(stderr, "年份的值不正确。\n");
            return 1;
        }
    }

    printf("%d年%d月\n\n", y, m);

    put_calendar(y, m);       /* 显示y年m月的日历 */

    return 0;
}
```

启动与运行示例❶

```
>calend
2018年11月

 日 一 二 三 四 五 六
---------------------
              1  2  3
  4  5  6  7  8  9 10
 11 12 13 14 15 16 17
 18 19 20 21 22 23 24
 25 26 27 28 29 30
```

启动与运行示例❷

```
>calend 8
2018年8月

 日 一 二 三 四 五 六
---------------------
           1  2  3  4
  5  6  7  8  9 10 11
 12 13 14 15 16 17 18
 19 20 21 22 23 24 25
 26 27 28 29 30 31
```

启动与运行示例❸

```
>calend 11 2016
2016年11月

 日 一 二 三 四 五 六
---------------------
        1  2  3  4  5
  6  7  8  9 10 11 12
 13 14 15 16 17 18 19
 20 21 22 23 24 25 26
 27 28 29 30
```

根据不同的目的和用途，本程序共有 3 种启动示例。

▶运行示例①和②是在 2018 年 11 月运行时的结果。

- 运行示例①：命令行不给出参数，程序启动后将显示“当前（程序运行时）的年月”的日历。
- 运行示例②：命令行给出“月份”，将显示指定的月份（年份是程序运行时的年份）的日历。

月份除了用整数 `1 ~ 12` 来表示，也可以用 `"January"`、`"February"` 等英语单词来表示（不区分大小写），而且还可以省略第 4 个字符及其以后的内容，例如 11 月可以写作 `"Nov"`、`"nove"` 等。

- 运行示例③：命令行给出“月份”和“年份”，将显示指定年月的日历。

▶阴影部分使用的 **`fprintf`** 函数和 **`stderr`** 我们会在第 9 章中学习。

下面来学习一下本程序中定义的两个函数 *strncmpx* 和 *get_month*。

■ strncmpx 函数：比较字符串的开头部分

本函数用于调查 *s1* 指向的字符串和 *s2* 指向的字符串的大小关系。如果 *s1* < *s2*，函数返回负值；如果 *s1* > *s2*，则返回正值；如果两者相等，则返回 `0`。

▶在上一章中，我们学习了用于比较两个字符串的标准库函数——**`strncmp`** 函数。本函数是在 **`strncmp`** 函数的基础上加以扩展后的产物。

比较的对象只限于字符串开头的 *n* 个字符，因此如果 *n* 为 `3`，那么 `"Jan"`、`"Janu"`、`"Janua"` 等会被视为相同的字符串。

比较各个字符时，需要先通过 **`toupper`** 函数将其转换成大写字母后再进行比较，因此 `"JAN"`、`"Jan"` 会被视为相同的字符串。

	toupper
头文件	**`#include`** `<ctype.h>`
格式	**`int`** ***`toupper`*** **`(int`** *`c`*`);`
功能	把小写英文字母转换成对应的大写英文字母
返回值	如果 *c* 是小写英文字母，就返回转换成大写英文字母后的值，否则直接返回 *c*

此外，大家还需要一并记住跟 **`toupper`** 函数截然相反的 **`tolower`** 函数，该函数用于把大写字母转换成小写字母。

	tolower
头文件	**#include** <ctype.h>
格式	**int** ***tolower***(**int** *c*);
功能	把大写英文字母转换成对应的小写英文字母
返回值	如果 *c* 是大写英文字母，就返回转换成小写英文字母后的值，否则直接返回 *c*

▪ **get_month 函数：解析表示月份的字符串**

本函数用于指定月份，把命令行参数给出的字符串转换成整数值。

首先通过 ***atoi*** 函数来尝试转换，于是 "1", "2", …, "12" 等字符串转就被转换成了整数值 1, 2, …, 12。

转换后的结果**如果不在** 1 到 12 的范围内，那么就需要用英文字母而非数值来解释字符串了，为此可以利用 *strncmpx* 函数，来调查转换后的结果是否与数组 *month* 中存储的字符串 "January", "February", …, "December" 一致。

▶为了无视大小写字母的区别，只调查字符串开头的 3 个字符的一致性，这里调用了在本程序内定义的 *strncmpx* 函数，而没有采用标准库函数 ***strncmp***。

*

在 **main** 函数中，程序根据接收到的命令行参数的个数解析给出的月份和年份，在此基础上显示日历。请大家细心阅读并理解本程序。

✍ 自由演练

练习 6-1

List 6-12 的日历中，程序在横向排列的 3 个月的日历中间输出了 3 个空白字符（见正文）。

虽然这 3 个空白字符的输出位置只需要在左边月份和中间月份中间，以及中间月份和右边月份中间，但在右边月份后面也（多余地）输出了空白字符。这样一来，例如在宽度为 70 位的控制台画面中，就不能把 3 个月的日历控制在 1 行范围内了。如果在右边月份后面没有输出空白字符，那么就能把 3 个月的日历控制在宽度为 70 位的控制台画面中。请编写并改良程序以达到此目的。

练习 6-2

List 6-12 中没有检查开始年月和结束年月的一致性（例如结束年月早于开始年月，或者月份不在 1 ~ 12 范围内等）。

改良程序，使程序能够在检查一致性并发现错误后，提醒用户重新输入年月（在**练习 6-1** 编写的程序的基础上编写）。

练习 6-3

List 6-12 是按 6 个星期（也就是说用 7 行显示日历主体）来显示各个月的。改良程序，让程序按照横向排列的 3 个月中星期数最多的月份来显示。也就是说，如果横向排列的 3 个月中星期数最多的一个月只有 5 个星期，那就不要显示第 6 个星期了。

练习 6-4

在 List 6-12 的日历程序中，为了防止日历显示时发生错位，在月份的最后一天后面填入了空白字符。但即使没有填满空白字符，在通过 ***printf*** 函数显示日历时，只要指定和调整显示宽度，也同样可以阻止日历发生错位。请照此改写程序。

练习 6-5

在 List 6-17 的日历程序中，因为是用拼写英语单词的方式来指定月份的，且程序只依据开头 3 个字符是否一致来进行判断，所以假设出现拼写错误，比如 `"Jane"`，也会被视为 1 月。改写程序，使程序能够在开头 3 个字符后出现拼写错误时判断字符串不一致。

练习 6-6

改良 List 6-17 的日历程序，使其与 List 6-12 一样，能够横向排列并显示最多 3 个月的日历。由命令行指定年月的方法等都需要自行设计。

练习 6-7

编写一个猜日期的游戏，游戏的流程跟第 1 章的“猜数游戏”相同。也就是说，玩家输入年 / 月 / 日后，程序判断并显示结果是比答案靠前 / 靠后 / 还是回答正确。

第 7 章

右脑训练

本章我们将编写“寻找幸运数字”“寻找重复数字”“三字母词联想训练”等用于锻炼右脑的训练软件。

本章主要学习的内容

- 数组的复制
- 数组元素的重新排列
- 赋值运算符和逗号运算符
- 两个值的交换
- 函数宏①
- 空语句
- 包含头文件保护的头文件的设计
- 可变参数的访问
- 多维数组的初始值
- 实时的键盘输入
- Curses 库

- ⊙ va_list 型
- ⊙ va_arg 宏
- ⊙ va_end 宏
- ⊙ va_start 宏
- ⊙ vfprintf 函数
- ⊙ vprintf 函数
- ⊙ vsprintf 函数
- ⊙ getch 函数 ※C 语言的非标准库
- ⊙ putch 函数 ※C 语言的非标准库

① 也有“类函数宏”和“函数式宏定义”的说法。——译者注

7-1 寻找幸运数字

本章将带领大家编写一些软件，这些软件会锻炼玩家的判断力和爆发力，同时起到锻炼右脑的作用。我们首先要编写的训练软件是“寻找幸运数字”，程序会从 1 到 9 中抽掉一个数字，玩家则需要在一瞬间找出该数字。

复制数组

在寻找幸运数字的训练中，程序会从 1 到 9 中抽掉一个数字（本示例中抽掉了 7）后再进行显示，玩家需要在一瞬间找出该数字，如下所示。

2 6 1 5 3 9 4 8

程序的编写分好几步。首先我们来看一下 List 7-1 的程序。该程序把数组 *dgt* 的所有元素从前往后依次初始化为 1, 2, …, 9，然后将这些元素复制到数组 *a* 并显示出来。

►因为数组 *a* 只被赋予了一个初始值 0，所以它的所有元素都会初始化为 0。

List 7-1　　chap07/arycpy1.c

```
/* 复制并显示数组 */
#include <stdio.h>

int main(void)
{
    int i;
    int dgt[9] = {1, 2, 3, 4, 5, 6, 7, 8, 9};
    int a[9] = {0};

    for (i = 0; i < 9; i++)         /* 复制所有元素 */
        a[i] = dgt[i];

    for (i = 0; i < 9; i++)         /* 显示所有元素 */
        printf("%d ", a[i]);

    putchar('\n');

    return 0;
}
```

运行结果

```
1 2 3 4 5 6 7 8 9
```

1 的 **for** 语句把数组 *dgt* 的所有元素的值赋给了下标相同的数组 *a* 的元素。赋值过程如 Fig.7-1 所示。

for 语句开始执行循环时，变量 *i* 的值为 0，通过下述代码，*dgt*[0] 的值被赋给了 *a*[0]（图 a）。

```
a[i] = dgt[i];
```

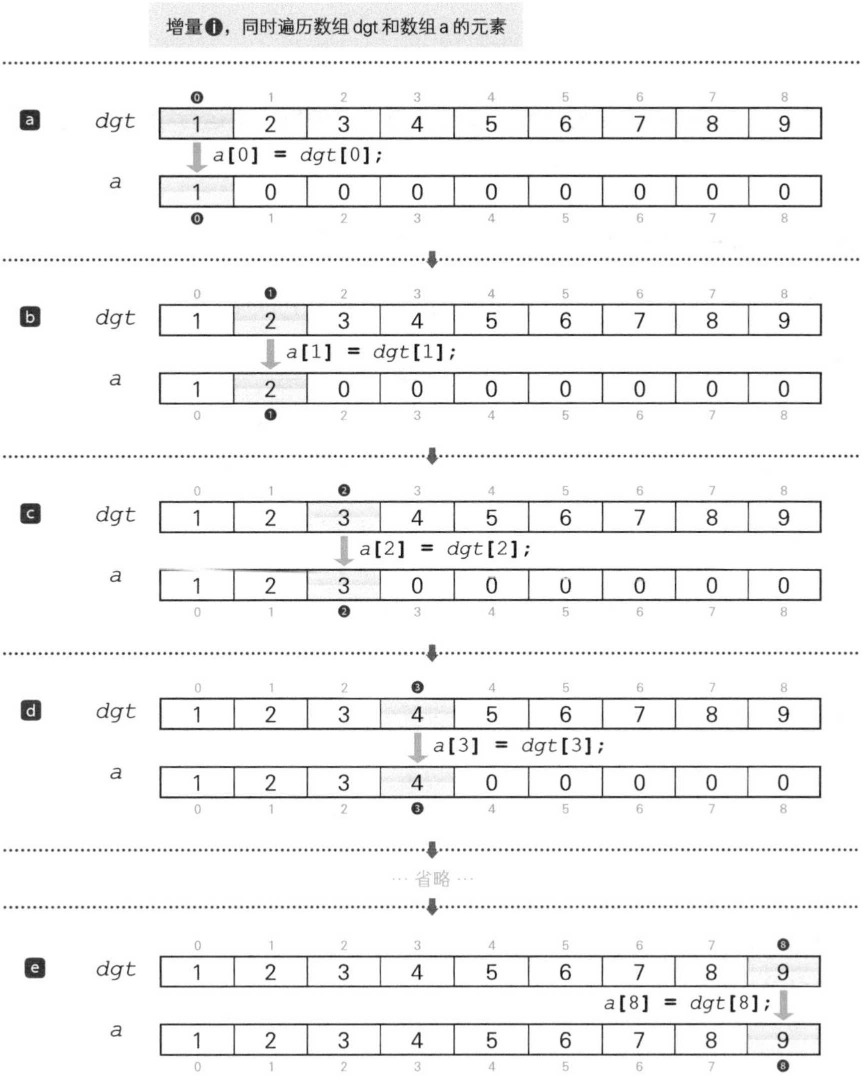

增量❶，同时遍历数组 dgt 和数组 a 的元素

● **Fig.7-1 复制数组**

在 **for** 语句的作用下，*i* 的值增量为 1，然后如图**b**所示，把 *dgt*[1] 的值赋给 *a*[1]，之后，在图**c**中把 *dgt*[2] 的值赋给 *a*[2]，在图**d**中把 *dgt*[3] 的值赋给 *a*[3]。

如上所示，以 1 为单位对 *i* 的值进行增量操作，同时循环元素的赋值操作，这样就把数组 *dgt* 里的元素复制到了数组 *a*（图**e**）。

在复制数组时**必须**像本程序这样，**逐一复制每一个元素**，不能像下面这样直接一次性对数组进行赋值。

```
a = dgt;      /* 错误：不能对整个数组进行赋值 */
```

2的 **for** 语句中显示了已复制的数组 *a* 的所有元素的值。由运行结果可知，程序已正确复制了所有元素。

复制数组时跳过一个数组元素

在复制数组时如果能跳过一个元素，我们就能更接近理想中的训练程序了。程序如 List 7-2 所示。

List 7-2　　chap07/arycpy2.c

```
/* 复制并显示数组（跳过一个元素）*/

#include <time.h>
#include <stdio.h>
#include <stdlib.h>

int main(void)
{
    int i, j, x;
    int dgt[9] = {1, 2, 3, 4, 5, 6, 7, 8, 9};
    int a[8] = {0};

    srand(time(NULL)); /* 设定随机数的种子 */

    x = rand() % 9;      /* x为0~8的随机数 */

    i = j = 0;
    while (i < 9) {               /* 复制时跳过dgt[x] */
        if (i != x)
            a[j++] = dgt[i];      只在x不等于i时进行复制
        i++;
    }

    for (i = 0; i < 8; i++)              /* 显示所有元素 */
        printf("%d ", a[i]);

    putchar('\n');

    return 0;
}
```

运行示例

```
1 2 4 5 6 7 8 9
```

数组 *dgt* 还跟之前的程序相同，但数组 *a* 的元素个数则比之前少了一个，变成了 8 个。

在1中生成随机数 0 ~ 8，并将其赋给变量 *x*。

2中则跳过以变量 *x* 为下标的元素 *dgt*[*x*]，把数组 *dgt* 复制到数组 *a*。用变量 *i* 来遍历数组 *dgt*，用变量 *j* 来遍历数组 *a*。

请看 Fig.7-2 所示的例子。在该示例中，由随机数决定的变量 *i* 的值为 2。一开始变量 *i* 和 *j* 都为 0，负责两个数组的开头元素。图a中把 *dgt*[0] 的值赋给了 *a*[0]，图b中把 *dgt*[1] 的值赋给了 *a*[1]。

只有在 **if** 语句的判断（*i* != *x*）成立的时候，程序才会复制元素的值。如图c所示，**if** 语句的判断不成立时，程序**不会进行复制**。

变量 *i* 用于遍历数组 *dgt*，每次通过 **while** 语句进行循环时，*i* 的值**都会增量**。而用于遍历数组 *a* 的变量 *j* 的值**只有在进行了元素的赋值时才会增量**。

▶这是因为只有在通过 `a[j++] = dgt[i]` 进行赋值后，*j* 才会增量。

这样一来，在图 d 以后，程序就能在 *j* 的值比 *i* 小 1 的状态下继续进行复制操作了。如图 f 所示，程序会一直遍历并复制数组，直到变量 *i* 的值变成 8 为止。

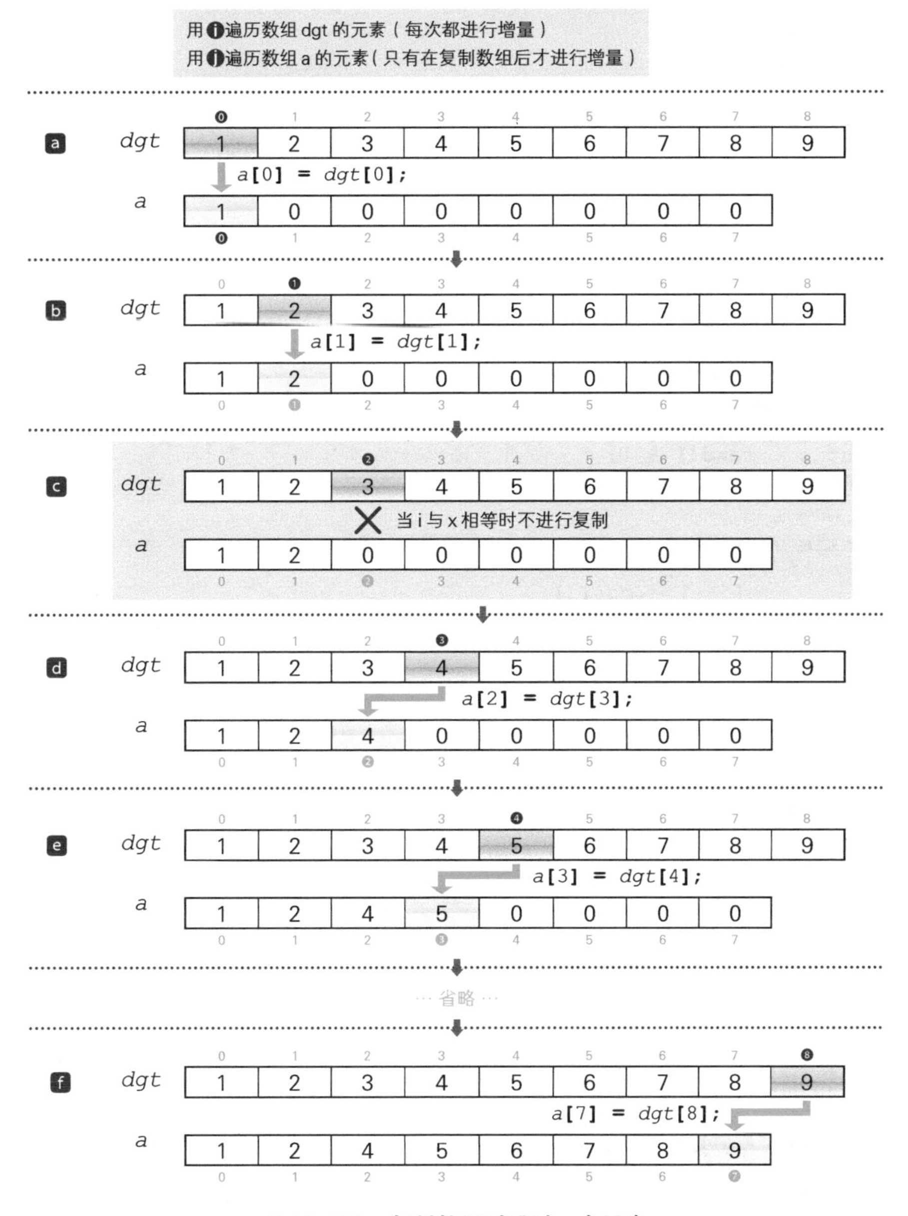

● Fig.7-2　复制数组时跳过一个元素

寻找幸运数字

理解了上述内容后，再把这个程序扩展为一个像游戏一样的训练软件就很简单了，如 List 7-3 所示。

List 7-3 chap07/lacknum1.c

```
/* 寻找幸运数字训练（其一）*/

#include <time.h>
#include <stdio.h>
#include <stdlib.h>

#define MAX_STAGE   10              /* 挑战次数 */

int main(void)
{
    int i, j, stage;
    int dgt[9] = {1, 2, 3, 4, 5, 6, 7, 8, 9};
    int a[8];
    double jikan;                   /* 时间 */
    clock_t start, end;             /* 开始时间和结束时间 */

    srand(time(NULL));              /* 设定随机数的种子 */

    printf("请输入缺少的数字。\n");

    start = clock();
    for (stage = 0; stage < MAX_STAGE; stage++) {
        int x = rand() % 9;         /* 生成随机数0～8 */
        int no;                     /* 已读取的值 */

        i = j = 0;
        while (i < 9) {                     /* 复制时跳过dgt[x] */
            if (i != x)
                a[j++] = dgt[i];
            i++;
        }

        for (i = 0; i < 8; i++)             /* 显示所有元素 */
            printf("%d ", a[i]);
        printf(": ");

        do {
            scanf("%d", &no);
        } while (no != dgt[x]);             /* 循环到玩家输入正确答案为止 */
    }
    end = clock();

    jikan = (double)(end - start) / CLOCKS_PER_SEC;

    printf("用时%.1f秒。\n", jikan);

    if (jikan > 25.0)
        printf("反应太慢了。\n");
    else if (jikan > 20.0)
        printf("反应有点慢呀。\n");
    else if (jikan > 17.0)
        printf("反应还行吧。\n");
    else
        printf("反应真快啊。\n");

    return 0;
}
```

运行示例

```
请输入缺少的数字。
1 2 3 5 6 7 8 9: 4
1 2 3 4 6 7 8 9: 6
5
2 3 4 5 6 7 8 9: 1
1 2 3 4 5 6 7 9: 8
… 省略 …
1 2 3 4 5 6 8 9: 7
用时43.7秒。
反应太慢了。
```

本程序的训练次数总共有 10 次。另外，程序不接受错误的答案。

▶在运行示例中，第 2 次输入时我们输入了错误的答案 6。只要没有输入正确答案 5，程序就不会进入到下一个问题。

本程序的1的部分和前一个程序的2的部分相同，都是跳过以 *x* 为下标的元素 `dgt[x]`，把数组 *dgt* 复制到数组 *a*。

2的 **do** 语句负责读取从键盘输入的答案，并判断答案是否正确。变量 *no* 读取到的值只要不等于之前在复制时跳过的 `dgt[x]`，**do** 语句就会循环。因此，只要玩家没有输入正确答案，就无法进入到下一个问题。

10 次训练结束后，程序会显示出玩家所用的时间和对玩家的评价（反应是慢还是快）。

*

请多运行几次程序，这不只是好玩，还能让大家好好训练一下自己的右脑。

在寻找缺少的数字时，如果你在数字跃入眼帘的一瞬间就找到了，那就说明你成功了。

专栏 7-1 通过 for 语句来跳跃复制

用 **for** 语句实现的程序，用 **while** 语句也可以实现，反过来用 **while** 语句实现的程序，用 **for** 语句也能够实现。

用 **for** 语句来实现1的跳过 `dgt[x]` 把数组 *dgt* 复制到数组 *a* 的处理，有两种实现示例，如下所示。

```
a for (i = j = 0; i < 9; i++)
    if (i != x)
        a[j++] = dgt[i];
```

```
b for (i = 0, j = 0; i < 9; i++)
    if (i != x)
        a[j++] = dgt[i];
```

▪ 实现示例a

阴影部分利用了赋值表达式的求值结果等于赋值后左操作数的值这一点。对赋值表达式 `j = 0` 进行求值，得到赋值后的 *j* 的值 0，将这个 0 赋给 *i*。

因此，*j* 的值会先变成 0，然后 *i* 的值再变成 0。

▪ 实现示例b

阴影部分使用了按顺序对左操作数和右操作数进行求值的逗号运算符。一般来说，对逗号表达式 *x*, *y* 进行求值时，会先对 *x* 进行求值，再对 *y* 进行求值（因此逗号运算符又称为顺序求值运算符）。在本示例中，程序会先对赋值表达式 `i = 0` 进行求值，然后再对赋值表达式 `j = 0` 进行求值。

因此，*i* 的值会先变成 0，然后 *j* 的值再变成 0。

重新排列数组元素

在刚才的程序中，数字 1 ~ 9 是按顺序排列显示的，因此我们能轻易找到缺少的那个数字。因为只要跟上面一行比较哪里出现了错位就可以了。

下面我们把数字的顺序打乱，增加寻找数字的难度，程序如 List 7-4 所示。

List 7-4 chap07/lacknum2.c

```
/* 寻找幸运数字训练（其二：数字随机排列）*/

#include <time.h>
#include <stdio.h>
#include <stdlib.h>

#define MAX_STAGE   10                  /* 挑战次数 */
#define swap(type, x, y)    do { type t = x; x = y; y = t; } while (0)

int main(void)
{
    int i, j, stage;
    int dgt[9] = {1, 2, 3, 4, 5, 6, 7, 8, 9};
    int a[8];
    double jikan;                       /* 时间 */
    clock_t start, end;                 /* 开始时间和结束时间 */

    srand(time(NULL));                  /* 设定随机数的种子 */

    printf("请输入缺少的数字。\n");

    start = clock();
    for (stage = 0; stage < MAX_STAGE; stage++) {
        int x = rand() % 9;             /* 生成随机数0~8 */
        int no;                         /* 读取的值 */

        i = j = 0;
        while (i < 9) {                 /* 复制时跳过dgt[x] */
            if (i != x)
                a[j++] = dgt[i];
            i++;
        }

        for (i = 7; i > 0; i--) {                   /* 重新排列数组a */
            int j = rand() % (i + 1);
            if (i != j)
                swap(int, a[i], a[j]);
        }

        for (i = 0; i < 8; i++)         /* 显示所有元素 */
            printf("%d ", a[i]);
        printf(":");

        do {
            scanf("%d", &no);
        } while (no != dgt[x]);         /* 循环到玩家输入正确答案为止 */
    }
    end = clock();

    jikan = (double)(end - start) / CLOCKS_PER_SEC;

    printf("用时%.1f秒。\n", jikan);

    if (jikan > 25.0)
        printf("反应太慢了。\n");
    else if (jikan > 20.0)
        printf("反应有点慢呀。\n");
    else if (jikan > 17.0)
        printf("反应还行吧。\n");
    else
        printf("反应真快啊。\n");

    return 0;
}
```

运行示例

```
请输入缺少的数字。
1 5 7 9 6 4 3 8 : 2↵
5 8 4 3 7 1 2 6 : 9↵
1 8 6 2 7 5 9 4 : 3↵
6 7 1 2 8 3 4 9 : 5↵
5 3 6 9 7 2 1 8 : 4↵
9 3 4 6 8 5 1 7 : 2↵
3 2 1 7 4 5 6 9 : 8↵
1 2 3 4 8 6 9 7 : 5↵
7 8 5 9 2 3 6 4 : 1↵
3 4 8 9 6 5 1 7 : 2↵
用时31.1秒。
反应太慢了。
```

先生成一个抽掉了一个数字的数组，然后把数组的元素打乱**重新排列**，如阴影部分所示。让我们结合 Fig.7-3 来理解元素重新排列的原理。

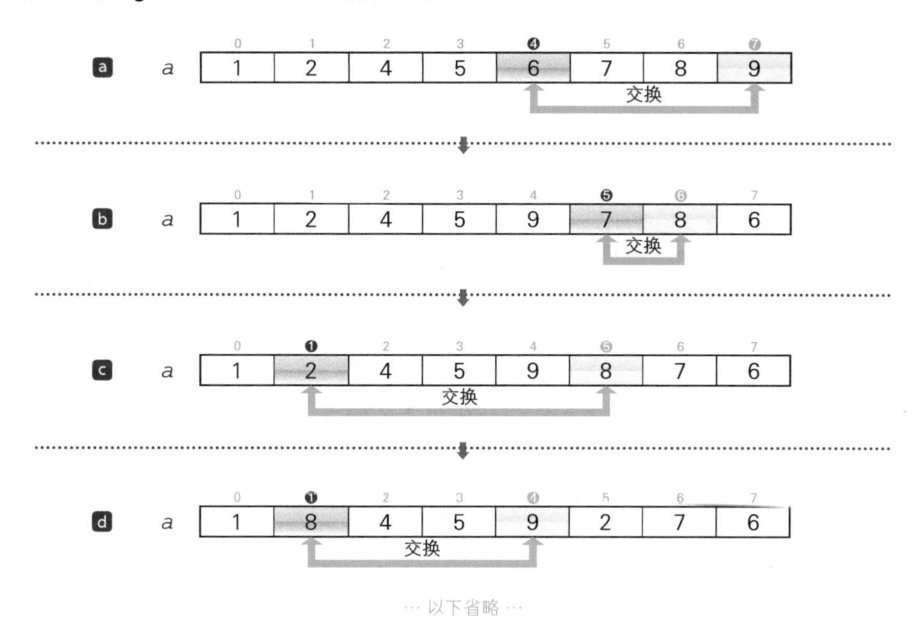

● Fig.7-3　数组元素的重新排列

ⓐ从 a[0] ~ a[7] 中随机选择一个元素，把该元素和 a[7] 进行交换。

▶图中，●中的数值是 *i*，●中的数值是从 a[0] ~ a[7] 中随机选择的元素的下标 *j*。通过宏 *swap*（后述）交换 a[*i*] 和 a[*j*] 的值。另外，如果碰巧 *i* 等于 *j*，就借助 **if** 语句的作用跳过交换操作。

ⓑ从 a[0] ~ a[6] 中随机选择一个元素，把该元素和 a[6] 进行交换。

ⓒ从 a[0] ~ a[5] 中随机选择一个元素，把该元素和 a[5] 进行交换。

ⓓ从 a[0] ~ a[4] 中随机选择一个元素，把该元素和 a[4] 进行交换。

一直到 *i* 变成 1，重新排列元素的过程才意味着结束了。

▶上述重新排列元素的步骤称为洗牌（Fisher–Yates）算法。

交换两个值

在程序开头部分定义的 *swap* 是用于交换 *type* 型变量 *x*、*y* 的值的**函数宏**（function-like macro）。我们来仔细学习一下这个宏。

```
1 #define swap(type, x, y)  do { type t = x; x = y; y = t; } while (0)
```

进行值的交换的部分是用“{”和“}”括起来的代码块。如 Fig.7-4 所示，程序使用了相同类型的变量 *t* 在 *x* 和 *y* 之间进行操作。

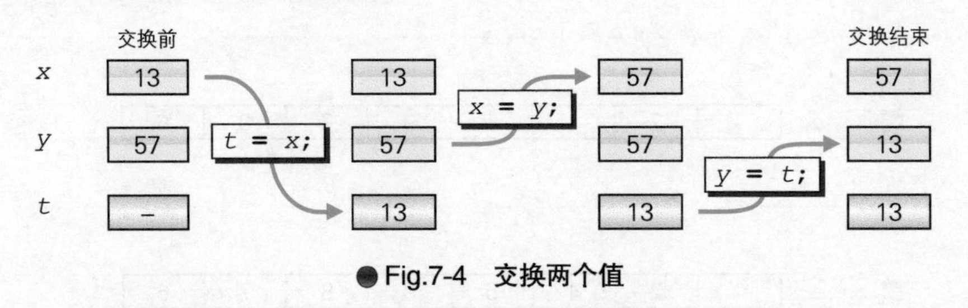

● Fig.7-4　交换两个值

另外，不能像2那样，删除用于交换值的代码块外的 **do** 语句来定义 *swap*，因为**根据不同的使用方法可能会导致编译错误**。

▶大家可能会偶然看到这样定义的文本或程序，但请不要模仿！

```
2 #define swap(type, x, y)  { type t = x; x = y; y = t; }  ×
```

出现编译错误的具体示例如右边的A所示。

示例中 **if** 语句的意思是：如果 *a* 大于 *b*，则交换 *a* 和 *b*，否则交换 *a* 和 *c*。

```
A if (a > b)
      swap(int, a, b);
  else
      swap(int, a, c);
```

*

之前大家在第 1 章中学过 **if** 语句的结构，如右图所示。

如果开头的语句后面紧跟着 **else**，就会被视为第 2 种形式，如果不紧跟着 **else**，就会被视为第 1 种形式。

if 语句的结构
- **if**(表达式) 语句
- **if**(表达式) 语句 **else** 语句

使用定义2的 *swap* 展开A，结果如 Fig.7-5 所示。当 *a* **>** *b* 成立时，运行对象为从“{”到“}”的代码块。虽然“}”后面必须紧跟着 **else**，但是因为有一个多余的分号“;”，所以 **else** 并没有出现在其后。

这里有一点需要大家注意，单独的分号会被视为**空语句**（null statement）。图中只有蓝色部分会被视为 **if** 语句。

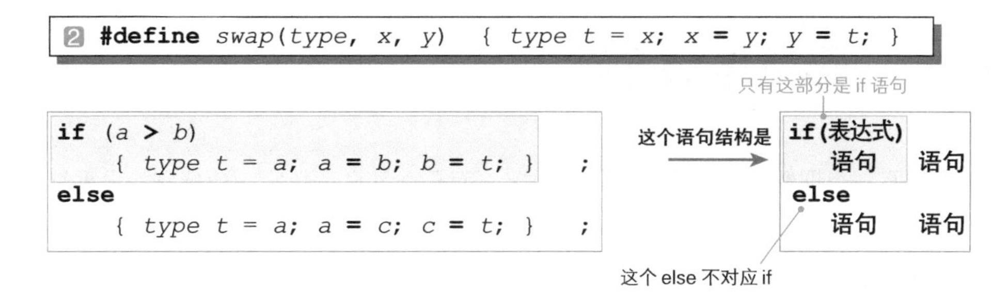

● Fig.7-5 通过定义②的宏 swap 展开Ⓐ后的结果

如右边的Ⓑ所示，去掉分号虽然能够避免错误，但却不像 C 语言的程序了。

```
Ⓑ if (a > b)
      swap(int, a, b)
  else
      swap(int, a, c)
```

不能把这种因错加了个分号而导致错误的调用方式强加给程序员。

*

使用定义①的宏 *swap* 展开Ⓐ，结果如 Fig.7-6 所示。这里，整段代码都被视为正确的 **if** 语句。

```
① #define swap(type, x, y)  do { type t = x; x = y; y = t; } while (0)
```

```
if (a > b)
    do { type t = a; a = b; b = t; } while (0);
else
    do { type t = a; a = c; c = t; } while (0);
```

这个语句结构是

```
if (表达式)
    语句
else
    语句
```

整体为 if 语句

● Fig.7-6 通过定义①的宏 swap 展开Ⓐ后的结果

这是因为 **do** 语句从 **do** 开始到末尾的“;”都是**单一的语句**，如图所示。

do 语句的语句结构

```
do 语句 while (表达式);
```

而且因为 **do** 语句的控制表达式为 0，所以用“{”和“}”括起来的部分**只会运行一次**，不会重复运行。

*

不可以像下面这样定义宏 *swap*。

```
③ #define swap (type, x, y) do { type t = x; x = y; y = t; } while (0)  ✕
```

宏的名称 *swap* 和“(”之间因为存在空白字符，所以程序不会将其看作一个函数宏，而是将其视为**对象宏**的定义，如下所示。

“把 *swap* 替换成 (*type*, *x*, *y*) **do** { *type t* = *x*; *x* = *y*; *y* = *t*; } **while** (0)”。

7-2 寻找重复数字

接下来编写一个训练软件，这次不抽掉数字，而是重复显示数字，让玩家找出重复的数字。

寻找重复数字

我们来编写一个寻找重复数字的训练软件，这次不抽掉数字，而是重复显示数字，让玩家找出重复的数字。程序如 List 7-5 所示。

显示的数字一共有 10 个，比寻找幸运数字时要多，不过一旦习惯了，可能反而更容易找到。

Fig.7-7 展示了阴影部分中把数组 *dgt* 复制到数组 *a* 的过程（本示例中变量 *x* 的值是 1）。如图 b 和图 c 所示，这里对 *a*[*x*] 赋值了两次。

运行示例

```
请输入重复的数字。
5 7 8 6 4 9 3 9 1 2 : 9
1 3 8 9 6 2 5 4 7 5 : 5
6 4 7 8 1 2 9 5 3 9 : 9
6 1 4 3 8 8 5 9 2 7 : 8
6 7 1 9 3 1 2 8 5 4 : 1
5 1 6 2 4 7 3 9 7 8 : 7
5 2 6 7 6 9 4 8 3 1 : 6
9 2 1 4 5 6 3 3 8 7 : 3
9 7 4 6 3 1 7 5 2 8 : 7
6 9 1 8 1 3 5 2 4 7 : 1
用时32.1秒。
反应太慢了。
```

▶在变量 *i* 的值变成 8 之前会一直进行复制，因为篇幅有限，这里省略了一部分示意图。

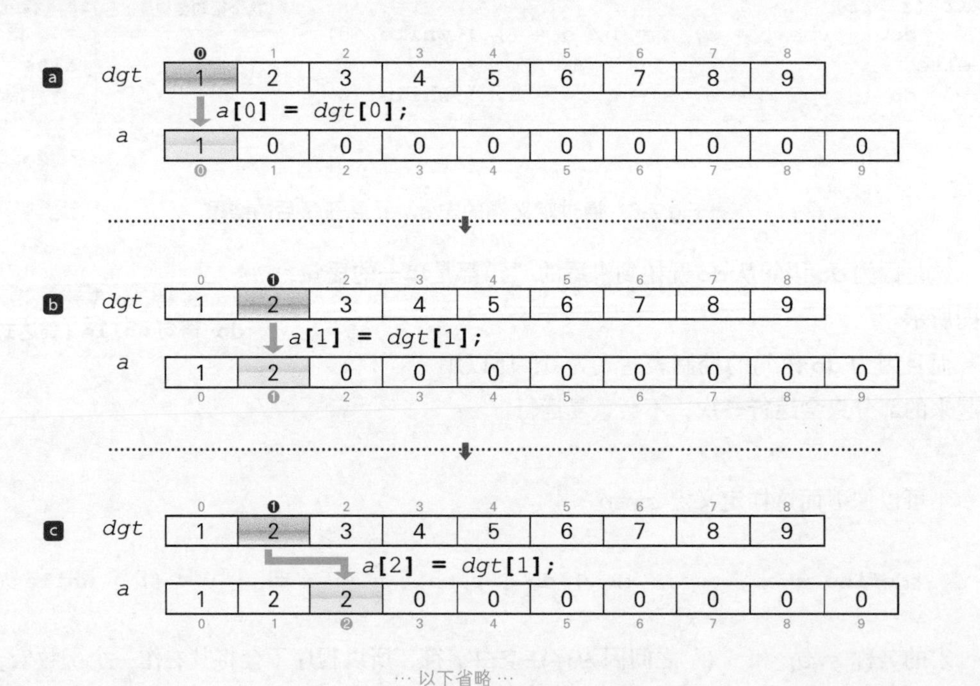

●Fig.7-7　有一个重复元素的数组的复制

List 7-5 chap07/doublenum1.c

```
/* 寻找重复数字训练（其一）*/

#include <time.h>
#include <stdio.h>
#include <stdlib.h>

#define MAX_STAGE  10                              /* 挑战次数 */
#define swap(type, x, y)   do { type t = x; x = y; y = t; } while (0)

int main(void)
{
    int i, j, stage;
    int dgt[9] = {1, 2, 3, 4, 5, 6, 7, 8, 9};
    int a[10];
    double jikan;                                  /* 时间 */
    clock_t start, end;                            /* 开始时间和结束时间 */

    srand(time(NULL));                             /* 设定随机数的种子 */

    printf("请输入重复的数字。\n");

    start = clock();
    for (stage = 0; stage < MAX_STAGE; stage++) {
        int x = rand() % 9;                    /* 生成随机数0～8 */
        int no;                                /* 已读取的值 */

        i = j = 0;
        while (i < 9) {                        /* 复制时重复dgt[x] */
            a[j++] = dgt[i];
            if (i == x)
                a[j++] = dgt[i];
            i++;
        }

        for (i = 9; i > 0; i--) {              /* 重新排列数组a */
            int j = rand() % (i + 1);
            if (i != j)
                swap(int, a[i], a[j]);
        }

        for (i = 0; i < 10; i++)               /* 显示所有元素 */
            printf("%d ", a[i]);
        printf(":");

        do {
            scanf("%d", &no);
        } while (no != dgt[x]);                /* 循环到玩家输入正确答案为止 */
    }
    end = clock();

    jikan = (double)(end - start) / CLOCKS_PER_SEC;

    printf("用时%.1f秒。\n", jikan);

    if (jikan > 25.0)
        printf("反应太慢了。\n");
    else if (jikan > 20.0)
        printf("反应有点慢呀。\n");
    else if (jikan > 17.0)
        printf("反应还行吧。\n");
    else
        printf("反应真快啊。\n");

    return 0;
}
```

程序大部分跟 List 7-4 的“寻找幸运数字（其二）”相同。除阴影部分以外，主要有以下两点不同。

- 数组 a 的元素数量从 8 变成了 10。
- 用于遍历数组 a 的 for 语句的循环次数从 8 变成了 10。

键盘输入和操作性能的提升（MS-Windows/MS-DOS）

寻找幸运数字和寻找重复数字的程序都由 ***scanf*** 函数负责读取从键盘输入的数字。对该函数而言，只要回车键（输入键）没有被按下，就无法获取已输入的字符的信息。因此，训练时玩家需要**在数字后面按下回车键**，这样就增加了运动手指的次数，也失去了操作的实时性。

▶即便是每次读取一个字符的 ***getchar*** 函数也同样需要按回车键。

我们可以利用编程环境单独提供的函数（C 语言标准库中未定义的函数）来解决这个问题。 首先分成以下两个环境来学习，之后再把它们统合在一起。

- MS-Windows / MS-DOS
- UNIX / Linux / OS X

首先要学习的是在 MS-Windows/MS-DOS 中该如何解决这个问题。此时我们需要用到 Visual C++ 等编程环境中特有的 ***getch*** 函数和 ***putch*** 函数。

下面让我们通过 List 7-6 的程序来学习这两个函数的作用。

List 7-6 chap07/getchwin.c

```
/* getch的使用示例
   ※在提供了Visual C++的MS-Windows/MS-DOS环境下运行 */

#include <conio.h>
#include <ctype.h>
#include <stdio.h>

int main(void)
{
    int ch;
    int retry;

    do {
        printf("请按键。");
        ch = getch();

        printf("\n按下的键是%c，值是%d。\n",
                                    isprint(ch) ? ch : ' ', ch);

        printf("再来一次? (Y/N): ");
        retry = getch();
        if (isprint(retry))
            putch(retry);

        putchar('\n');

    } while (retry == 'Y' || retry == 'y');

    return 0;
}
```

运行示例

```
请按键。
按下的键是1，值是49。
再来一次? (Y/N): Y
请按键。
按下的键是A，值是65。
再来一次? (Y/N): N
```

▶函数 ***getch*** 和 ***putch*** 的声明是由 <conio.h> 头文件提供的。<conio.h> 不是用标准库定义的头文件。

getch 函数：获取按下的键

getch 函数用于获取玩家从键盘输入的字符。它与 **getchar** 函数的不同之处在于，无需按回车键就可立即获取信息。

	getch	※ 非标准库
头文件	`#include <conio.h>`	
格式	`int getch(void);`	
功能	直接从键盘读取字符而不回显	
返回值	返回读取到的字符的值	

使用本函数进行读取时，**输入的字符不会显示在画面上**。

*

本程序用十进制数表示 **getch** 函数返回的字符和该字符的编码。

▶通过 **isprint** 函数判断读取的字符为不可见字符[①]时，则显示空白字符以代替该字符。

当确认是否要再来一次时，也会调用 **getch** 函数。因此，只要按 `'Y'` 或 `'y'` 键就能够进行循环了（也就是说没有必要按回车键）。

putch 函数：输出到控制台

putch 函数负责把字符显示在画面上。函数输出字符后，字符立即显示在画面上，因此不需要通过 **fflush** 函数（用于强制输出）进行清空操作。

	putch	※ 非标准库
头文件	`#include <conio.h>`	
格式	`int putch(int c);`	
功能	在画面上显示字符 *c*（在一些特殊的编程环境中，如果 *c* 是换行符就只换行而不进行返回操作）	
返回值	显示成功后返回输出的字符 *c*，错误则返回 **EOF**	

本程序只有当 *ch*（询问是否再来一次时输入的字符）是能显示的字符时，才会用 **putch** 函数来显示该字符。

▶这是因为，如果输出了换行符和制表符等不可显示的字符，画面就会混乱。另外，输入字符 `'Y'` 或 `'y'` 后，程序会一直循环，直到输入 `'Y'` 或 `'y'` 以外的字符。

① 也称为不可打印字符。——译者注

键盘输入和操作性能的提升（UNIX / Linux / OS X）

UNIX 和 Linux 通过 Curses 库来提供 ***getch*** 函数。如 List 7-7 所示，本程序的实现基本与上一个程序相同。

List 7-7 chap07/getchuni.c

```
/* getch的使用示例
   ※在提供了Curses库的UNIX/Linux/OS X环境下运行 */

#include <curses.h>
#include <ctype.h>
#include <stdio.h>

int main(void)
{
    int ch;
    int retry;

    initscr();
    cbreak();
    noecho();
    refresh();

    do {
        printf("请按键。");
        fflush(stdout);

        ch = getch();

        printf("\n\r按下的键是%c，值是%d。\n\r",
                                isprint(ch) ? ch : ' ', ch);

        printf("再来一次？（Y/N）：");
        fflush(stdout);
        retry = getch();
        if (isprint(retry))
            putchar(retry);

        putchar('\n');
        fflush(stdout);
    } while (retry == 'Y' || retry == 'y');

    endwin();

    return 0;
}
```

运行示例

```
请按键。
按下的键是1，值是49。
再来一次？（Y/N）：Y
请按键。
按下的键是A，值是65。
再来一次？（Y/N）：N
```

▶本程序只能在提供了 Curses 库的环境下使用（Mac 的 OS X 内部是 UNIX，也提供了 Curses 库）。通过 gcc 进行的编译如下所示。

```
>gcc 要编译的文件名 -lcurses⏎
```

Curses 库是一个用于进行控制台画面的控制操作等的综合库。本程序只使用了其中的 6 个函数，这些函数的概要如 Table 7-1 所示。

Table 7-1 List 7-7中使用的 Curses库的概要

initscr	生成屏幕并初始化库。使用 Curses 库时必须最先调用该函数
cbreak	禁止行缓冲
noecho	禁止输入的字符显示在画面上
refresh	刷新画面
getch	返回输入的字符
endwin	使用库时用于最后收尾的函数。使用 Curses 库时必须最后调用该函数（通常情况下，画面上的字符会全部消失）

▶因为 Curses 库中没有提供 ***putch*** 函数，所以本程序采用标准库的 ***putchar*** 函数来显示 1 个字符。

Curses 库有单独的输出机制，因此规格与 C 语言标准库的 ***printf*** 函数和 ***putchar*** 函数等**兼容性不佳**。大家尤其需要注意以下两点。

▪ 换行符的操作不同

如 Fig.7-8 所示，即使用 ***printf*** 函数和 ***putchar*** 函数输出换行符 `'\n'`，光标也只会移动到下一行，而不会移动到本行的开头。

```
printf("ABCD\n");
printf("EFGH\n\r");
printf("IJKL");
```

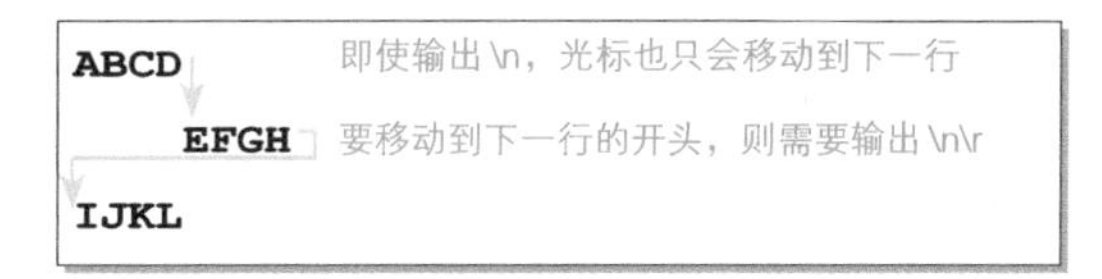

● Fig.7-8 使用 Curses 库时换行符的操作

想要把光标移动到下一行的开头，就需要输出换行符 **\n** 和回车符 **\r**，所以本程序在❶的部分输出了 **\n\r**。

▪ 即使输出换行符也无法清除缓存

一般来说，输出换行符后，堆积在缓冲区中未输出的字符就会显示在画面上，然而使用 Curses 库时却不然。因此本程序在❷和❸的部分为了确保能正常输出调用了 ***fflush*** 函数。

通用头文件

在两个不同环境中使用的程序，实现方法也大相径庭。

因为分环境来编写程序非常麻烦，所以我们来生成一个**能吸收两个环境的差异的通用库**。

作为头文件来实现的话，只要包含头文件就可以使用了，非常方便。程序如 List 7-8 的 `"getputch.h"` 所示。

List 7-8 chap07/getputch.h

```
/* 用于getch/putch的通用头文件"getputch.h" */

#ifndef __GETPUTCH

  #define __GETPUTCH

  #if defined(_MSC_VER) || (__TURBOC__) || (LSI_C)          MS-Windows / MS-DOS

    /* MS-Windows / MS-DOS (Visual C++, Borland C++, LSI-C 86 etc ...) */

    #include <conio.h>

    static void init_getputch(void) { /* 空 */ }

    static void term_getputch(void) { /* 空 */ }

  #else                                                     UNIX / Linux / OS X

    /* 提供了Curses库的UNIX/Linux/OS X环境 */

    #include <curses.h>

    #undef putchar
    #undef puts
    #undef printf
    static char __buf[4096];

    /*--- __putchar：相当于putchar函数（用“换行符+回车符”代替换行符进行输出）---*/
    static int __putchar(int ch)
    {
        if (ch == '\n')
            putchar('\r');
        return putchar(ch);
    }

    /*--- putch：显示1个字符，清除缓冲区 ---*/
    static int putch(int ch)
    {
        int result = putchar(ch);

        fflush(stdout);
        return result;
    }

    /*--- __printf：相当于printf函数（用“换行符+回车符”代替换行符进行输出）---*/
    static int __printf(const char *format, ...)
    {
        va_list ap;
        int     count;

        va_start(ap, format);
        vsprintf(__buf, format, ap);
        va_end(ap);

        for (count = 0; __buf[count]; count++) {
            putchar(__buf[count]);
            if (__buf[count] == '\n')
                putchar('\r');
        }
        return count;
    }
```

```
        /*--- __puts: 相当于puts函数（用“换行符+回车符”代替换行符进行输出）---*/
        static int __puts(const char *s)
        {
            int i, j;

            for (i = 0, j = 0; s[i]; i++) {
                __buf[j++] = s[i];
                if (s[i] == '\n')
                    __buf[j++] = '\r';
            }
            return puts(__buf);
        }

        /*--- 库初始处理 ---*/
        static void init_getputch(void)
        {
            initscr();
            cbreak();
            noecho();
            refresh();
        }

        /*--- 库终止处理 ---*/
        static void term_getputch(void)
        {
            endwin();
        }

        #define putchar __putchar
        #define printf  __printf
        #define puts    __puts

    #endif

#endif
```

▶以下各公司都提供了可以免费使用的用于 Windows 的编译器。

- 微软　Visual Studio Community & Express
  http://www.visualstudio.com/ja-jp/downloads/download-visual-studio-vs
- 英巴卡迪诺科技公司　C++ Compiler 5.5（旧 Borland C++ 编译器）
  http://www.embarcadero.com/jp/products/cbuilder/free-compiler
- LSI JAPAN　LSI-C86 “试用版”
  http://www.lsi-j.co.jp/freesoft/index.html

包含头文件保护的头文件的设计

头文件 "getputch.h" 包括函数（不只是声明）的定义。如果多次包含这种包括函数定义的头文件，就会因**重复定义**函数而发生编译错误。

大家可能会想:“哪有人会把同一个头文件包含两三次啊。”但实际情况却不像大家想的那样。

例如，假设头文件 "abc.h" 中包含了 "curses.h"。这样一来，在下面这种情况下，"curses.h" 就会被包含两次。

```
#include "curses.h"/* 直接包含"curses.h" */
#include "abc.h"    /* 通过"abc.h"间接包含"curses.h" */
```

因此，为了让头文件 "getputch.h" 无论被包含多少次都不会令程序发生故障，我们使用了一个称为**头文件保护**（include guard）的方法。如 Fig.7-9 所示，该方法通常表示为如下形式。

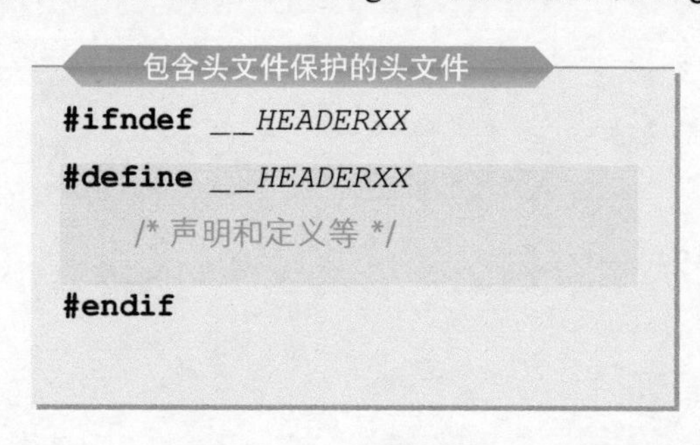

第1次被包含时

因为 __HEADERXX 未定义，所以读取阴影部分

这时 __HEADERXX 被定义

第2次以后（含第2次）被包含时

因为 __HEADERXX 已被定义，所以读取时跳过阴影部分

● Fig.7-9　不管被包含多少次都不会发生故障的头文件的结构

此处所示的头文件第 1 次被包含时，宏 *__HEADERXX* 处于未定义的状态，因此计算机会读取被 **#ifndef** 和 **#endif** 括起来的阴影部分（读取为程序），并定义宏 *__HEADERXX*。

但是，自第 2 次被包含起，由于宏 *__HEADERXX* 已经被定义了，因此计算机读取时会跳过阴影部分。

此外，宏的名称 *__HEADERXX* 必须**对应不同头文件来分别设定**。本例中将 "getputch.h" 头文件的宏名称设成了 *__GETPUTCH*。

▶头文件 "getputch.h" 的机制为：在判断编程环境为 Windows 类还是 UNIX 类后再去切换应该采纳的范围。

```
#if defined(_MSC_VER) || (__TURBOC__) || (LSI_C)
    /* MS-Windows / MS-DOS */
#else
    /* UNIX / Linux / OS X */
#endif
```

为了识别编程环境，Visual C++、Borland C++（Turbo C++）、LSI C 等编程环境都单独定义了各自的宏 **_MSC_VER**、**__TURBOC__**、**LSI_C**。

如果各位读者想使用除上述编程环境以外的用于 Windows 的编程环境，就需要追加该编程环境单独定义的宏。

小结

复制数组

即使元素类型和元素个数相同，也不能通过赋值运算符来复制数组的所有元素。为此，我们需要用 **for** 语句或 **while** 语句来逐个复制所有元素。

交换同一类型的两个值

想交换同一类型的两个值，可以使用下列函数宏。

```
#define swap(type, x, y)  do { type t = x; x = y; y = t; } while (0)
```

重新排列数组元素

重新排列（随机重排）数组元素的方法如下（当数组类型为 **int** 型且元素个数为 *n* 时）。

```
for (i = n - 1; i > 0; i--) {
    int j = rand() % (i + 1);        /* 随机数0 ~ i */
    if (i != j)
        swap(int, a[i], a[j]);
}
```

包含头文件保护的头文件

为了让头文件被包含多少次都不会令程序发生故障，可以使用头文件保护的方法，像下面这样实现。

```
#ifndef __HEADERXX
#define __HEADERXX
    /* 声明和定义等 */
#endif
```

宏的名称 __HEADERXX 必须对应不同头文件来分别设定。

替换调用的函数

头文件 "getputch.h" 中定义了如右边代码段所示的对象宏，这些宏用于把 ***putchar*** 函数、***printf*** 函数、***puts*** 函数的调用分别替换成 *__putchar*、*__printf*、*__puts* 函数的调用。

```
#define putchar __putchar
#define printf  __printf
#define puts    __puts
```

通过这些宏进行替换的例子如 Fig.7-10 所示。

▶替换只能在 UNIX / Linux / OS X 环境下进行。

宏替换

```
putchar('A');
puts("Hello!");
printf("i = %d s = %s\n", i, s);
```

➡

```
__putchar('A');
__puts("Hello!");
__printf("i = %d s = %s\n", i, s);
```

● Fig.7-10　通过宏进行函数的替换

3 个函数 *__putchar*、*__printf*、*__puts* 用于在 UNIX / Linux / OS X 环境下，**把输出换行符 \n 转换为连续输出换行符 \n 和回车符 \r**。

其中函数 *__printf* 执行的操作最为复杂，请思考以下示例。

```
int a = 123, b = 456;
char ch = '\n';
__printf("a=%d%cb=%d\n", a, ch, b);
```

这里把 4 个参数赋给了函数 *__printf*，但是到底赋给多少个参数并不是一开始就决定好了的，也就是说，**接收的参数个数是可变的**。

此外，不光要替换格式字符串内的 **\n**，还需要把参数 *ch* 给出的 **\n** 也替换成 **\n\r**，向标准输出流中输出 "a=123**\n\r**b=456**\n\r**"。

也就是说，**需要展开并整理第 2 参数及其以后的参数，然后把所有的 \n 都替换成 \n\r 来输出**。

为了实现该操作，这里在函数 *__printf* 内部调用了标准库的 ***vsprintf*** 函数。理解这个 ***vsprintf*** 函数需要各方面的基础知识，下面我们就来逐个学习吧。

可变参数的声明

首先来回忆一下 ***printf*** 函数的形式，如下所示（2-4 节）。

```
int printf(const char *format, ...);
```

该函数开头的第 1 参数是 **const char** * 类型的参数，第 2 参数及其以后的参数的类型和个数都是可变的。

“**, ...**” 是表示接收可变参数的**省略符号**（ellipsis）。

▶虽然可以在 “,” 和 “...” 间加入空格，但 “...” 这三个字符必须是连续的（2-4 节）。

大家也可以自己来制作用于接收可变参数的函数，程序示例如 List 7-9 所示。

List 7-9 chap07/vsum.c

```
/* 用于访问可变参数的函数 */

#include <stdio.h>
#include <stdarg.h>

/*--- 根据第1参数，求后面的参数的和 ---*/
double vsum(int sw, ...)
{
    double sum = 0.0;
    va_list ap;

    va_start(ap, sw);    /* 开始访问可变部分的参数 */
```

```
    switch (sw) {
     case 0: sum += va_arg(ap, int);     /* vsum(0, int, int) */
             sum += va_arg(ap, int);
             break;
     case 1: sum += va_arg(ap, int);     /* vsum(1, int, long) */
             sum += va_arg(ap, long);
             break;
     case 2: sum += va_arg(ap, int);     /* vsum(2, int, long, double) */
             sum += va_arg(ap, long);
             sum += va_arg(ap, double);
             break;
    }
    va_end(ap);               /* 结束访问可变部分的参数 */

    return sum;
}

int main(void)
{
    printf("10 + 2           = %.2f\n", vsum(0, 10, 2));

    printf("57 + 300000L     = %.2f\n", vsum(1, 57, 300000L));

    printf("98 + 2L + 3.14 = %.2f\n", vsum(2, 98, 2L, 3.14));

    return 0;
}
```

运行结果

```
10 + 2         = 12.00
57 + 300000L   = 300057.00
98 + 2L + 3.14 = 103.14
```

用于接收可变参数的函数 *vsum* 会求出第 2 参数及其以后的参数之和，并将结果用 **double** 型返回。第 1 参数负责指示如何将各个参数相加，值所对应的含义如下所示。

- 0：把 **int** 型的第 2 参数和 **int** 型的第 3 参数相加。
- 1：把 **int** 型的第 2 参数和 **long** 型的第 3 参数相加。
- 2：把 **int** 型的第 2 参数和 **long** 型的第 3 参数以及 **double** 型的第 4 参数相加。

va_start 宏：访问可变参数前的准备

访问可变参数的情形如 Fig.7-11 所示。下面我们参照 Fig.7-11 来理解一下程序。

1 声明的变量 *ap* 的类型是 <stdarg.h> 头文件中定义的 **va_list** 型。这是一个**特殊的类型，用于访问调用函数时堆积的参数**。

此处假设 *sw* 的值是 2，那么第 1 参数 *sw* 和之后的 **int** 型、**long** 型、**double** 型这 3 个参数就以图 a 所示的状态被堆积了起来。

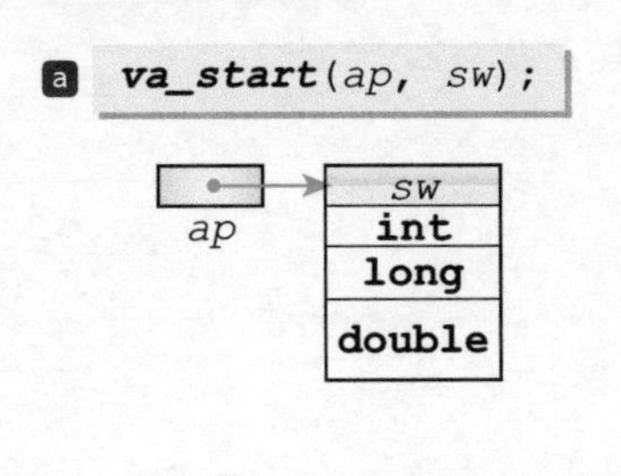


```
double sum = 0.0;
va_list ap;                          ← 1
va_start(ap, sw);                    ← 2
switch (sw) {
 /*… 省略 …*/
 case 2: sum += va_arg(ap, int);     ← 3
         sum += va_arg(ap, long);
         sum += va_arg(ap, double);
         break;
}
va_end(ap);                          ← 4
```

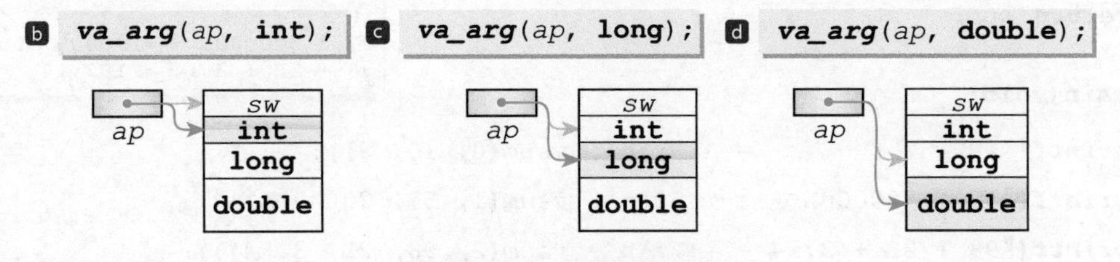

●Fig.7-11　可变参数的访问

为了将变量 *ap* 设定成指向不可变参数 *sw*，需要调用 2 中的 ***va_start*** 宏。

	va_start
头文件	**#include** <stdarg.h>
格式	**void *va_start*(va_list** *ap*, 最终参数);
功能	必须在访问无名称的实际参数前调用该宏。 为了后续调用 ***va_arg*** 及 ***va_end***，需提前初始化 *ap*。 作为形式参数的最终参数是函数定义过程中位于可变形式参数列表最右边的形式参数的标识符，也就是省略符号“,…”前的标识符。当作为形式参数的最终参数被声明为下列类型时，作未定义处理 □ **register** 存储类　□函数类　□数组类 □与应用了默认的实际参数提升的类型不匹配的类型
返回值	无

va_arg 宏：取出可变参数

调用完 ***va_start***，访问参数的准备就完成了。下面要做的是逐一取出可变部分的参数。为了取出参数，需要用到 ***va_arg*** 宏。

	va_arg
头文件	**#include** <stdarg.h>
格式	类型 ***va_arg*(va_list** *ap*, 类型);

（续）

	va_arg
功能	在函数调用中展开为一个包含可变参数列表中下一个实际参数的值和类型的表达式。形式参数 *ap* 必须和通过 **va_start** 初始化的 **va_list** *ap* 相同。接下来调用 **va_arg** 时，更新 *ap* 以返回下一个实际参数的值。形式参数的类型名为所指定的类型名，但是必须在类型的后面加上一个后缀 * 才能获得指向该类型对象的指针类型。当没有下一个实际参数时，或者类型和实际的（随着既定的实际参数提升而被提升的）下一个实际参数的类型不匹配时，作未定义处理
返回值	在调用 **va_start** 宏后首次调用该宏时，将返回最终参数指定的实际参数的下一个实际参数的值。后继的一连串调用将按顺序返回剩下的实际参数的值

在 *sw* 为 2 时运行的3的部分中调用了 3 次 **va_arg** 宏。如图b、c、d所示，指针 *ap* 被一次次更新，参数的值也按顺序被取出。

▶这是因为每次调用 **va_arg** 时，*ap* 都会被更新为指向后一个参数。

va_end 宏：结束对可变参数的访问

要结束对可变部分的参数的访问，需要调用 **va_end** 宏。

4中调用了这个 **va_end** 宏，对可变参数的访问处理进行了收尾工作。

	va_end
头文件	**#include** <stdarg.h>
格式	**void** ***va_end*****(va_list** *ap*);
功能	结束对可变参数列表的处理，使函数正常返回。编程环境允许 **va_end** 宏更新 *ap* 令 *ap* 无法使用（只要不再次调用 **va_start**）。当没有调用对应的 **va_start** 宏时，或者没有在返回前调用 **va_end** 宏时，作未定义处理
返回值	无

vprintf 函数 / vfprintf 函数：输出到流

将可变参数展开整理后输出到流的标准库函数有两个，分别是将结果输出到标准输出流（控制台画面）的 ***printf*** 函数和将结果输出到文件或机器等任意流的 ***fprintf*** 函数。

而 ***vprintf*** 函数和 ***vfprintf*** 函数具有跟上述函数几乎相同的功能。

	vprintf
头文件	**#include** <stdio.h> **#include** <stdarg.h>
格式	**int** ***vprintf*****(const char** **format*, **va_list** *arg*);
功能	函数等价于用 *arg* 替换可变实际参数列表的 ***printf*** 函数。调用该函数前，必须事先用 ***va_start*** 宏初始化 *arg*（可以继续调用 ***va_arg***）。该函数不调用 ***va_end*** 宏
返回值	返回写入的字符数量。发生输出错误时则返回负值

	vfprintf
头文件	`#include <stdio.h>` `#include <stdarg.h>`
格式	`int vfprintf(FILE *stream, const char *format, va_list arg);`
功能	函数等价于用 *arg* 替换可变实际参数列表的 **fprintf** 函数。调用该函数前，必须事先用 **va_start** 宏初始化 *arg*（可以继续调用 **va_arg**）。该函数不调用 **va_end** 宏
返回值	返回写入的字符数量。发生输出错误时则返回负值

这些函数的参数不是可变参数，而末尾的参数 *arg* 的类型变成了 **va_list** 型。

使用 **vprintf** 函数的程序如 List 7-10 所示。2和3的部分跟调用 **printf** 函数一样调用了本程序定义的函数 *aprintf*（只是把函数的名称从 **printf** 换成了 *aprintf* 而已）。

List 7-10 chap07/aprintf.c

```
/* 会发出警报的格式输出函数 */

#include <stdio.h>
#include <stdarg.h>

/*--- 会发出警报的格式输出函数 ---*/
int aprintf(const char *format, ...)
{
    int     count;
    va_list ap;

    putchar('\a');
    va_start(ap, format);
1   count = vprintf(format, ap);     /* 把可变参数完全交由vprintf函数来处理 */
    va_end(ap);
    return count;
}

int main(void)
{
2   aprintf("Hello!\n");
3   aprintf("%d %ld %.2f\n", 2, 3L, 3.14);

    return 0;
}
```

运行结果

```
♪Hello!
♪2 3 3.14
```

运行程序后，系统在显示数据的同时也发出了警报。函数 *aprintf* 相当于一个**添加了警报功能的 printf 函数**。

下面我们来理解一下函数 *aprintf*。1的部分调用了 **vprintf** 函数，如 Fig.7-12 所示，如果我们把该调用理解成以下请求，就容易理解了。

> **指针 ap 指向的位置的后面堆积了可变参数，请用 vprintf 函数来显示。**

也就是说，不用自己去一个一个地访问可变参数，而是“全部扔给”**vprintf** 函数，让它来处理。

► Fig.7-12 所示为在程序的3中调用 *aprintf* 函数时的运行示意图。*aprintf* 函数把第 1 参数直接传递给 **vprintf** 函数，把指向堆积的参数的 *ap* 作为第 2 参数传递给 **vprintf** 函数。大家可以理解成把处理交给了 **vprintf** 函数：“*ap* 指向的位置的后面堆积了可变参数，后续工作就麻烦 **vprintf** 函数你来办了！”

通过灵活应用 ***vprintf*** 函数和 ***vfprintf*** 函数，可以对 ***printf*** 函数和 ***fprintf*** 函数施加一些小技巧再进行输出，例如我们可以很轻松地编写一个带格式的向特殊设备输出的程序。

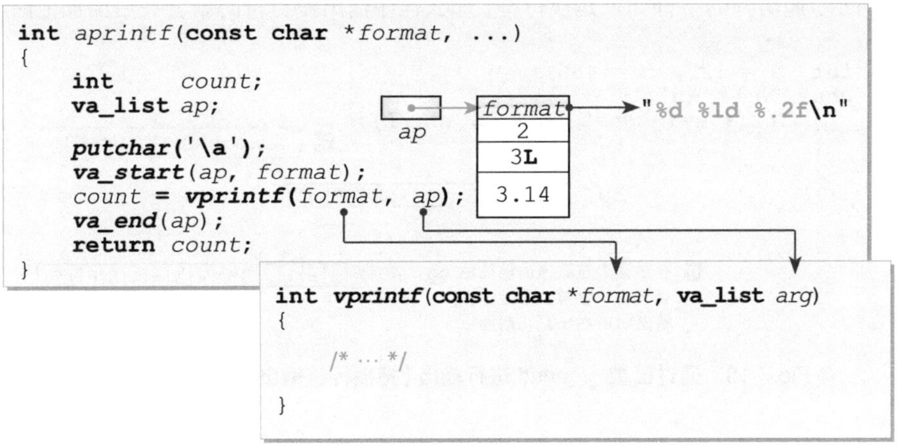

```
int aprintf(const char *format, ...)
{
    int     count;
    va_list ap;

    putchar('\a');
    va_start(ap, format);
    count = vprintf(format, ap);
    va_end(ap);
    return count;
}
```



```
int vprintf(const char *format, va_list arg)
{

    /* ... */

}
```

● Fig.7-12　把可变参数传递给其他函数

vsprintf 函数：输出到字符串

接下来我们来了解一下库 "getputch.h" 的函数 *__printf*。这里我们用的是和 ***sprintf*** 函数名称很相似的 ***vsprintf*** 函数。

	vsprintf
头文件	**#include** <stdio.h> **#include** <stdarg.h>
格式	**int *vsprintf*(char** **s*, **const char** **format*, **va_list** *arg*);
功能	函数等价于用 *arg* 替换可变实际参数列表的 ***sprintf*** 函数。调用该函数前，必须事先用 ***va_start*** 宏初始化 *arg*（而且可以继续调用 ***va_arg***）。该函数不调用 ***va_end*** 宏
返回值	返回写入数组的字符数量，但是不包括表示字符串结尾的空字符

1 的部分把应显示在控制台画面的字符串生成为数组 *__buf*。为此需要调用 ***vsprintf*** 函数请求生成字符串。

根据第 1 参数 *format* 接收的格式字符串，展开并格式化第 2 参数及其以后的参数，再把得到的字符串存入数组 *__buf* 中。

```
static int __printf(const char *format, ...)
{
    va_list ap;
    int     count;
    va_start(ap, format);
    vsprintf(__buf, format, ap);   ―― 1
    va_end(ap);

    for (count = 0; __buf[count]; count++) {
        putchar(__buf[count]);
        if (__buf[count] == '\n')
            putchar('\r');
    }
    return count;                  ―― 2
}
```

这样就可以生成 Fig.7-13 中图 a 所示的字符串了。

在 2 的部分，从头到尾遍历数组 *__buf* 内的字符，同时用 ***putchar*** 函数显示各个字符。此时如图 b 所示，遍历到的字符如果是换行符，那么程序输出换行符时就会在后面加上回车符 **\r**。

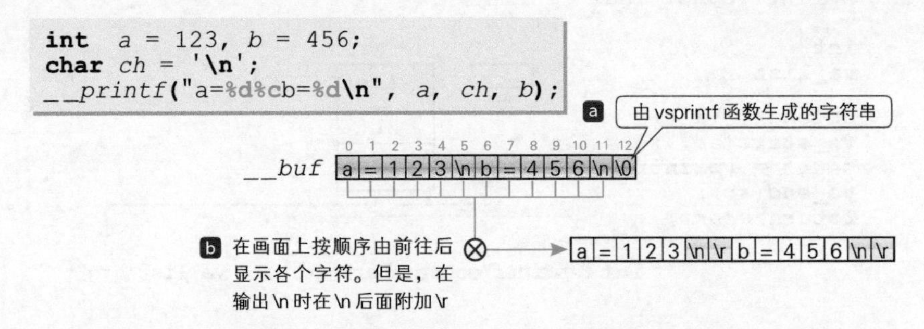

● Fig.7-13　通过函数 __printf 进行输出（把换行符输出为换行符 + 回车符）

改良后的程序

使用 "getputch.h" 库改写后的 “寻找重复数字” 的程序如 List 7-11 所示。

因为输入时不再需要按下回车键，所以训练应该比之前的程序更有效率了一些。先来训练看看吧。

List 7-11　　chap07/doublenum2.c

```
/* 寻找重复数字训练（其二：实时键盘输入）*/

#include <ctype.h>
#include <time.h>
#include <stdio.h>
#include <stdlib.h>
#include "getputch.h"

#define MAX_STAGE  10                          /* 挑战次数 */
#define swap(type, x, y)  do { type t = x; x = y; y = t; } while (0)

int main(void)
{
    int i, j, x, stage;
    int dgt[9] = {1, 2, 3, 4, 5, 6, 7, 8, 9};
    int a[10];
    double jikan;                              /* 时间 */
    clock_t start, end;                        /* 开始时间和结束时间 */

    init_getputch();
    srand(time(NULL));                         /* 设定随机数的种子 */

    printf("请输入重复的数字。\n");
    printf("按下空格键开始。\n");
    fflush(stdout);
    while (getch() != ' ')   ——1
        ;

    start = clock();
    for (stage = 0; stage < MAX_STAGE; stage++) {
        int x = rand() % 9;        /* 生成随机数0～8 */
```

```
        int no;                     /* 已读取的值 */

        i = j = 0;
        while (i < 9) {             /* 复制时重复dgt[x] */
            a[j++] = dgt[i];
            if (i == x)
                a[j++] = dgt[i];
            i++;
        }

        for (i = 9; i > 0; i--) {   /* 重新排列数组a */
            int j = rand() % (i + 1);
            if (i != j)
                swap(int, a[i], a[j]);
        }

        for (i = 0; i < 10; i++)    /* 显示所有元素 */
            printf("%d ", a[i]);
        printf(":");
        fflush(stdout);

        do {
            no = getch();   ――③
            if (isprint(no)) {                /* 如果能显示的话 */
                putch(no);                    /* 显示按下的键 */
                if (no != dgt[x] + '0')/* 如果回答错误 */
                    putch('\b');              /* 把光标往前退一格 */   ――②
 ④―         else
                    printf("\n");             /* 换行 */
                fflush(stdout);
            }
        } while (no != dgt[x] + '0');
    }
    end = clock();

    jikan = (double)(end - start) / CLOCKS_PER_SEC;

    printf("用时%.1f秒。\n", jikan);

    if (jikan > 25.0)
        printf("反应太慢了。\n");
    else if (jikan > 20.0)
        printf("反应有点慢呀。\n");
    else if (jikan > 17.0)
        printf("反应还行吧。\n");
    else
        printf("反应真快啊。\n");

    term_getputch();

    return 0;
}
```

运行示例

```
请输入重复的数字。
按下空格键开始。
5 7 8 6 4 9 3 9 1 2 : 9
1 3 8 9 6 2 5 4 7 5 : 5
6 4 7 8 1 2 9 5 3 9 : 9
… 省略 …
9 7 4 6 3 1 7 5 2 8 : 7
6 9 1 8 1 3 5 2 4 7 : 1
用时32.1秒。
反应太慢了。
```

跟前面的程序不同，本程序中，**不按下空格键训练就不会开始**。用于实现这一操作的是①部分的 **while** 语句。只要 ***getch*** 函数返回的字符不是空白字符，这个 **while** 语句就会持续循环。

▶这个 **while** 语句控制的循环体“;”是仅由分号构成的**空语句**。

②的部分负责处理输入的字符，这部分跟使用了 ***scanf*** 函数的 List 7-5 不同，较为复杂。

首先在③的部分，***getch*** 函数读取从键盘输入的值，并把该值赋给 *no*。这个过程中输入的字符不会显示在画面上。

4的部分只会在已读取的字符为显示字符时运行，此处会进行如下操作。

- 首先，通过 **putch** 函数来显示已读取的字符 *no*。
- 其次，根据对错分别执行不同的处理。

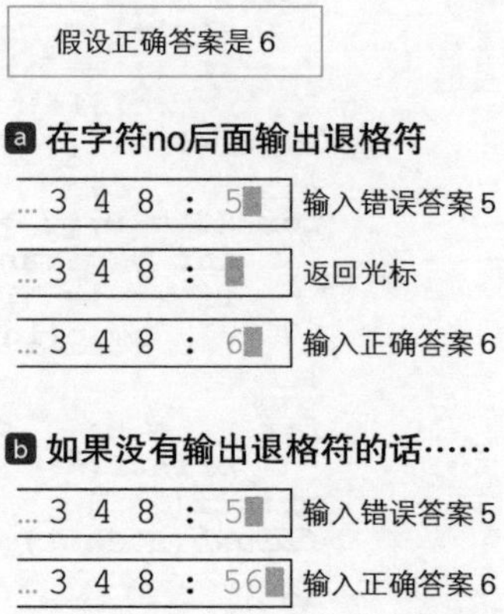

▪ 当字符 *no* 不是正确答案时

输出退格符 `'\b'`，把光标位置往前退一格。这项处理是为了让接下来输入的字符能够再次显示在同一个位置（Fig.7-14a）。

如果不输出退格符，就会像图b那样，画面上会仍然保留着错误答案。

▪ 当字符 *no* 是正确答案时

输出换行符 `"\n"`。这是为了进入到下一个问题而做的准备。

假设正确答案是 6

a 在字符no后面输出退格符

…3 4 8 : 5▮	输入错误答案 5
…3 4 8 : ▮	返回光标
…3 4 8 : 6▮	输入正确答案 6

b 如果没有输出退格符的话……

…3 4 8 : 5▮	输入错误答案 5
…3 4 8 : 56▮	输入正确答案 6

● Fig.7-14　显示退格字符

小结

✽ 库 "getputch.h"

在 ***scanf*** 函数、***getchar*** 函数等标准库中，在按下回车键前是无法获取键盘输入的信息的（至少在不依赖编程环境的情况下无法实现）。

因此可以使用非标准库的 ***getch*** 函数。这个函数在 MS-Windows / MS-DOS 中用 `<conio.h>` 声明，在提供了 Curses 库的 UNIX / Linux / OS X 中则用 `<curses.h>` 声明。

因为不同操作系统下的规格不同，所以建议大家利用 List 7-8 所示的 `"getputch.h"` 来消除差异。

✽ 用于接收可变参数的函数

定义用于接收可变参数的函数时，使用 `<stdarg.h>` 提供的类型和库群。

- **va_list** 型：用于访问可变参数的类型。
- ***va_start*** 宏：负责访问可变参数前的准备工作。
- ***va_arg*** 宏：负责访问后一个可变参数。
- ***va_end*** 宏：负责结束访问可变参数。

此外，作为以 ***printf*** 函数、***fprintf*** 函数、***sprintf*** 函数为标准的库，我们还为大家介绍了 ***vprintf*** 函数、***vfprintf*** 函数、***vsprintf*** 函数。这些函数末尾的参数是 **va_list** 型，不是可变参数。由这些函数来进行可变参数的处理，可以很容易地在展开并整理参数后实现输出。

7-3 三字母词联想训练

我们来编写一个训练软件，程序会把连续的 3 个字符中的 1 个字符隐去，玩家需要瞬间判断出应该填补在该处的字符。

瞬间判断力的养成

List 7-12 所示的训练程序在 3 个连续的**数字 / 大写英文字母 / 小写英文字母**中任意隐去一个，让玩家瞬间判断出应该填补在该处的字符。

List 7-12 chap07/trigraph.c

```
/* 三字母词联想训练（完成3个连续的数字・英文字母）*/

#include <time.h>
#include <ctype.h>
#include <stdio.h>
#include <string.h>
#include <stdlib.h>
#include "getputch.h"

#define MAX_STAGE   20                          /* 挑战次数 */
#define swap(type, x, y)   do { type t = x; x = y; y = t; } while (0)

int main(void)
{
    char *qstr[] = {"0123456789",                          /* 数字 */
                    "ABCDEFGHIJKLMNOPQRSTUVWXYZ",           /* 大写英文字母 */
                    "abcdefghijklmnopqrstuvwxyz",           /* 小写英文字母 */
                   };
    int     chmax[] = {10, 26, 26};                        /* 各自的字符数量 */
    int     i, stage;
    int     key;                                 /* 已读取的键盘值 */
    double  jikan;                               /* 时间 */
    clock_t start, end;                          /* 开始时间和结束时间 */

    init_getputch();

    srand(time(NULL));                           /* 设定随机数的种子 */

    printf("□请输入连续的3个数字或英文字母中\n");
    printf("□被隐去的字符。\n");
    printf("□例如显示A?C:就请输入B\n");
    printf("□     显示45?:就请输入6\n");
    printf("□。\n");
    printf("★按下空格键开始。\n");
    while (getch() != ' ')
        ;

    start = clock();

    for (stage = 0; stage < MAX_STAGE; stage++) {
        int qtype = rand() % 3;      /* 0：数字/1：大写英文字母/2：小写英文字母 */
        int nhead = rand() % (chmax[qtype] - 2);        /* 开头字符的下标 */
```

```
        int x      = rand() % 3;        /* 要把3个字符中的哪一个设为'?'呢 */

        putchar('\r');
        for (i = 0; i < 3; i++) {   /* 显示题目 */
            if (i != x)
                printf(" %c", qstr[qtype][nhead + i]);
            else
                printf(" ?");
        }
        printf(" : ");
        fflush(stdout);

        do {
            key = getch();
            if (isprint(key)) {                          /* 如果能显示的话 */
                putch(key);                              /* 显示按下的键 */
                if (key != qstr[qtype][nhead + x])       /* 如果回答错误 */
                    putch('\b');                         /* 把光标往前退一格 */
            }
        } while (key != qstr[qtype][nhead + x]);
    }
    end = clock();

    jikan = (double)(end - start) / CLOCKS_PER_SEC;

    printf("\n用时%.1f秒。\n", jikan);

    if (jikan > 50.0)
        printf("反应太慢了。\n");
    else if (jikan > 40.0)
        printf("反应有点慢呀。\n");
    else if (jikan > 34.0)
        printf("反应还行吧。\n");
    else
        printf("反应真快啊。\n");

    term_getputch();

    return (0);
}
```

运行示例

```
□请输入连续的3个数字或英文字母中
□被隐去的字符。
□例如显示A?C:就请输入B
□     显示45?:就请输入6
□。
★按下空格键开始。
 A ? C : B
 4 5 ? : 6
 C ? E : D
 h ? j : i
 ? c d : b
 7 8 ? : 9
 ? C D : B
 m n ? : o
 n o ? : p
  … 省略 …

 ? t u : s
 ? U V : T
用时25.5秒。
反应真快啊。
```

运行程序。画面上虽然显示出了连续的3个字符，但其中1个字符被问号“?”隐去，玩家要输入的就是这个被隐去的字符。

例如，如果画面上显示出 **A?C:**（隐去了中央的字符），玩家就必须输入 B，如果显示出 **45?:**（隐去了右边的字符）就必须输入 6。

训练次数总共是20次。

生成题目

数字和字母表里的所有字符都放在了数组 *qstr*（元素类型为指向 **char** 的指针型，元素个数为 3）里。如 Fig.7-15 所示，各个元素被初始化为指向字符串常量 "0123456789"、

"ABCDEFGHIJKLMNOPQRSTUVWXYZ"、"abcdefghijklmnopqrstuvwxyz"。

▶严格来说，此处指向的不是字符串而是字符串的开头字符，因此 *qstr*[0] 指向的是 '0'，*qstr*[1] 指向的是 'A'，*qstr*[2] 指向的是 'a'。

```
char *qstr[] = {"0123456789",                  /* 数字 */
                "ABCDEFGHIJKLMNOPQRSTUVWXYZ",  /* 大写英文字母 */
                "abcdefghijklmnopqrstuvwxyz",  /* 小写英文字母 */
               };
```

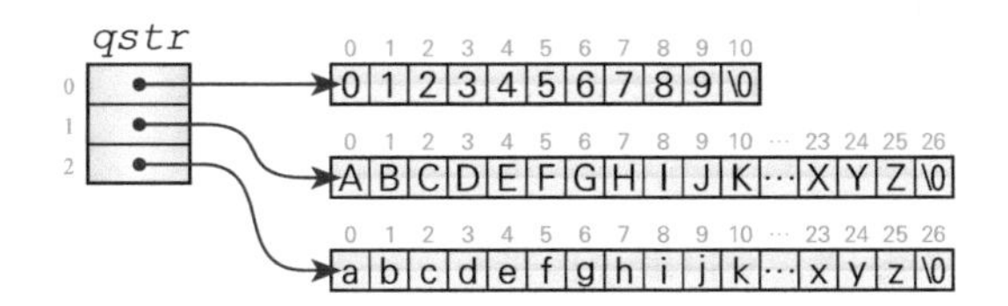

● Fig.7-15 数组 qstr

数字字符是 10 个，字母字符是 26 个。数组 *chmax* 用于事先记忆 *qstr*[0]，*qstr*[1]，*qstr*[2] 指向的字符串的字符数量，其声明如下。

```
int chmax[] = {10, 26, 26};          /* 各自的字符数量 */
```

作为题目提示的字符串是根据下面 3 个变量的值生成的。

```
int qtype = rand() % 3;                 /* 0：数字/1：大写英文字母/2:小写英文字母 */
int nhead = rand() % (chmax[qtype] - 2);        /* 开头字符的下标 */
int x     = rand() % 3;                 /* 要把3个字符中的哪一个设为'?'呢 */
```

下面来理解这些变量的含义。

变量 qtype：以何种字符类型出题

变量 *qtype* 表示以数字 / 大写英文字母 / 小写英文字母中的哪一种来出题。为了跟数组 *qstr* 的下标对应，这里用 0，1，2 的随机数来决定。

- 0：数字（0123456789）
- 1：大写英文字母（ABCDEFGHIJKLMNOPQRSTUVWXYZ）
- 2：小写英文字母（abcdefghijklmnopqrstuvwxyz）

变量 nhead：要显示哪 3 个字符

变量 *nhead* 表示取出的 3 个字符中的开头字符。具体示例如下。

- *qtype*: 0 / *nhead*: 6 → 题目是 "678"
- *qtype*: 1 / *nhead*: 2 → 题目是 "CDE"
- *qtype*: 2 / *nhead*: 5 → 题目是 "fgh"

变量 *nhead* 的值必须满足以下条件。

- **题目为数字时**

因为最开头的题目是 "012"，所以最小值是 0。

因为最末尾的题目是 "789"，所以最大值是 7。

- **题目为英文字母时**

因为最开头的题目是 "ABC" 或 "abc"，所以最小值是 0。

因为最末尾的题目是 "XYZ" 或 "xyz"，所以最大值是 23。

最小值是 0，最大值是字符串的字符数量减去 3 后的值，也就是 *chmax*[*qtype*] - 3。在该范围内生成随机数，决定变量 *nhead* 的值。

▶请大家注意：要生成范围在 0 ~ *chmax*[*qtype*] - 3 的随机数，就必须用 ***rand*** 函数的返回值除以 *chmax*[*qtype*] - 2。

变量 x：隐藏 3 个字符中的哪一个

上面已经用变量 *qtype* 和变量 *nhead* 决定了用哪 3 个字符来出题。剩下的就是要决定隐藏 3 个字符中的哪一个了，这项工作由变量 *x* 来完成。

要隐藏的字符如果是开头字符，就用 0 来表示；如果是中间的字符，就用 1 来表示；如果是最后一个字符，就用 2 来表示。然后生成 0 ~ 2 的随机数，决定变量 *x* 的值。

比如，假设 *qtype*、*nhead*、*x* 的值分别是 0、6、1，那么 "678" 中间的字符 '7' 将会被隐藏。

*

定好题目后就该进行显示了。此时需要把隐藏的字符转换成问号 "?" 再显示。从键盘读取的字符的处理，以及判断正误等操作都与 List 7-11 的 "寻找重复数字" 基本相同。

请大家认真阅读并理解程序。

专栏 7-2　多维数组的初始化

一维数组的初始化规则同样适用于多维数组的初始化。

我们先来看一个元素个数为 3×2 的二维数组的初始化例子。

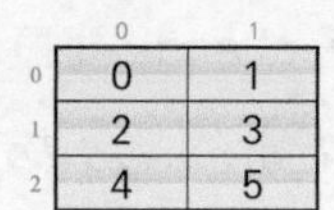


```
int x[3][2] = {{0, 1},
               {2, 3},
```

```
              {4, 5},
            };
```

该声明中，所有元素都被赋予了初始值。元素 x[0][0], x[0][1], x[1][0], x[1][1], x[2][0], x[2][1] 分别被初始化为 0, 1, 2, 3, 4, 5。

把初始值排成一横排，如下所示。

```
int x[3][2] = { {0, 1}, {2, 3}, {4, 5}, };
```

大家可能会感觉末尾的逗号“,”很多余，但它并不会造成编译错误。实际上，List 7-12 的数组 qstr 被初始化时末尾也有“,”。

当然，也可以像下面这样去掉末尾的逗号进行声明。

```
int x[3][2] = { {0, 1}, {2, 3}, {4, 5} };
```

末尾的逗号具有以下优点。

- 分行纵向排列初始值进行声明时，看上去会较为工整。
- 便于以行为单位更改初始值的顺序、追加或删除初始值（以行为单位插入和删除初始值时，可以不用在最终行末尾添加或删除逗号）。

当然，这个规则不仅适用于多维数组，在初始化一维数组时也可以像下面这样来声明。

```
int d[3] = {1, 2, 3,};
```

在以下示例中，这种形式的声明尤其有用。

```
char *rgb[3] = {        /* 光的三原色 */
     "Red",             /* 红 */
     "Green",           /* 绿 */
     "Blue",            /* 蓝 */
};
```

*

如果赋予数组的初始值不够，就把该元素初始化为 0，这一规则在多维数组中也成立。举例如下。

```
int x[3][2] = {{1},
               {2},
               {3},
              };
```

	0	1
0	1	0
1	2	0
2	3	0

没有被赋予初始值的 x[0][1], x[1][1], x[2][1] 都被初始化为 0。

此外，初始值的“{}”不一定要嵌套。在下列声明中，元素从头开始依次被初始化。

```
int x[3][2] = {1, 2, 3};
```

如图所示，1, 2, 3 分别被放进了 x[0][0], x[0][1], x[1][0] 中。

	0	1
0	1	2
1	3	0
2	0	0

自由演练

练习 7-1

List 7-4“寻找幸运数字”的程序中用了 ***scanf*** 函数来处理玩家从键盘输入的信息。使用 "getputch.h" 库（List 7-8）改写程序，以便通过 ***getch*** 函数来处理玩家从键盘输入的信息。

练习 7-2

改写程序,把在上一练习中生成的“寻找幸运数字”中用于出题的数字由 1 ~ 9 更改成 0 ~ 9。

练习 7-3

改写程序，把 List 7-11 的“寻找重复数字”中用于出题的数字由 1 ~ 9 更改成 0 ~ 9。

练习 7-4

在 List 7-4 中，用于重新排列数组的 **for** 语句代码如下。

```
for (i = 7; i >= 1; i--) {
    int j = rand() % (i + 1);
    if (i != j)
    swap(int, a[i], a[j]);
}
```

若按下列代码来实现 **for** 语句，结果会如何呢？请思考。

```
for (i = 7; i >= 1; i--) {
    swap(int, a[i], a[rand() % (i + 1)]);
}
```

练习 7-5

编写一个“寻找幸运数字”的程序，让数字跨 3 行显示。举个例子，如图显示数字，然后让玩家找出缺少的数字。

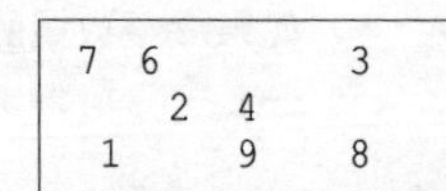

练习 7-6

编写一个跟**练习 7-5** 显示效果相同的“寻找重复数字”的程序。

练习 7-7

编写一个以闪现形式出题的“寻找幸运数字”及“寻找重复数字”的程序。题目不会一次性把“2 6 1 5 3 9 4 8”显示出来，而是像“2”“6”“1”……这样一次只显示一个数字，每个数字只显示一瞬间就消失，以此循环下去。

练习 7-8

编写一个“三字母词联想训练”的程序，要求题目的字符顺序是颠倒的。例如要把 A、B、C 这 3 个连续字符中的 B 隐去来出题时，屏幕上就会显示“C ? A”。

第 8 章

打字练习

本章我们要编写各种“打字练习软件”，以提升打字技术和编程技术。

本章主要学习的内容

- 消除已输入的字符
- 重新排列出题顺序
- 访问以其他数组元素的值为下标的数组元素
- 交换指针值
- 生成与之前生成的随机数数值不同的随机数
- 表示键盘的字符串
- 从选项中进行多选

8-1 基本打字练习

本章我们将会制作各种各样的键盘打字练习软件。首先从简单的开始做起。

输入一个字符串

首先来制作一个用于计算并显示**输入一个字符串所需时间**的打字练习软件，程序如 List 8-1 所示。

▶本章中的程序会用到上一章中生成的 "getputch.h" 库。

List 8-1 chap08/typing1a.c

```
/* 一个字符串的键盘打字练习（其一）*/

#include <time.h>
#include <ctype.h>
#include <stdio.h>
#include <string.h>
#include "getputch.h"

int main(void)
{
    int     i;
    char    *str = "How do you do?";     /* 要输入的字符串 */
    int     len = strlen(str);            /* 字符串str的字符数量 */
    clock_t start, end;                   /* 开始时间和结束时间 */

    init_getputch();

    printf("请照着输入。\n");
    printf("%s\n", str);                  /* 显示要输入的字符串 */
    fflush(stdout);

    start = clock();                      /* 开始时间 */

    for (i = 0; i < len; i++) {
        int ch;

        do {
            ch = getch();             /* 从键盘读取信息 */
            if (isprint(ch)) {
                putch(ch);            /* 显示按下的键 */
                if (ch != str[i])     /* 如果按错了键 */
                    putch('\b');      /* 把光标往前退一格 */
            }
        } while (ch != str[i]);
    }

    end = clock();                        /* 结束时间 */

    printf("\n用时%.1f秒。\n", (double)(end - start) / CLOCKS_PER_SEC);

    term_getputch();

    return 0;
}
```

运行示例

```
请照着输入。
How do you do?
How do you do?
用时8.1秒。
```

玩家要输入的是指针 *str* 指向的字符串 "How do you do?"(Fig.8-1)。根据指针和数组的可交换性(专栏 5-4),字符串内的字符 'H', 'o', …, '?' 可以从前往后依次用 *str*[0], *str*[1], …, *str*[13] 来表示。

此外,变量 *len* 用于表示字符串 *str* 的长度,其初始值为 14。

▶关于获取字符串长度的 ***strlen*** 函数,我们已经在第 2 章中学习过了。

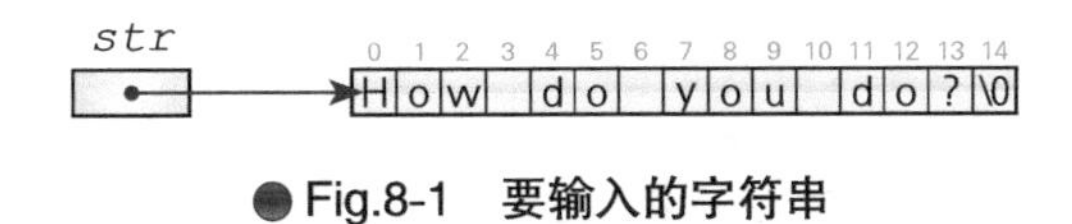

● Fig.8-1 要输入的字符串

下面来学习一下打字练习的主体部分——阴影部分的 **for** 语句。

这里的 **for** 语句把变量 *i* 的值按 0, 1, 2, …进行增量,同时通过 *len* 次循环来从头到尾按顺序遍历字符串内的字符。循环过程中每次遍历的字符 *str*[*i*] 分别是 'H', 'o', …, '?',这些就是要输入的字符。

该打字练习不接受输错了的字符(在玩家输入正确的字符之前,程序不会移动到下一个字符)。进行这项控制的是①的 **do** 语句,**do** 语句的循环体由②和③构成。

② 把输入的字符(***getch*** 函数的返回值)赋给变量 *ch*。

③ 字符 *ch* 如果是显示字符,就用 ***putch*** 函数来显示(不显示换行符和制表符等不可显示的字符)。

如果字符 *ch* 不等于要输入的字符 *str*[*i*],就输出退格符 '\b',把光标的位置往前退一格。这项处理是为了能让下一个输入的字符再次显示在同一个位置上。

▶这跟我们在上一章中学习的"寻找重复数字"中的键盘输入处理是相同的原理。

完成上述两个步骤后,对 **do** 语句的控制表达式 *ch* **!=** *str*[*i*] 进行求值。在输入了错误的字符(*ch* 不等于 *str*[*i*])时,就会开始 **do** 语句的循环。此时程序不会移动到下一个字符,而是再次运行循环体的②和③的部分。

输入了正确的字符后,在 **for** 语句的作用下 *i* 的值被增量,程序移动到下一个字符。

*

输入完所有字符后,程序会显示出玩家所花费的时间。大家可以多练习几次,提升速度。

▶如果 "How do you do?" 练得乏味了,也可以换个字符串来练习。

消除已输入的字符

下面我们来看一下 List 8-2 的程序。先运行程序。该程序和之前的程序一样,都会计算输入 "How do you do?" 所用的时间。然而有一点不同,如 Fig.8-2 所示,每次输入正确字符时都会有一个字符消失，后面的字符会跟着前移。

▶跟上一个程序相同，除非玩家输入正确的键，否则程序不会移动到下一个字符。当玩家正确输入完所有字符，所有的字符都消失后，程序结束。

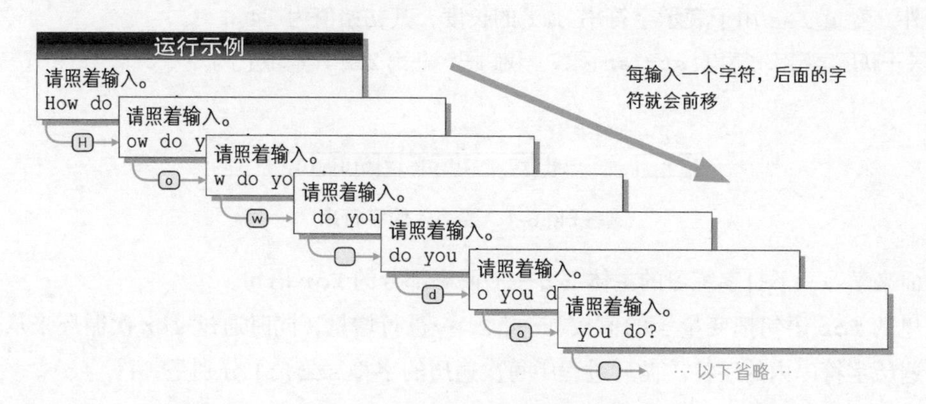

● Fig.8-2 List 8-2的运行示例

尽管这里进行的操作比上一个程序更“高级”，但程序却变短了。1部分的 **for** 语句的主体实际上**仅由两个短语句**构成。

▶关于在2和3中间放置的函数调用 ***fflush*(stdout)**，我们在第 2 章已经简单学习过了。我们还会在下一章中详细学习。

1部分的 **for** 语句开始循环时，变量 *i* 的值为 0。我们来看一下此时循环体的运行情况。

2中传递给 ***printf*** 函数的 **&***str***[***i***]** 是指向 *str***[***i***]** 的指针。

因为变量 *i* 的值为 0，所以指针 **&***str***[***i***]** 指向字符 'H'，这样一来就如 Fig.8-3a所示，画面上显示出以 *str***[**0**]** 开头的字符串 "How do you do?"。程序会在该字符串后面紧接着输出空白字符和回车符 **\r**，并把光标返回到本行开头 'H' 的位置。

3中如果输入的字符（***getch*** 函数的返回值）不是 *str***[***i***]**，即输入的字符不是 'H'，这个 **while** 语句就会一直循环，直到玩家输入正确的字符，**while** 语句才会结束。

然后变量 *i* 的值会在 **for** 语句的作用下变成 1。如图b所示，在2的部分，程序会输出以 *str***[**1**]** 开头的字符串 "ow do you do?"，然后输出空白字符和回车符，并把光标返回到开头的 'o' 的位置。之后，在3的 **while** 语句的作用下，等待玩家正确输入 'o'。

List 8-2 chap08/typing1b.c

```
/* 一个字符串的键盘打字练习（其二：消去已输入的字符）*/

#include <time.h>
#include <stdio.h>
#include <string.h>
#include "getputch.h"

int main(void)
{
    int     i;
    char    *str = "How do you do?";     /* 要输入的字符串 */
    int     len = strlen(str);           /* 字符串str的字符数量 */
    clock_t start, end;                  /* 开始时间和结束时间 */

    init_getputch();
    printf("请照着输入。\n");

    start = clock();                     /* 开始时间 */

    for (i = 0; i < len; i++) {
        /* 显示str[i]以后的字符并把光标返回到开头 */
        printf("%s \r", &str[i]);
                  空白字符
        fflush(stdout);
        while (getch() != str[i])
            ;
    }

    end = clock();                       /* 结束时间 */

    printf("\r用时%.1f秒。\n", (double)(end - start) / CLOCKS_PER_SEC);

    term_getputch();

    return 0;
}
```

至此，我们已经知道，**通过把要显示的字符串的开始位置逐一向后方错一个，字符串看上去就像被逐个向左侧前移了一样。**

在字符串后面紧接着显示一个空白字符是为了不让最末尾的字符遗留在画面上。

▶如果删除了传递给 **printf** 函数的 "%s□\r" 的 %s 和 \r 之间的空白字符，末尾的字符 '?' 就会遗留在画面上。大家可以试着改写程序，确认一下是否会得到上面所说的运行示例。

● Fig.8-3 消除已输入的字符的原理

输入多个字符串

我们来扩展一下前面的程序，让玩家能够练习输入多个字符串，程序如 List 8-3 所示。

运行程序。如 Fig.8-4 所示，输入完一个字符串后，同一行中会显示出下一个字符串供玩家输入，用于练习的字符串总共有 12 个。

List 8-3 chap08/typing2a.c

```
/* 多个字符串的键盘打字练习（其一）*/

#include <time.h>
#include <stdio.h>
#include <string.h>
#include "getputch.h"

#define QNO     12        /* 题目数量 */

int main(void)
{
    char *str[QNO] = {"book",    "computer", "default",   "comfort",
                      "monday",  "power",    "light",     "music",
                      "programming", "dog",  "video",     "include"};
    int i, stage;
    clock_t start, end;                     /* 开始时间和结束时间 */

    init_getputch();
    printf("开始打字练习。\n");
    printf("按下空格键开始。\n");
    while (getch() != ' ')                  /* 一直等待到 */
        ;                                   /* 玩家按下空格键 */

    start = clock();                        /* 开始时间 */

    for (stage = 0; stage < QNO; stage++) {
        int len = strlen(str[stage]);   /* 字符串str[stage]的字符数量 */   ←1
        for (i = 0; i < len; i++) {
            /* 显示str[stage][i]以后的字符并把光标返回到开头 */
            printf("%s \r", &str[stage][i]);
                                                                        ←2
            fflush(stdout);
            while (getch() != str[stage][i])
                ;
        }
    }

    end = clock();                          /* 结束时间 */

    printf("\r用时%.1f秒。\n", (double)(end - start) / CLOCKS_PER_SEC);

    term_getputch();

    return 0;
}
```

需要注意的是，在上一个程序中作为“指针”的 str 在这里变成了“指针数组”。

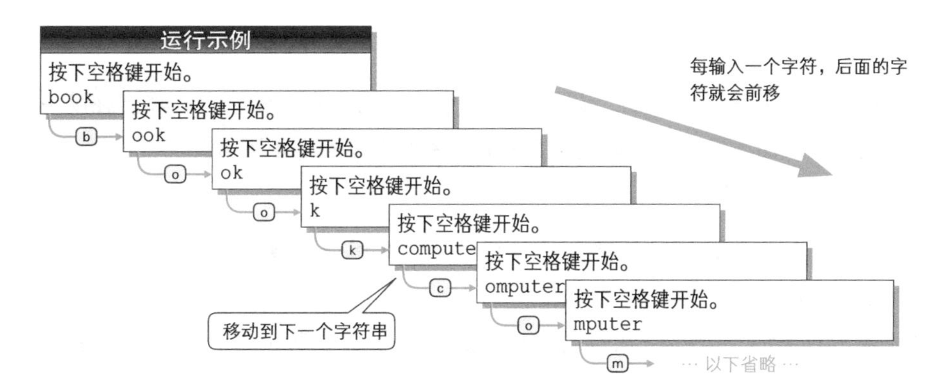

● Fig.8-4 List 8-3的运行示例

如 Fig.8-5 所示，元素 *str*[0]，*str*[1]，*str*[2]，…分别是指向 "book"，"computer"，"default"，…的开头字符 'b'，'c'，'d'，…的指针。

阴影部分是程序的主体，大体上还是以前面的程序为准，不过有以下几点不同之处。

for 语句变成了两层

因为题目中的单词从 1 个变成了 12 个，所以阴影部分追加了外层的 **for** 语句。这个 **for** 语句会把变量 *stage* 的值从 0 开始循环 *QNO* 次（也就是 12 次）。循环体中的2的 **for** 语句相当于上一个程序中的1。

每次循环时要输入的字符串是 *str*[*stage*]（相当于上一个程序中的 *str*）。要输入的字符数量根据字符串不同而有所差别，因此在1的部分，求出用于出题的字符串 *str*[*stage*] 的长度，并存入了变量 *len* 中。

要输入的字符不再是 str[i]，而是 str[stage][i]

内层的 **for** 语句每次循环时，要输入的字符是 *str*[*stage*][*i*]，这里的 *str*[*stage*][*i*] 相当于上一个程序中的 *str*[*i*]。

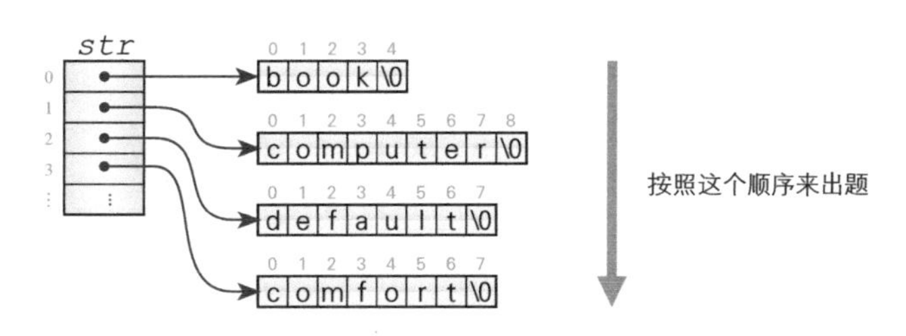

● Fig.8-5 要输入的字符串的数组

打乱出题顺序（方法一）

用前面的程序反复练习多次后，题目中下一个出现的字符串就会自动浮现在脑海里，从而削弱训练的效果。下面我们来把出题的顺序打乱，程序如 List 8-4 所示。

▶此处省略了程序的运行示例。

为了把出题顺序打乱，程序新导入了一个元素类型为 **int** 型，元素个数为 *QNO*（也就是题目中的字符串的个数，即 12）的数组 *qno*。

在开始练习打字前，运行❶和❷部分的 **for** 语句，设定数组 *qno* 的各个元素的值。运行情况如 Fig.8-6 所示。

❶从前往后按顺序赋值 0，1，2，…，11。
❷用上一章中学过的方法把元素的顺序打乱并重新排列。

我们来重点看一下打字练习的主体部分❸中的 **for** 语句。和上一个程序基本相同，但 *str*[*stage*] 的地方全部变成了 *str*[*qno*[*stage*]]，这是因为在该程序的各次循环中用于出题的是 *str*[*qno*[*stage*]]。例如，当数组 *qno* 的元素为下图所示的值时，程序像下面这样出题。

▪ 当 stage 为 0 时

因为 *qno*[0] 的值为 2，所以程序出的题目就是 *str*[2]，即 "default"。

▪ 当 stage 为 1 时

因为 *qno*[1] 的值为 1，所以程序出的题目就是 *str*[1]，即 "computer"。

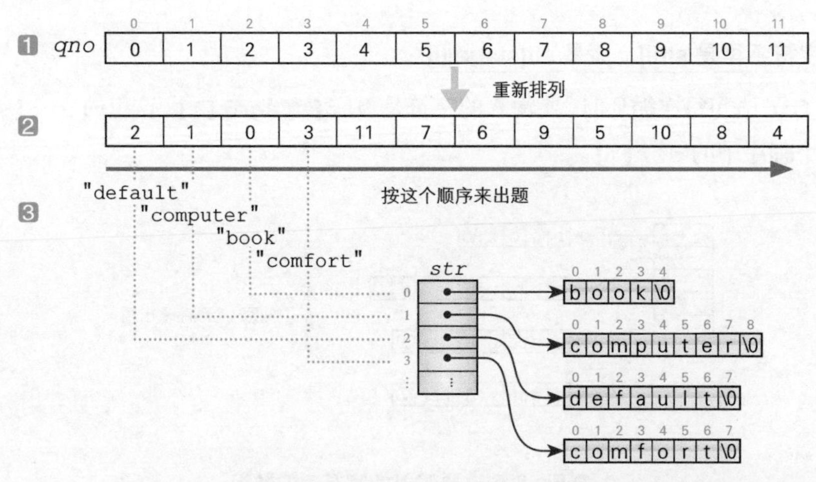

● Fig.8-6 重新排列出题顺序（使用数组来重排出题顺序）

List 8-4 chap08/typing2b.c

```
/* 多个字符串的键盘打字练习（其二：打乱出题顺序“方法一”）*/

#include <time.h>
#include <stdio.h>
#include <stdlib.h>
#include <string.h>
#include "getputch.h"

#define QNO     12        /* 题目数量 */

#define swap(type, x, y)   do { type t = x; x = y; y = t; } while (0)

int main(void)
{
    char *str[QNO] = {"book",   "computer", "default",  "comfort",
                      "monday", "power",    "light",    "music",
                      "programming", "dog", "video",    "include"};
    int i, stage;
    int qno[QNO];                          /* 出题顺序 */
    clock_t start, end;                    /* 开始时间和结束时间 */

    init_getputch();
    srand(time(NULL));                     /* 设定随机数的种子 */

    for (i = 0; i < QNO; i++)                                          ❶
        qno[i] = i;

    for (i = QNO - 1; i > 0; i--) {
        int j = rand() % (i + 1);
        if (i != j)                                                    ❷
            swap(int, qno[i], qno[j]);
    }

    printf("开始打字练习。\n");
    printf("按下空格键开始。\n");
    while (getch() != ' ')                 /* 一直等待到 */
        ;                                  /* 玩家按下空格键 */

    start = clock();                       /* 开始时间 */                ❸

    for (stage = 0; stage < QNO; stage++) {
        int len = strlen(str[qno[stage]]); /*字符串str[qno[stage]]的字符数量*/
        for (i = 0; i < len; i++) {
            /* 显示str[qno[stage]][i]之后的字符并把光标返回到开头 */
            printf("%s \r", &str[qno[stage]][i]);

            fflush(stdout);
            while (getch() != str[qno[stage]][i])
                ;
        }
    }

    end = clock();                         /* 结束时间 */
    printf("\r用时%.1f秒。\n", (double)(end - start) / CLOCKS_PER_SEC);

    term_getputch();

    return 0;
}
```

之后也如法炮制。12 个字符串的练习都结束后，程序也就结束了。

本程序只是重新排列了 0, 1, 2, …, 11 以打乱出题顺序，所以不会出现单词重复的情况。

打乱出题顺序（方法二）

List 8-5 所示的程序在随机决定出题顺序时，没有使用数组。本程序比上一个程序变量更少，更为简洁。

▶此处省略了程序的运行示例。

List 8-5 chap08/typing2c.c

```
/* 多个字符串的键盘打字练习（其二：打乱出题顺序“方法二”）*/

#include <time.h>
#include <stdio.h>
#include <stdlib.h>
#include <string.h>
#include "getputch.h"

#define QNO     12       /* 题目数量 */

#define swap(type, x, y)    do { type t = x; x = y; y = t; } while (0)

int main(void)
{
    char *str[QNO] = {"book",    "computer", "default",   "comfort",
                      "monday",  "power",    "light",     "music",
                      "programming", "dog",  "video",     "include"};
    int i, stage;
    clock_t start, end;                         /* 开始时间和结束时间 */

    init_getputch();
    srand(time(NULL));                          /* 设定随机数的种子 */

    for (i = QNO - 1; i > 0; i--) {       /* 重新排列数组str */
        int j = rand() % (i + 1);
        if (i != j)                                              ❶
            swap(char *, str[i], str[j]);
    }

    printf("开始打字练习。\n");
    printf("按下空格键开始。\n");
    while (getch() != ' ')                      /* 一直等待到 */
        ;                                       /* 玩家按下空格键 */

    start = clock();                            /* 开始时间 */

    for (stage = 0; stage < QNO; stage++) {
        int len = strlen(str[stage]);  /* 字符串str[stage]的字符数量 */
        for (i = 0; i < len; i++) {
            /* 显示str[stage][i]之后的字符并把光标返回到开头 */
            printf("%s \r", &str[stage][i]);
                                                                 ❷
            fflush(stdout);
            while (getch() != str[stage][i])
                ;
        }
    }

    end = clock();                              /* 结束时间 */

    printf("\r用时%.1f秒。\n", (double)(end - start) / CLOCKS_PER_SEC);

    term_getputch();

    return 0;
}
```

如 Fig.8-7 a 所示，数组 *str* 的各个元素分别是指向 "book"、"computer"、"default" 的指针。本程序改写了该指针的值。

如图 b 所示，交换 *str*[0] 和 *str*[2] 的值后，*str*[0] 指向了 "default"，*str*[2] 指向了 "book"。

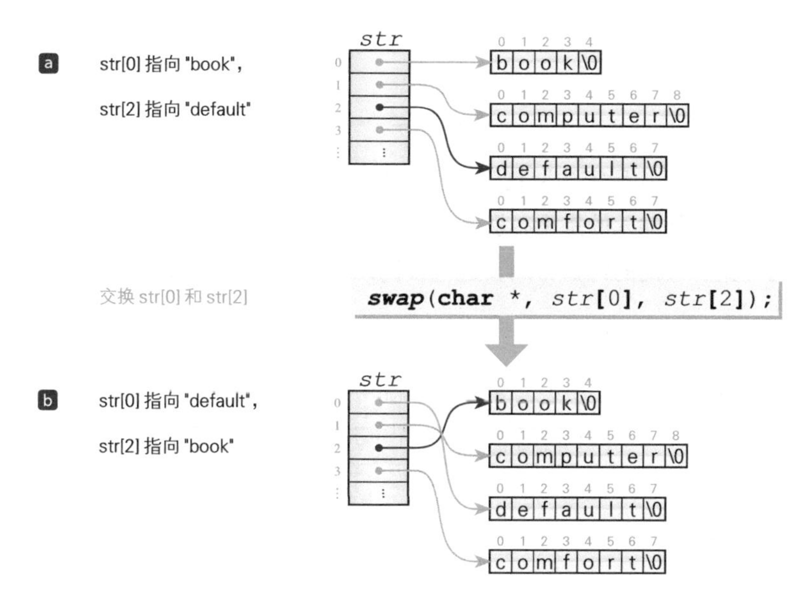

● Fig.8-7 重新排列出题顺序（不使用数组来重排出题顺序的方法）

1 负责重新排列指针，也就是数组 *str* 的各个元素的值，这样元素就被打乱了。

▶ 重新排列元素的步骤同 7-1 节。因为交换对象是指针，所以赋给函数宏 *swap* 的第 1 个参数是 **char** *。

需要注意的是，跟 List 8-3 一样，程序主体部分的 2 中用各个 *stage* 出题的字符串回到了 *str*[*stage*]（List 8-4 中则是 *str*[*qno*[*stage*]]，很复杂）。这是因为数组 *str* 已经重新排列完了，只要按顺序依次输出 *str*[0]，*str*[1]，…，*str*[*QNO*-1]，就能得到随机的出题顺序。

▶ 如果重新排列后的数组变成图 b 那样，那么用来出题的字符串就从前往后依次变成 *str*[0] 指向 "default"，*str*[1] 指向 "computer"，*str*[2] 指向 "book"……

这个方法有一个缺点，就是**单词的顺序打乱后无法恢复原样**，这一点需要大家注意。

8-2 键盘布局联想打字

本节要编写一个稍微有些奇特的打字软件，这个软件能训练玩家在没有提示的情况下打出被隐藏的字符。

键盘布局联想打字

本节要编写的是一个让玩家边回忆键盘上每个键的位置边进行打字练习的软件。跟普通的打字练习不同，**玩家需要输入的是没有提示的字符**。

另外，不同键盘有不同的键盘布局，这里我们以 Fig.8-8 所示的键盘布局为准。

ⓐ 未按下[Shift]键的状态

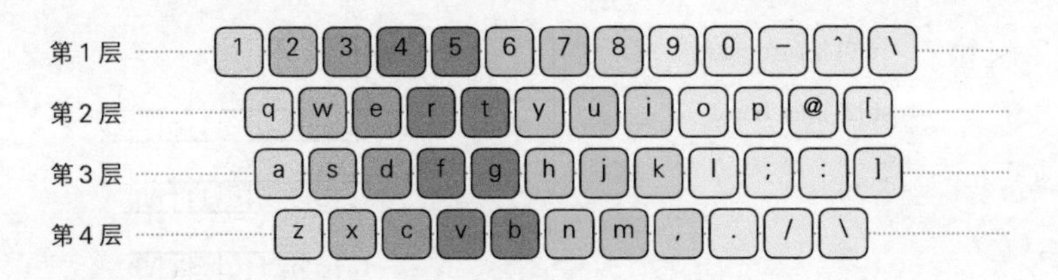

ⓑ 按下[Shift]键后的状态

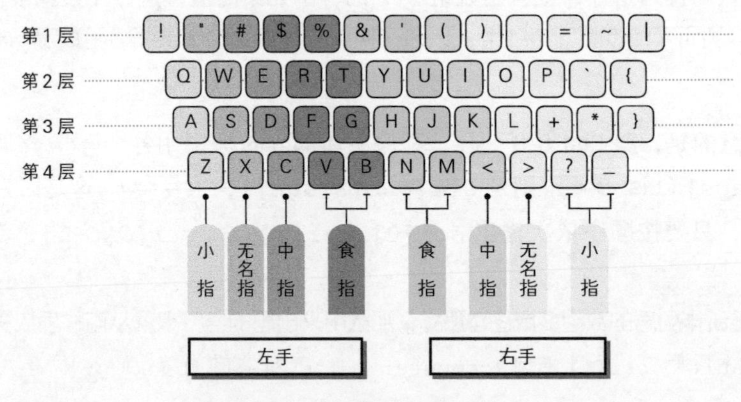

● Fig.8-8　键盘的布局

▶在该图所示的键盘布局中，即使在按住 [Shift] 键的同时按下 [0] 键也不会输入任何信息。

关于该键盘的布局，我们可以从以下几点来看。

- 由 4 层按键构成。

- 每层分为左手敲击键和右手敲击键，黑色键用左手敲击，蓝色键用右手敲击。
- 有不需要按住 [Shift] 键敲击的键（图 a ）和需要按住 [Shift] 键敲击的键（图 b ）。

我们把按照层 / 左右 / 是否按下 [Shift] 键分类的各个集合叫作“块”，整个键盘总共由 $4 \times 2 \times 2 = 16$ 块构成。

例如，第 3 层的按住 [Shift] 键左手敲击的块就是 [A]、[S]、[D]、[F]、[G]（分别由小指 / 无名指 / 中指 / 食指 / 食指负责）。

本训练软件将一个块作为题目来出题，但是软件会用“？”来隐藏这个块里的一个字符，例如下面这样的问题，**玩家就需要联想到隐去的“?”是大写字母 D，然后输入该字母**。

```
AS?FG
```

▶本程序跟上一章编写的“三字母词联想训练”的原理相同。

*

根据上述方针编写的程序如 LIst 8-6 所示。

List 8-6 chap08/typing3.c

```
/* 键盘布局联想打字练习（让玩家自己思考要输入的字符）
        显示A?DFG的话就输入S
        显示qwe?t的话就输入r                              */

#include <time.h>
#include <stdio.h>
#include <stdlib.h>
#include <string.h>
#include "getputch.h"

#define NO          30          /* 练习次数 */
#define KTYPE       16          /* 块数 */
int main(void)
{
    char *kstr[] = {"12345",   "67890-^\\",     /* 第1层         */
                    "!\"#$%",  "&'() =~|",      /* 第1层[Shift]  */
                    "qwert",   "yuiop@[",       /* 第2层         */
                    "QWERT",   "YUIOP`{",       /* 第2层[Shift]  */
                    "asdfg",   "hjkl;:]",       /* 第3层         */
                    "ASDFG",   "HJKL+*}",       /* 第3层[Shift]  */
                    "zxcvb",   "nm,./\\",       /* 第4层         */
                    "ZXCVB",   "NM<> _",        /* 第4层[Shift]  */
                   };
    int     i, stage;
    clock_t start, end;         /* 开始时间和结束时间 */

    init_getputch();
    srand(time(NULL));          /* 设定随机数的种子 */

    printf("开始键位联想打字练习。\n");
    printf("请输入用?隐藏起来的字符。\n");
    printf("按下空格键开始。\n");
    fflush(stdout);
    while (getch() != ' ')
        ;
```

```
    start = clock();                        /* 开始时间 */
    for (stage = 0; stage < NO; stage++) {
        int  k, p, key;
        char temp[10];

        do {
            k = rand() % KTYPE;
            p = rand() % strlen(kstr[k]);      ❶
            key = kstr[k][p];
        } while (key == ' ');

        strcpy(temp, kstr[k]);                 ❷
        temp[p] = '?';

        printf("%s", temp);
        fflush(stdout);

        while (getch() != key)
            ;
        putchar('\n');
    }

    end = clock();                          /* 结束时间 */

    printf("用时%.1f秒。\n", (double)(end - start) / CLOCKS_PER_SEC);

    term_getputch();

    return 0;
}
```

运行示例

```
开始键位联想打字练习。
请输入用？隐藏起来的字符。
按下空格键开始。
AS?FG
?m,./\
67890-?\
?XCVB
zx?vb
!"?$%
ZXC?B
hjk?;:]
…（省略）…
用时123.2秒。
```

宏 *KTYPE* 表示块数 16，数组 kstr 用于存放由从左到右依次排好的各个块的键构成的字符串。

```
#define KTYPE       16                /* 块数 */

char *kstr[] = {"12345",  "67890-^\\",     /* 第1层        */
                "!\"#$%", "&'() =~|",      /* 第1层[Shift] */
                "qwert",  "yuiop@[",       /* 第2层        */
                "QWERT",  "YUIOP`{",       /* 第2层[Shift] */
                "asdfg",  "hjkl;:]",       /* 第3层        */
                "ASDFG",  "HJKL+*}",       /* 第3层[Shift] */
                "zxcvb",  "nm,./\\",       /* 第4层        */
                "ZXCVB",  "NM<> _",        /* 第4层[Shift] */
               };
```

就训练性质而言，题目中是不会含有字符 '?' 的，因此最后声明的用于块的字符串是 "NM<> _" 而不是 "NM<>?_"（因为本程序中不使用空格键，也就是空白字符来出题，所以程序不会发生错误）。

▶如果大家使用的键盘布局与本示例中有所差别，那就请相应地改写数组 kstr 的声明。

❶的部分负责生成题目。

- 变量 *k* 表示要用哪个块来出题。因为这个值对应数组 kstr 的下标，所以我们将其定为一个大于等于 0 且小于 *KTYPE* 的随机数。

▶因为块数 *KTYPE* 是 16，所以生成的随机数在 0 ~ 15 之间。

- 变量 *p* 表示要隐藏块中的哪一个字符来出题。因为这个值对应用于出题的块的字符串的下标，所以我们将其定为一个大于等于 0 且小于用于出题的块的字符数量的随机数。

▶假设 *k* 为 0，那么块就包括 "12345" 这 5 个字符，因此我们将 *p* 定为 0 ~ 4 之间的随机数。此外，如果 *k* 为 3，那么块就是 "&'()=~|" 这 8 个字符，因此我们将 *p* 定为 0 ~ 7 之间的随机数。

- 变量 *key* 表示被隐藏的字符。

例如，假设 *k* 为 0，*p* 为 2，那么如 Fig.8-9 所示，块 "12345" 中的 '3' 就是 *key*。

因为前面的程序中已经给不能用于出题的键分配了空白字符 ' '，所以当用于出题的字符 *key* 为空白字符时，就需要循环 do 语句来重新生成题目。

*

接下来 2 的部分通过 ***strcpy*** 函数把 *kstr*[*k*] 复制到 *temp*，并把 '?' 赋给 *temp*[*p*]。这样就生成了要显示在画面上的字符串 "12?45"。

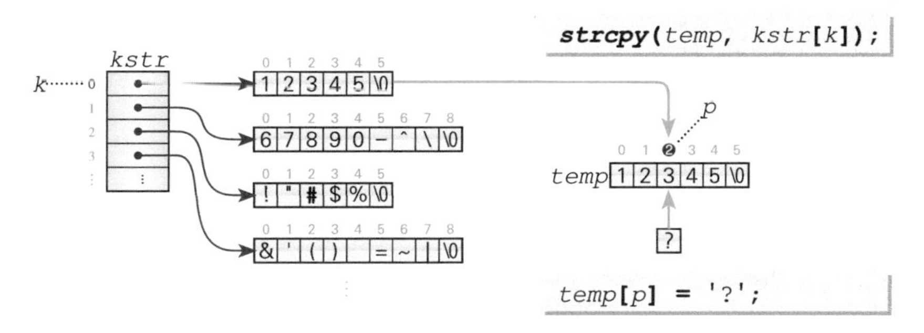

● Fig.8-9 生成用于出题的字符串

如果能显示出字符串 *temp*，且能读取到从键盘输入的字符 *key*，那么这个程序就对了。本程序跟之前的打字练习相同，都不接受输错的字符。

训练 30 次后，程序将结束运行。

8-3 综合打字练习

本节我们将编写一个具备多个练习菜单，让玩家能够进行综合练习的打字练习软件。

练习菜单

List 8-7 所示的程序能够提供各种各样的打字练习。先来运行一下程序。

如图所示，程序显示了 4 个菜单，玩家需选择想要练习的项目。

运行示例

```
请选择练习。
(1)单一位置      (2)混合位置
(3)C语言的单词   (4)英语会话    (0)结束:
```

List 8-7 chap08/typing4.c

```
/* 综合打字练习 */

#include <time.h>
#include <stdio.h>
#include <stdlib.h>
#include <string.h>
#include "getputch.h"

#define NO          15          /* 训练次数 */
#define KTYPE       16          /* 块数 */
#define POS_LEN     10          /* 用于位置训练的字符数量 */

/*--- 练习菜单 ---*/
typedef enum { Term, KeyPos, KeyPosComp, Clang, Conversation, InValid }
Menu;

/*--- 各个块的键 ---*/
char *kstr[] = {
    "12345",   "67890-^\\",      /* 第 1 层          */
    "!\"#$%",  "&'()=~|",        /* 第 1 层 [Shift] */
    "qwert",   "yuiop@[",        /* 第 2 层          */
    "QWERT",   "YUIOP`{",        /* 第 2 层 [Shift] */
    "asdfg",   "hjkl;:]",        /* 第 3 层          */
    "ASDFG",   "HJKL+*}",        /* 第 3 层 [Shift] */
    "zxcvb",   "nm,./\\",        /* 第 4 层          */
    "ZXCVB",   "NM<>?_",         /* 第 4 层 [Shift] */
};

/*--- C语言的关键字和库函数 ---*/
char *cstr[] = {
    "auto",     "break",   "case",     "char",     "const",    "continue",
    "default",  "do",      "double",   "else",     "enum",     "extern",
    "float",    "for",     "goto",     "if",       "int",      "long",
    "register", "return",  "short",    "signed",   "sizeof",   "static",
    "struct",   "switch",  "typedef",  "union",    "unsigned", "void",
    "volatile", "while",
    "abort",    "abs",     "acos",     "asctime",  "asin",     "assert",
    "atan",     "atan2",   "atexit",   "atof",     "atoi",     "atol",
    "bsearch",  "calloc",  "ceil",     "clearerr", "clock",    "cos",
    "cosh",     "ctime",   "difftime", "div",      "exit",     "exp",
    "fabs",     "fclose",  "feof",     "ferror",   "fflush",   "fgetc",
    "fgetpos",  "fgets",   "floor",    "fmod",     "fopen",    "fprintf",
    "fputc",    "fputs",   "fread",    "free",     "freopen",  "frexp",
    "fscanf",   "fseek",   "fsetpos",  "ftell",    "fwrite",   "getc",
    "getchar",  "getenv",  "gets",     "gmtime",   "isalnum",  "isalpha",
    "iscntrl",  "isdigit", "isgraph",  "islower",  "isprint",  "ispunct",
    "isspace",  "isupper", "isxdigit", "labs",     "ldexp",    "ldiv",
    "localeconv",          "localtime","log",      "log10",    "longjmp",
    "malloc",   "memchr",  "memcmp",   "memcpy",   "memmove",  "memset",
    "mktime",   "modf",    "perror",   "pow",      "printf",   "putc",
    "putchar",  "puts",    "qsort",    "raise",    "rand",     "realloc",
    "remove",   "rename",  "rewind",   "scanf",    "setbuf",   "setjmp",
    "setlocale","setvbuf", "signal",   "sin",      "sinh",     "sprintf",
    "sqrt",     "srand",   "sscanf",   "strcat",   "strchr",   "strcmp",
    "strcoll",  "strcpy",  "strcspn",  "strerror", "strftime", "strlen",
    "strncat",  "strncmp", "strncpy",  "strpbrk",  "strrchr",  "strspn",
    "strstr",   "strtod",  "strtok",   "strtol",   "strtoul",  "strxfrm",
    "system",   "tan",     "tanh",     "time",     "tmpfile",  "tmpnam",
    "tolower",  "toupper", "ungetc",   "va_arg",   "va_end",   "va_start",
    "vfprintf", "vprintf", "vsprintf"
```

```
};

/*--- 英语会话 ---*/
char *vstr[] = {
    "Hello!",                               /* 你好。*/
    "How are you?",                         /* 你好吗? */
    "Fine thanks.",                         /* 嗯，我很好。 */
    "I can't complain, thanks.",            /* 嗯，还行吧。 */
    "How do you do?",                       /* 初次见面。 */
    "Good bye!",                            /* 再见。 */
    "Good morning!",                        /* 早上好。 */
    "Good afternoon!",                      /* 下午好。 */
    "Good evening!",                        /* 晚上好。 */
    "See you later!",                       /* 再见（过会见）。 */
    "Go ahead, please.",                    /* 您先请。 */
    "Thank you.",                           /* 谢谢。 */
    "No, thank you.",                       /* 不，谢谢。 */
    "May I have your name?",                /* 请问你叫什么名字? */
    "I'm glad to meet you.",                /* 很高兴能见到你。 */
    "What time is it now?",                 /* 请问现在是几点? */
    "It's about seven.",                    /* 大概7点。 */
    "I must go now.",                       /* 我不得不走了。 */
    "How much?",                            /* 多少钱? */
    "Where is the restroom?",               /* 请问洗手间在哪里? */
    "Excuse me.",                           /* 抱歉（一人）。*/
    "Excuse us.",                           /* 抱歉（两人以上）。*/
    "I'm sorry.",                           /* 对不起。 */
    "I don't know.",                        /* 我不知道。 */
    "I have no change with me.",            /* 我没带零钱。 */
    "I will be back.",                      /* 我还会回来的。 */
    "Are you going out?",                   /* 你要出门吗? */
    "I hope I'm not disturbing you.",       /* 希望不会打搅到你。*/
    "I'll offer no excuse.",                /* 我没打算为自己辩解。 */
    "Shall we dance?",                      /* 来跳舞吧。 */
    "Will you do me a favor?",              /* 你能帮我个忙吗? */
    "It's very unseasonable.",              /* 这非常不合时节啊。 */
    "You are always welcome.",              /* 随时欢迎。 */
    "Hold still!",                          /* 别动! */
    "Follow me.",                           /* 跟我来。 */
    "Just follow my lead.",                 /* 跟着我做就好。 */
    "To be honest with you,",               /* 说真的…… */
};

/*--- 字符串str的打字练习（返回错误次数）---*/
int go(const char *str)
{
    int i;
    int len = strlen(str);                 /* 字符数量 */
    int mistake = 0;                       /* 错误次数 */

    for (i = 0; i < len; i++) {
        /* 显示str[i]之后的字符并把光标返回到开头 */
        printf("%s \r", &str[i]);
        fflush(stdout);
        while (getch() != str[i]) {
            mistake++;
        }
    }
    return mistake;
}
```

```
/*--- 单一位置训练 ---*/
void pos_training(void)
{
    int i;
    int stage;
    int temp, line;
    int len;                                /* 用于出题的块的键数 */
    int qno, pno;                           /* 题目编号和上一次的题目编号 */
    int tno, mno;                           /* 字符数量和错误次数 */
    clock_t start, end;                     /* 开始时间和结束时间 */

    printf("\n进行单一位置训练。\n");
    printf("请选择要练习的块。\n");
    printf("第1层 (1) 左 %-8s    (2) 右 %-8s\n", kstr[ 0], kstr[ 1]);
    printf("第2层 (3) 左 %-8s    (4) 右 %-8s\n", kstr[ 4], kstr[ 5]);
    printf("第3层 (5) 左 %-8s    (6) 右 %-8s\n", kstr[ 8], kstr[ 9]);
    printf("第4层 (7) 左 %-8s    (8) 右 %-8s\n", kstr[12], kstr[13]);

    /* 让玩家选择块 */
    do {
        printf("编号（停止练习为99）: ");
        scanf("%d", &temp);
        if (temp == 99) return;                     /* 停止练习 */
    } while (temp < 1 || temp > 8);
    line = 4 * ((temp - 1) / 2) + (temp - 1) % 2;

    printf("练习%s次%d题目。\n", kstr[line], NO);

    printf("按下空格键开始。\n");
    while (getch() != ' ')
        ;

    tno = mno = 0;                              /* 清空字符数量和错误次数 */
    len = strlen(kstr[line]);                   /*要练习的块的键数 */

    start = clock();                            /* 开始时间 */

    for (stage = 0; stage < NO; stage++) {
        char str[POS_LEN + 1];

        for (i = 0; i < POS_LEN; i++)  /* 生成用于出题的字符串 */
            str[i] = kstr[line][rand() % len];
        str[i] = '\0';

        mno += go(str);                         /* 运行练习 */
        tno += strlen(str);
    }

    end = clock();                              /* 结束时间 */

    printf("题目: %d字符/错误: %d次\n", tno, mno);
    printf("用时%.1f秒。\n", (double)(end - start) / CLOCKS_PER_SEC);
}

/*--- 混合位置训练 ---*/
void pos_training2(void)
{
    int i;
    int stage;
    int temp, line;
    int sno;                                /* 被选中的块数 */
    int select[KTYPE];                      /* 被选中的块 */
    int len[KTYPE];                         /* 用于出题的块的键数 */
```

```
int tno, mno;                          /* 字符数量和错误次数 */
clock_t start, end;                    /* 开始时间和结束时间 */
char *format = "第%d层 (%2d) 左 %-8s (%2d) 右 %-8s "
               "(%2d)[左] %-8s (%2d)[右] %-8s\n";

printf("\n进行混合位置训练。\n");
printf("请选择要练习的块(可以多选)。\n");

for (i = 0; i < 4; i++) {
    int k = i * 4;
    printf(format, i+1, k + 1, kstr[k],      k + 2, kstr[k + 1],
                        k + 3, kstr[k + 2],  k + 4, kstr[k + 3]);
}

/* 不重复选择块(最多16个) */
sno = 0;
while (1) {
    printf("编号(结束选择为50/停止练习为99):");

    do {
        scanf("%d", &temp);
        if (temp == 99) return;          /* 停止练习 */
    } while ((temp < 1 || temp > KTYPE) && temp != 50);

    if (temp == 50)
        break;
    for (i = 0; i < sno; i++)
        if (temp == select[i]) {
            printf("\a这一层已经被选过了。\n");
            break;
        }
    if (i == sno)
        select[sno++] = temp;            /* 注册被选中的块 */
}

if (sno == 0)                            /* 一个都没有选 */
    return;

printf("把下列块的题目练习%d次。\n", NO);

for (i = 0; i < sno; i++)
    printf("%s ", kstr[select[i] - 1]);

printf("\n按下空格键开始。\n");
while (getch() != ' ')
    ;

tno = mno = 0;                           /* 清空字符数量和错误次数 */
for (i = 0; i < sno; i++)
    len[i] = strlen(kstr[select[i] - 1]); /* 块的键数 */

start = clock();                         /* 开始时间 */

for (stage = 0; stage < NO; stage++) {
    char str[POS_LEN + 1];

    for (i = 0; i < POS_LEN; i++) {      /* 生成用于出题的字符串 */
        int q = rand() % sno;
        str[i] = kstr[select[q] - 1][rand() % len[q]];
    }
    str[i] = '\0';

    mno += go(str);                      /* 运行练习 */
```

```
        tno += strlen(str);
    }

    end = clock();                                          /* 结束时间 */

    printf("题目：%d字符/错误：%d次\n", tno, mno);
    printf("用时%.1f秒。\n", (double)(end - start) / CLOCKS_PER_SEC);
}

/*--- C语言/英语会话训练 ---*/
void word_training(const char *mes, const char *str[], int n)
{
    int stage;
    int qno, pno;                           /* 题目编号和上一次的题目编号 */
    int tno, mno;                           /* 字符数量和错误次数 */
    clock_t start, end;                     /* 开始时间和结束时间 */

    printf("\n练习%d个%s。\n", mes, NO);

    printf("按下空格键开始。\n");
    while (getch() != ' ')
        ;

    tno = mno = 0;                          /* 清空字符数量和错误次数 */
    pno = n;                                /* 上一次的题目编号（不存在的编号）*/

    start = clock();                        /* 开始时间 */

    for (stage = 0; stage < NO; stage++) {
        do {                                /* 不连续出同一个题目 */
            qno = rand() % n;
        } while (qno == pno);

        mno += go(str[qno]);                /* 题目是str[qno] */
        tno += strlen(str[qno]);
        pno = qno;
    }

    end = clock();                          /* 结束时间 */

    printf("题目：%d字符/错误：%d次\n", tno, mno);
    printf("用时%.1f秒。\n", (double)(end - start) / CLOCKS_PER_SEC);
}

/*--- 选择菜单 ---*/
Menu SelectMenu(void)
{
    int ch;

    do {
        printf("\n请选择练习。\n");
        printf("（1）单一位置        （2）混合位置\n");
        printf("（3）C语言的单词  （4）英语会话        （0）结束：");
        scanf("%d", &ch);
    } while (ch < Term || ch >= InValid);

    return (Menu)ch;
}

int main(void)
{
    Menu menu;                                                      /* 菜单 */
    int cn = sizeof(cstr) / sizeof(cstr[0]);                        /* C语言的单词数量 */
```

```
    int vn = sizeof(vstr) / sizeof(vstr[0]);          /* 英语会话的文档数量 */

    init_getputch();

    srand(time(NULL));                                /* 设定随机数种子 */

    do {
        switch (menu = SelectMenu()) {

         case KeyPos :                    /* 单一位置训练 */
                    pos_training();
                    break;

         case KeyPosComp :                /* 混合位置训练 */
                    pos_training2();
                    break;

         case Clang :                     /* C语言的单词 */
                    word_training("C语言的单词", cstr, cn);
                    break;

         case Conversation :              /* 英语会话 */
                    word_training("英语会话的文档", vstr, vn);
                    break;
        }
    } while (menu != Term);

    term_getputch();

    return 0;
}
```

函数 *SelectMenu* 用于显示训练的菜单，供练习者选择。该函数会从键盘读取 0 ～ 4 的整数值，把该值转换成枚举型 *Menu* 的值，然后返回。

▶用于显示菜单的枚举型 *Menu* 在程序开头用 **typedef** 进行了声明。

0, 1, 2, 3, 4, 5 分别被自动分配给了枚举元素 *Term*, *KeyPos*, *KeyPosComp*, *Clang*, *Conversation*, *InValid*。

单一位置训练

“单一位置训练”是把一个块内的键组合起来供玩家练习的训练软件。

练习的对象是不用按下 [Shift] 键就能输入的块的字符，程序从数组 *kstr* 的阴影部分的元素中出题。

```
/*--- 各个块的键 ---*/
char *kstr[] = {
    "12345",  "67890-^\\",      /* 第 1 层         */
    "!\"#$%", "&'()=~|",        /* 第 1 层 [Shift] */
    "qwert",  "yuiop@[",        /* 第 2 层         */
    "QWERT",  "YUIOP`{",        /* 第 2 层 [Shift] */
    "asdfg",  "hjkl;:]",        /* 第 3 层         */
    "ASDFG",  "HJKL+*}",        /* 第 3 层 [Shift] */
    "zxcvb",  "nm,./\\",        /* 第 4 层         */
    "ZXCVB",  "NM<>?_",         /* 第 4 层 [Shift] */
};
```

▶本程序是以 Fig.8-8 所示的键盘布局为前提的。大家可以根据自己的需要改写数组 *kstr*。

右图是程序运行的一个示例。

首先，玩家需选择要练习哪个块。

如图所示，选择了左手的第 3 层后，程序会将 a，s，d，f，g 随机排列 10 个，用于出题。

▶用于出题的字符数量 10 在程序的开头被定义成了宏，如下所示。

运行示例

```
进行单一位置训练。
请选择要练习的块。
第1层 (1) 左 12345        (2) 右 67890-^\
第2层 (3) 左 qwert        (4) 右 yuiop@[
第3层 (5) 左 asdfg        (6) 右 hjkl;:]
第4层 (7) 左 zxcvb        (8) 右 nm,./\
编号（停止练习为99）：5
练习15次asdfg题目。
按下空格键开始。
fddfgadsga
… 省略 …
题目：150字符/错误：12次
用时32.7秒。
```

```
#define POS_LEN  10              /* 位置训练的字符数量 */
```

如果改变这个值，字符数量也会随之改变。“单一位置训练”和“混合位置训练”中都用到了这个宏。

用于出题的字符串（阴影部分）的元素的下标是 0，1，4，5，8，9，12，13，而作为选项显示在画面上，由练习者从键盘输入的块的编号是 1，2，3，4，5，6，7，8。

下面这段代码用于把从键盘读取到的值 1 ~ 8 转换成下标。

```
line = 4 * ((temp - 1) / 2) + (temp - 1) % 2;
```

把通过右边的计算得到的值赋给变量 *line*。这个值是用于出题的块的下标。

▶例如，在玩家选择选项（5）的 asdfg 的情况下，变量 *temp* 读取到的是 5，通过右边的计算得到的值为 8，以这个 8 为下标的数组 *kstr* 的元素 *kstr*[8] 指向的字符串就是 "asdfg"。

变量 *len* 用于表示被选中的块的字符串 *kstr*[*line*] 的字符数量。

Fig.8-10 中外层的 **for** 语句通过循环将训练进行 *NO* 次。

在1的部分，生成每次用于出题的字符串 *str*。从字符串 *kstr*[*line*] 中随机取出字符，然后赋给 *str*[0] ~ *str*[9]，空字符则赋给 *str*[*POS_LEN*]，也就是 *str*[10]。图中，程序将字符 'a'，'s'，'d'，'f'，'g' 随机排列 10 个，生成题目。

▶用于出题的字符串的生成原理和第 5 章的记忆力训练相同。

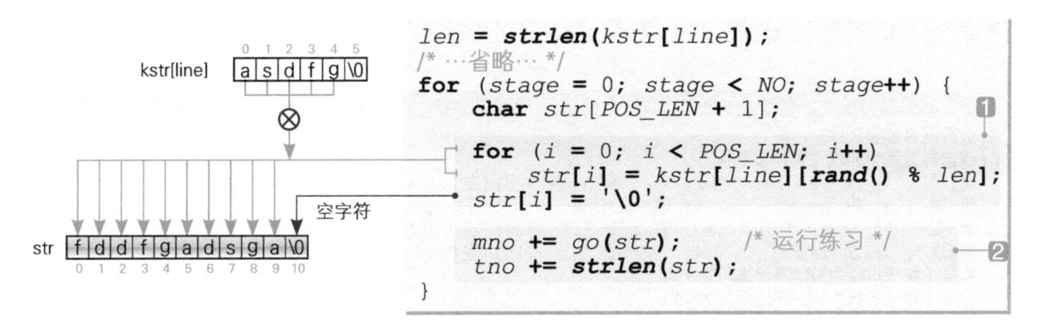

● Fig.8-10 生成题目字符（以第 3 层 / 左手为例）

生成题目后，程序会运行②的部分。

在②的部分，首先要调用的是如右图所示的 *go* 函数。

这个函数负责显示接收到的字符串 `str`，以供玩家进行打字练习。

本程序与 List 8-2 的主体部分基本相同。

但有一点不同的是，每次玩家输入错误时，变量 `mistake` 的值都会被增量。

输入结束后，函数会返回输入错误的次数，也就是变量 `mistake` 的值。

```
int go(const char *str)
{
    int i;
    int len = strlen(str);  /* 字符数量 */
    int mistake = 0;        /* 错误次数 */

    for (i = 0; i < len; i++) {
        printf("%s \r", &str[i]);
        fflush(stdout);
        while (getch() != str[i]) {
            mistake++;
        }
    }
    return mistake;
}
```

▶不仅可以在“单一位置训练”中调用 *go* 函数，也可以在“混合位置训练”“C 语言的单词训练”“英语会话训练”中调用 *go* 函数。

也就是说，*go* 函数是一个承包了所有训练的“承包函数”。

从 *go* 函数返回后，把表示错误次数的返回值加到 *mno* 里，把用于出题的字符串的字符数量加到 *tno* 里。

在外层的 **for** 语句结束时（结束 *NO* 次训练时），程序会显示题目里 *tno* 个字符中错了 *mno* 个字符。

混合位置训练

“混合位置训练”是在单一位置训练的基础上，将多个块的键进行组合的练习。练习者可以根据自身喜好来组合块。

例如，下列运行示例选择了左手第 3 层和右手第 3 层，程序会从“asdfg”和“hjkl;:]”中随机选择 10 个键排列，供玩家练习。

►因为组合的块数没有限制，所以如果玩家选了所有的块，就能够练习所有的键。

运行示例

```
进行混合位置训练。
请选择要练习的块（可以多选）。
第1层 ( 1) 左 12345     ( 2) 右 67890-^\  ( 3)[左] !"#$%     ( 4)[右] &'()=~|
第2层 ( 5) 左 qwert     ( 6) 右 yuiop@[   ( 7)[左] QWERT     ( 8)[右] YUIOP`{
第3层 ( 9) 左 asdfg     (10) 右 hjkl;:]   (11)[左] ASDFG     (12)[右] HJKL+*}
第4层 (13) 左 zxcvb     (14) 右 nm,./\    (15)[左] ZXCVB     (16)[右] NM<>?_
编号（结束选择为50/停止练习为99）：9
编号（结束选择为50/停止练习为99）：10
编号（结束选择为50/停止练习为99）：50
把下列块练习15次。
asdfg hjkl;:]
按下空格键开始。
:];hlj;g:a
… 以下省略 …
```

下列代码段用于显示块的选项。

```
char *format = "第%d层 (%2d) 左 %-8s (%2d) 右 %-8s "
                        "(%2d)[左] %-8s (%2d)[右] %-8s\n";

printf("\n进行混合位置训练。\n");
printf("请选择要练习的块（可以多选）。\n");

for (i = 0; i < 4; i++) {
    int k = i * 4;
    printf(format, i+1, k + 1, kstr[k],     k + 2, kstr[k + 1],
                        k + 3, kstr[k + 2], k + 4, kstr[k + 3]);
}
```

阴影部分把 *format* 赋给了 ***printf*** 函数的第 1 参数。**在根据条件切换格式字符串时，把保持指向字符串的指针的变量的值作为格式字符串给出的这一技巧相当重要。**

►下面是一个程序示例。

```
char *f[] = {"%5.1f\n", "%6.2f\n"};

for (i = 0; i < 6; i++)
    printf(f[i % 2], x[i]);
```

这个 **for** 语句会按顺序显示 *x*[0] ~ *x*[5] 的值。如果 *i* 是偶数，那么就把 *f*[0] 作为格式字符串输出，如果是奇数就输出 *f*[1]。

下面我们来看一下玩家选择块的那部分代码。数组 *select* 用于存放被选中的块的编号，因为最多能选择 16 个块，所以该数组的元素个数为 16。

```
sno = 0;
while (1) {
    /* 省略 … 把想练习的层的值读取到temp中 */
    for (i = 0; i < sno; i++)
        if (temp == select[i]) {
            printf("\a这一层已经被选过了。\n");        ——1
            break;
        }
    if (i == sno)
        select[sno++] = temp;        /* 注册被选中的块 */    ——2
}
```

变量 *sno* 表示已选择的块的个数。Fig.8-11 a 所示为 5、3、2、4 这 4 个块被选中后数组 *select* 和 *sno* 的情况。

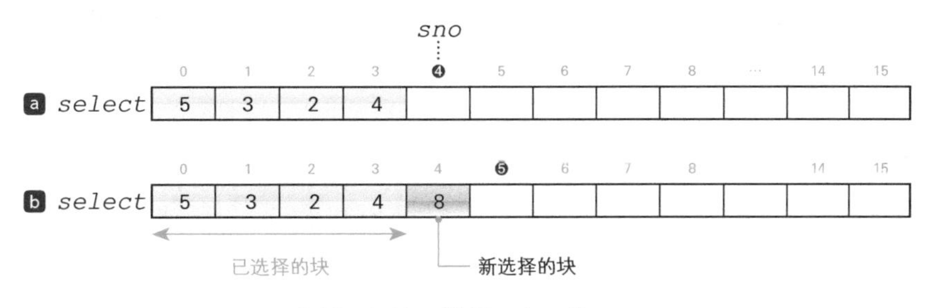

● Fig.8-11 数组 select 和 sno

可选择的块最多有 16 个。因为不能重复选择，所以在玩家输入块时，程序会检查该块是否跟已经选过的块重复。

1 **for** 语句在玩家每次输入块时都会检查该块是否已经被选择过。
如果读取的值 *temp* 在 *select*[0] ~ *select*[sno - 1] 中，程序会通过 **break** 语句中断 **for** 语句的循环（此时 *i* 的值会比 *sno* 小）。

2 **for** 语句并未中断继续运行，当 *i* 的值等于 *sno* 时，*temp* 就是未选择的块。程序会把 *temp* 的值存入 *select*[*sno*]，然后增量 *sno*。
如果 *temp* 读取到了 8，变量 *sno* 和数组 *select* 就会从图 a 变化到图 b。程序在确认 *select*[0] ~ *select*[3] 中不存在 *temp* 的值 8 后，会把 8 存入 *select*[4] 中，然后把 *sno* 的值增量到 5。

通过将块加以组合，还能帮助大家克服打字慢的缺点，所以一起来反复训练吧！

C 语言的单词训练

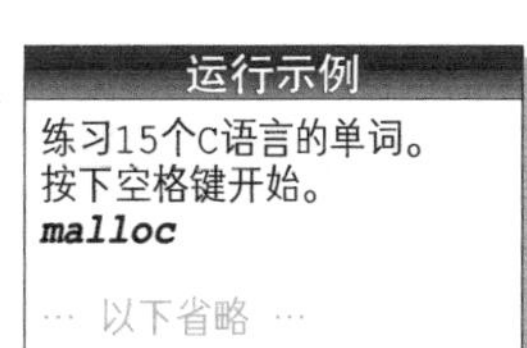

“C 语言的单词训练”是一个将 C 语言的关键字和库函数作为语句来练习的软件。

这个训练和“英语会话训练”都是用一个共同的函数 *word_training* 来实现的，如下所示，由 **main** 函数分别对其进行调用。

```
case Clang :                /* C语言的单词 */
        word_training("C语言的单词", cstr, cn);
        break;

case Conversation :         /* 英语会话 */
        word_training("英语会话的文档", vstr, vn);
        break;
```

调用函数 *word_training* 时传递了 3 个参数，其中第 2 参数是数组 *cstr*，里面存有用于练习的单词。

字符串 *cstr* 的定义如下。从 "auto" 到 "while" 是**关键字**，后面的是**库函数**。

```
/*--- C语言的关键字和库函数 ---*/                                    关键字
char *cstr[] = {
    "auto",       "break",      "case",       "char",       "const",      "continue",
    "default",    "do",         "double",     "else",       "enum",       "extern",
    "float",      "for",        "goto",       "if",         "int",        "long",
    "register",   "return",     "short",      "signed",     "sizeof",     "static",
    "struct",     "switch",     "typedef",    "union",      "unsigned",   "void",
    "volatile",   "while",

    "abort",      "abs",        "acos",       "asctime",    "asin",       "assert",
    "atan",       "atan2",      "atexit",     "atof",       "atoi",       "atol",
    "bsearch",    "calloc",     "ceil",       "clearerr",   "clock",      "cos",
    "cosh",       "ctime",      "difftime",   "div",        "exit",       "exp",
    "fabs",       "fclose",     "feof",       "ferror",     "fflush",     "fgetc",
    "fgetpos",    "fgets",      "floor",      "fmod",       "fopen",      "fprintf",
    "fputc",      "fputs",      "fread",      "free",       "freopen",    "frexp",
    "fscanf",     "fseek",      "fsetpos",    "ftell",      "fwrite",     "getc",
    "getchar",    "getenv",     "gets",       "gmtime",     "isalnum",    "isalpha",
    "iscntrl",    "isdigit",    "isgraph",    "islower",    "isprint",    "ispunct",
    "isspace",    "isupper",    "isxdigit",   "labs",       "ldexp",      "ldiv",
    "localeconv",               "localtime",  "log",        "log10",      "longjmp",
    "malloc",     "memchr",     "memcmp",     "memcpy",     "memmove",    "memset",
    "mktime",     "modf",       "perror",     "pow",        "printf",     "putc",
    "putchar",    "puts",       "qsort",      "raise",      "rand",       "realloc",
    "remove",     "rename",     "rewind",     "scanf",      "setbuf",     "setjmp",
    "setlocale",  "setvbuf",    "signal",     "sin",        "sinh",       "sprintf",
    "sqrt",       "srand",      "sscanf",     "strcat",     "strchr",     "strcmp",
    "strcoll",    "strcpy",     "strcspn",    "strerror",   "strftime",   "strlen",
    "strncat",    "strncmp",    "strncpy",    "strpbrk",    "strrchr",    "strspn",
    "strstr",     "strtod",     "strtok",     "strtol",     "strtoul",    "strxfrm",
    "system",     "tan",        "tanh",       "time",       "tmpfile",    "tmpnam",
    "tolower",    "toupper",    "ungetc",     "va_arg",     "va_end",     "va_start",
    "vfprintf",   "vprintf",    "vsprintf"
                                                                        库函数
};
```

函数 *word_training* 接收 3 个参数。第 1 参数 *mes* 接收训练名称的字符串，第 2 参数 *str* 接收用于练习的字符串的数组，第 3 参数 *n* 接收数组的元素个数。

```
/*--- C语言/英语会话训练 ---*/
void word_training(const char *mes, const char *str[], int n)
{
    /*… 省略 …*/
    printf("\n练习%s个%d。\n", mes, NO);
    /*… 省略 …*/
}
```

“C 语言的单词训练”中，第 1 参数 *mes* 接收的字符串是 "C 语言的单词 "，因此程序会显示出“练习 15 个 C 语言的单词。”，然后开始训练。

*

每次训练时，通过生成随机数来决定用于出题的单词，并将其存入变量 *qno* 中。

除此之外，引入变量 *pno*，这样**同一个单词就不会连续出现了**。

```
pno = n;                        /* 上一次的题目编号（不存在的编号））*/ ←1
/*  省略 …*/
for (stage = 0; stage < NO; stage++) {
    do {                        /* 不连续出同一个题目 */
        qno = rand() % n;                                        ←2
    } while (qno == pno);
    mno += go(str[qno]);        /* 题目是str[qno] */
    tno += strlen(str[qno]);
    pno = qno;                                                   ←3
}
```

在一次训练结束时的 3 的部分，把题目编号 *qno* 赋给变量 *pno*，这样下一次练习时变量 *pno* 里就存有“上一次的题目编号”。

2 的 **do** 语句用于决定题目编号 *qno*，它会反复生成随机数，直到随机数的值跟上一次的题目编号 *pno* 不同为止。

*

在练习开始前的 1 中，*n* 被赋给变量 *pno*。如果把 0 赋给 *pno* 会怎样呢？结果就是，第 1 次练习时（*stage* 为 0 时）题目中不会出现 `cstr[0]`，也就是 "auto"。

因此，赋给变量 *pno* 的必须是不可能用作题目编号（0，1，…，*n* - 1）的值。本程序中用的是 *n*，当然大家也能使用 -1 这样的值。

英语会话训练

“英语会话训练”是一个日常英语会话文档的打字练习软件。

文档的字符串存在数组 *vstr* 中。

▶各个英语句子的意思在程序的注释中都有中文解释。

运行示例

```
练习15个英语会话的文档。
按下空格键开始。
Good afternoon!

… 以下省略 …
```

```
/*--- 英语会话 ---*/
char *vstr[] = {
    "Hello!",                                   /* 你好。*/
    "How are you?",                             /* 你好吗？ */
    "Fine thanks.",                             /* 嗯，我很好。 */
    "I can't complain, thanks.",                /* 嗯，还行吧。 */
    "How do you do?",                           /* 初次见面。 */
    "Good bye!",                                /* 再见。 */
    "Good morning!",                            /* 早上好。 */
    "Good afternoon!",                          /* 下午好。 */
    "Good evening!",                            /* 晚上好。 */
    "See you later!",                           /* 再见（过会见）。 */
    "Go ahead, please.",                        /* 您先请。 */
    "Thank you.",                               /* 谢谢。 */
    "No, thank you.",                           /* 不，谢谢。 */
    "May I have your name?",                    /* 请问你叫什么名字？ */
    /*… 省略 …*/
    "To be honest with you,",                   /* 说真的…… */
};
```

因为该训练软件也是用函数 *word_training* 来实现的，所以训练的原理和“C 语言的单词训练”相同。

小结

生成跟上一次生成的随机数不同的随机数

为了避免连续生成值相同的随机数，我们需要循环生成跟上一次生成的随机数值不同的随机数。

```
zenkai = n;        /* 上一次的随机数（赋给的值在生成的范围外）*/

while (/* … */) {          /* 多次循环 */
    do {
        konkai = rand() % n;   /* 生成随机数0~n - 1 */
    } while (konkai == zenkai);
    /* 这次生成的随机数konkai和上一次生成的随机数zenkai值不同 */
    zenkai = konkai;
}
```

自由演练

练习 8-1

List 8-4 中随机排列了 12 个字符串供玩家练习。改写程序，这 12 个字符串不用全部出现，从中随机选择 10 个出题即可。并且，同一个字符串不能重复出现。

练习 8-2

List 8-7 中“C 语言的单词训练”和“英语会话训练”使用了 *NO* 个字符串来出题（*NO* 被定

义为 15)。尽管我们努力避免不和上一个题目重复，但仍然有可能和上上个(或上上上个……)题目重复。

改写程序，使一次训练中出题时不会采用同一个字符串。

※ 可以设置宏 *NO* 的值，令其不超过单词的数量。

练习 8-3

List 8-7 的“英语会话训练”中，显示要输入的文档的中文解释后，玩家不仅能练习打字，还能学习英语会话。因此请在上一题编好的程序中追加一个让玩家输入英文的模式，例如，显示

你好。Hello！

后，玩家需要输入 Hello！(玩家可以选择显示中文解释的模式或不显示中文解释的模式)。

练习 8-4

把 List 8-6 的“键盘布局联想打字”追加到上一题编好的程序中。

练习 8-5

编写一个打字练习软件，取出块内的两个键，让玩家把每种排列都练习 5 遍，例如“ASDFG”块的练习如下。

```
ASASASASAS SASASASASA   ADADADADAD DADADADADA
AFAFAFAFAF FAFAFAFAFA   AGAGAGAGAG GAGAGAGAGA
SDSDSDSDSD DSDSDSDSDS   SFSFSFSFSF FSFSFSFSFS
SGSGSGSGSG GSGSGSGSGS   DFDFDFDFDF FDFDFDFDFD
DGDGDGDGDG GDGDGDGDGD   FGFGFGFGFG GFGFGFGFGF
```

练习 8-6

上一题要求两个两个键地练习，这次请编写一个三个三个键(例如 ASDASD……)地练习的程序。

练习 8-7

把在**练习 8-5** 和**练习 8-6** 中编好的程序追加到**练习 8-4** 的程序中。另外，在各项训练结束后，程序不仅要显示打字所花费的时间，还要显示玩家的打字速度(输入一个键所需要的平均时间)。

第 9 章

文件处理

本章将学习有关文件处理的基础知识。我们将编写能把训练结果保存在文件中，以便玩家知道“历史最高得分”的“寻找幸运数字”程序，以及各种实用程序。

本章主要学习的内容

- 文件和流
- 标准流
- 缓冲区
- 重定向
- 文本文件
- 二进制文件
- ⊙ FILE 型
- ⊙ fclose 函数
- ⊙ fflush 函数
- ⊙ fgetc 函数
- ⊙ fopen 函数
- ⊙ fprintf 函数
- ⊙ fputc 函数
- ⊙ fputs 函数
- ⊙ fread 函数
- ⊙ fscanf 函数
- ⊙ fwrite 函数
- ⊙ getchar 函数
- ⊙ setbuf 函数
- ⊙ setvbuf 函数
- ⊙ EOF
- ⊙ stderr
- ⊙ stdin
- ⊙ stdout

9-1 标准流

为了在程序运行结束后保存处理结果，文件的读写是不可或缺的。本章我们将学习文件处理的相关内容。

复制程序

List 9-1 是一个非常有名的程序。我们先来认真研究一下这个程序。

List 9-1 chap09/concopy.c

```
/* 直接输出玩家输入的字符 */

#include <stdio.h>

int main(void)
{
    int ch;

    while ((ch = getchar()) != EOF)
        putchar(ch);

    return 0;
}
```

运行程序。由键盘输入的字符直接显示在了控制台画面上。

▶运行示例中，在 MS-Windows 上运行的程序的文件名为 "concopy.exe"。启动程序时可以省略扩展名 ".exe"（也可以带着扩展名）。

按住 [Control] 键的同时按下 [Z] 键，就可以向程序发出结束输入的指令。在有些编程环境和操作系统中，需要再另外按下回车键。另外，在 UNIX 中使用的是 [Ctrl] + [D]，而不是 [Ctrl] + [Z]。

getchar 函数和 EOF

用于读取字符的 ***getchar*** 函数返回的是已读取的字符。然而，当检测出发生错误或者输入结束时，则会返回 **EOF**。宏 **EOF** 是 End Of File① 的缩写，在 <stdio.h> 头文件中被定义为一个负值的整数。

EOF

```
#define EOF -1        /* 定义的示例（值根据编程环境而有所不同）*/
```

▶大多数编程环境都如上所示，将 **EOF** 定义为 -1（但是，不一定所有编程环境都将 **EOF** 定义成 -1）。

① 即文件结束。——译者注

	getchar
头文件	**#include** <stdio.h>
格式	**int** ***getchar***(**void**);
功能	从标准输入流 stdin 中读取 **unsigned char** 型的下一个字符（如果存在下一个字符），并将其转换成 **int** 型，然后将该流关联的文件位置指示符（如果定义了文件位置指示符）移动到下一个字符
返回值	返回标准输入流 stdin 的下一个字符。在流中检测出文件末尾时，对该流设置文件结束指示符，返回 **EOF**

▶关于“标准输入流”和 stdin 我们将会在后文学习。

赋值和比较

程序的主体是一个很短的 **while** 语句，阴影部分是该语句的控制表达式，我们结合 Fig.9-1 来理解一下。如图所示，该表达式的运算分两步进行。

1 通过 ***getchar*** 函数把已读取的字符赋给变量 *ch*。

2 判断赋值表达式 *ch* = ***getchar*()** 和 **EOF** 的值是否相等。因为赋值表达式 *ch* = ***getchar*()** 的求值结果就是赋值后的 *ch* 的类型和值，所以判断过程用文字表述如下。

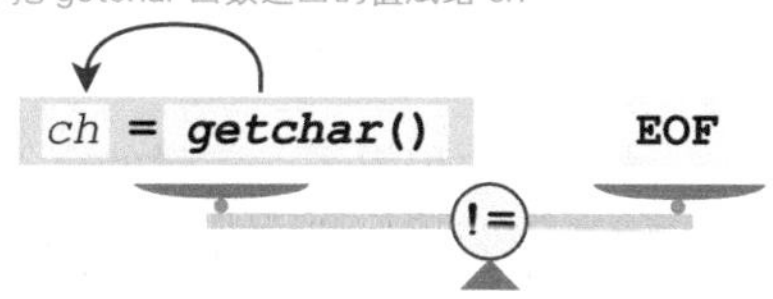

● Fig.9-1 List 9-1的控制表达式

把已读取的字符赋给 *ch*，如果得到的值与 EOF 不相等……

▶表达式 *ch* = ***getchar*()** 外面的括号“( )”不能省略，因为相等运算符“**!=**”的优先级要高于赋值运算符“**=**”。

C 语言的高手往往喜欢采用表达式嵌套表达式的形式。

这是因为，如果不采用嵌套的形式，程序就会如右边的代码段那样变得很长。

```
while (1) {
    ch = getchar();
    if (ch == EOF) break;
    putchar(ch);
}
```

▶并不是只要把程序嵌套缩短了就好，所以没必要刻意模仿 List 9-1 的控制表达式的写法。话虽如此，为了能流畅阅读他人编写的程序，大家必须做到一眼就能理解这种程度的表达式。

在 **while** 语句的循环体中，已读取的字符 *ch* 是通过 ***putchar*** 函数来显示的。

这样一来，程序会逐个读取字符，并将其直接输出到画面上，直到输入完所有的字符（或者发生错误）。

流和缓冲区

请大家仔细观察程序运行的情况。

理论上应该每读取一个字符，就进行一次字符的复制，但实际上在玩家按下回车键后，程序会**一次性复制一整行字符**。

为什么程序会如此运作呢？

*

假设现在要往硬盘输出 100 个字符。

如果以 1 个字符为单位访问 100 次硬盘的话，硬盘就得一直不停地运作。但是如果把 100 个字符一次性输出的话，硬盘的运行就会变得既快速又流畅。

因此如 Fig.9-2 所示，我们把已读取的字符和应该写出的字符都暂时储存到**缓冲区**（buffer），关上阀门，然后依如下条件打开阀门，对 OS 进行输入输出的指示。

- 缓冲区中积累了一定量的字符。
- 因程序原因需要立即进行读写操作。

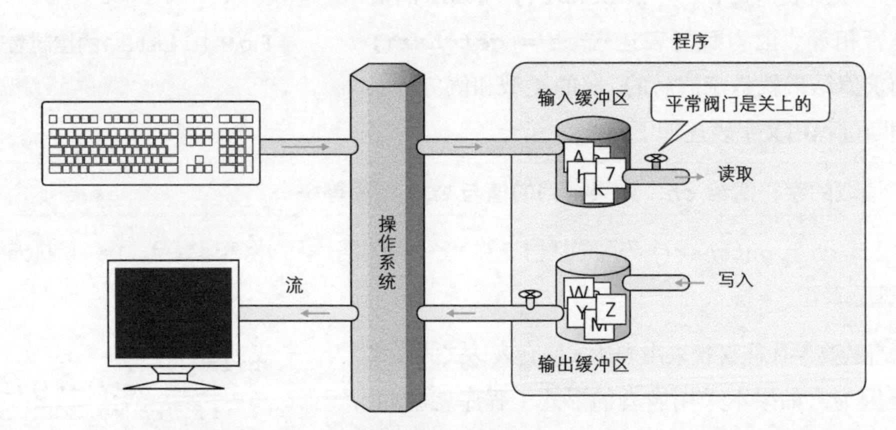

● Fig.9-2　流和缓冲区

像这样顺畅地实现输入和输出的方法就叫作**缓冲**（buffering）。

另外，我们把通过连接键盘和显示器等周边机器所形成的“字符流通的道路”叫作**流**（stream）。

缓冲的种类

C 语言支持的缓冲分为以下 3 种。

►在这里，“主机环境”通常指的是用于运行程序的 OS。

全缓冲（fully buffering）

进行完整的缓冲。

- **从输入流输入**

输入的字符被储存到缓冲区，当缓冲区存满时，从主机环境把储存在缓冲区中的内容传送给程序。

- **向输出流输出**

输出的字符被储存到缓冲区，当缓冲区存满时，把储存在缓冲区中的内容传送给主机环境。

行缓冲（Line buffering）

以行为单位进行缓冲。

- **从输入流输入**

输入的字符被储存到缓冲区，当读取到换行字符或者缓冲区存满时，从主机环境把储存在缓冲区中的内容传送给程序。

如果有相关的输入要求，也会从主机环境传送字符。

- **向输出流输出**

输出的字符被储存到缓冲区，当写入到换行字符，或是缓冲区存满时，把储存在缓冲区中的内容传送给主机环境。

无缓冲（unbuffering）

不进行缓冲。

- **从输入流输入**

只要条件允许，输入的字符就会从输入方的主机环境直接传送给程序。

- **向输出流输出**

只要条件允许，输出的字符就会直接传送给输出目标的主机环境。

setvbuf 函数 /setbuf 函数：更改缓冲方法

C 语言为我们提供了可以更改缓冲方法，或者把在程序中单独准备的数组等空间作为缓冲区连接到流的库，就是以下所示的 ***setvbuf*** 函数和 ***setbuf*** 函数。

	setvbuf
头文件	`#include <stdio.h>`
格式	`int setvbuf(FILE *stream, char *buf, int mode, size_t size);`

（续）

	setvbuf
功能	只有在 *stream* 指向的流连接到已打开的文件，且对该流进行其他的操作前，才允许调用本函数。实际参数 *mode* 像下面这样来指定对 *stream* 的缓冲方法。 **_IOFBF**……对输入输出进行全部缓冲。 **_IOLBF**……对输入输出进行行缓冲。 **_IONBF**……对输入输出不进行缓冲。 若 *buf* 为空指针则分割空间，将其作为缓冲区来使用。若 *buf* 不为空指针，则将 *buf* 指向的数组作为缓冲区来使用。实际参数 *size* 用于指定数组的大小。数组的内容通常是不固定的
返回值	成功后返回 0；当 *mode* 被指定了无效值或者无法顺应要求时返回 0 以外的值

	setbuf
头文件	**#include** <stdio.h>
格式	**void *setbuf*(FILE** **stream*, **char** **buf*);
功能	除了不返回值以外，其他都与把 *mode* 作为值 **_IOFBF**，把 *size* 作为值 **BUFSIZ**（专栏 9-1）的 ***setvbuf*** 函数相同。但是当 *buf* 为空指针时，则等价于把 *mode* 作为值 **_IONBF** 的 ***setvbuf*** 函数
返回值	无

然而，即使通过这些函数要求分配到键盘和显示画面的标准输入流和标准输出流更改缓冲方法，**也不一定能成功**。

输入输出的缓冲操作不仅在 C 语言程序中，在 OS 中也是非常普遍的。

因此，大多数环境都不支持通过 ***setvbuf*** 函数和 ***setbuf*** 函数把键盘输入改成“无缓冲”。也就是说，**如果不依赖编程环境和运行环境，在不按下回车键的状态下，是无法获取前面已按下的其他键的输入信息的**。

第 7 章和第 8 章之所以使用了 C 语言标准库中没有提供的 ***getch*** 函数，也是基于上述原因。

fflush 函数：刷新缓冲区

在前面几章的程序，例如第 2 章显示字符的程序中，**为了确保输出**，我们调用了下列函数。

```
fflush(stdout);
```

这里调用的 ***fflush*** 函数用于强制刷新（清空）缓冲区中堆积的未输出的字符。

	fflush
头文件	**#include** <stdio.h>
格式	**int *fflush*(FILE** **stream*);
功能	当 *stream* 指向输出流或更新流，并且这个更新流最近执行的操作不是输入时，***fflush*** 函数将把该流中还未写入的数据传递给主机环境，由主机环境向文件中写入这些数据。其他情况下的动作未定义。 当 *stream* 为空指针时，对定义了刷新操作的所有流执行该操作
返回值	发生写入错误时返回 **EOF**，否则返回 0

传递给 ***fflush*** 函数的 stdout 是与**控制台画面**连接的标准输出流（详细内容我们会在下文学到）。

在多数编程环境中，用于标准输出流的缓冲区阀门通常都是关闭着的，只有在下述任一条件成立时才会打开。

- 换行符进入了缓冲区。
- 缓冲区已满。

因此，为了把缓冲区中储存的字符强制显示在画面上，需要通过 ***fflush***(stdout) 打开阀门（Fig.9-3）。

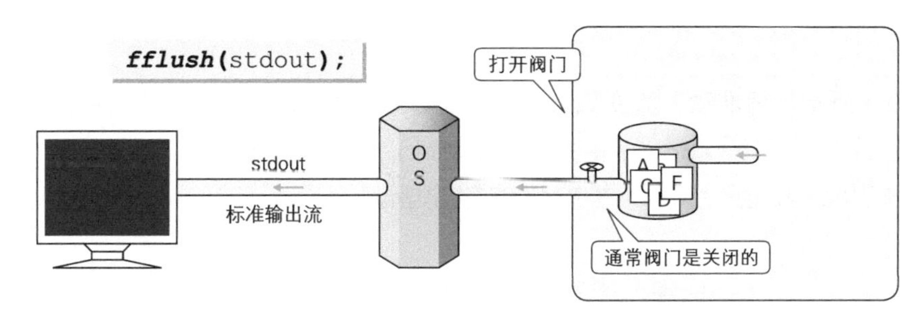

● Fig.9-3　通过 fflush 函数刷新（清空）缓冲区

标准流

包括前文介绍的 stdout 在内，C 语言的程序中提供了如下所示的 3 个标准流。

stdin：标准输入流（standard input stream）

用于读取普通输入的流，在大部分环境中为键盘输入。***scanf*** 函数和 ***getchar*** 函数会从这个流中读取输入的字符。

stdout：标准输出流（standard output stream）

用于写入普通输出的流，在大部分环境中为控制台画面输出。***printf*** 函数和 ***putchar*** 函数会向这个流输出。

stderr：标准错误流（standard error stream）

用于写出错误的流，在大部分环境中和标准输出流一样，为控制台画面输出。

对标准错误流进行输出时，不使用 ***printf*** 函数和 ***putchar*** 函数，而是使用后面会学到的 ***fprintf*** 函数和 ***fputc*** 函数。

►这 3 个流在程序开始运行时就能使用了，所以没必要在程序代码中做什么特别的前期准备。

重定向

在UNIX和MS-Windows等OS中，通过**重定向**（redirect）功能可以更改标准输入流和标准输出流的连接设备。

启动程序时，执行以下更改命令。

- 更改标准输入流：在符号<后面给出输入源。
- 更改标准输出流：在符号>后面给出输出目标。

下面是对List 9-1的程序concopy部分使用了重定向的启动和运行示例。

```
>concopy < abc.c > out.txt⏎
```

如Fig.9-4所示，标准输入流变成从文件"abc.c"输入，标准输出流变成向"out.txt"输出。运行程序后，文件"abc.c"的内容被复制到了"out.txt"中。

▶即使进行重定向，也不会切换标准错误流的连接设备。

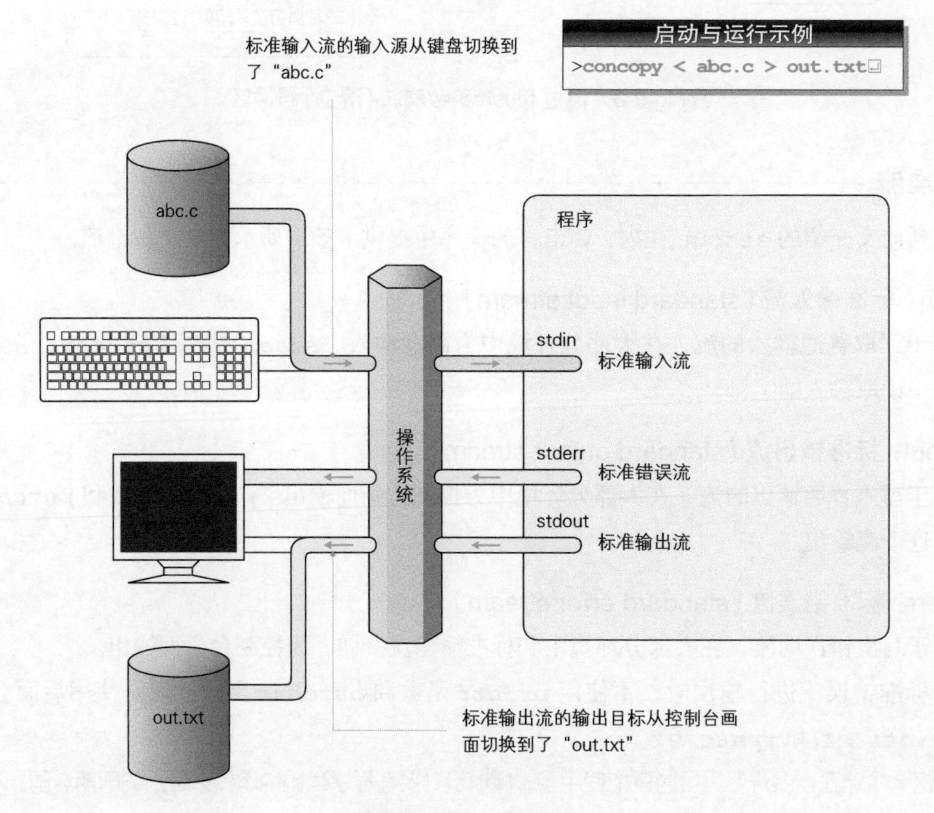

● Fig.9-4 重定向

只切换标准输出流的连接设备，并运行以下代码后，从键盘输入的字符就被复制到了"out.txt"中。

```
>concopy > out.txt⏎
```

若只切换标准输入流的连接设备，运行以下代码后，文件"abc.c"的内容就被显示到了控制台画面上。

```
>concopy < abc.c⏎
```

*

重定向用起来很方便，但并不是万能的。想要不依赖该功能处理文件，就必须在程序中进行文件的读写。

为了能够自由读写程序，我们需要继续往下学习。

9-2 文本文件

本小节我们将以文本文件为题材，学习打开、关闭、输入输出等文件处理的基础知识。

文件的打开和关闭

大家使用笔记本的时候，首先会翻开笔记本，然后翻页阅读，或者在适当的位置写写画画，当读写工作结束以后就会合上笔记本（Fig.9-5）。

● Fig.9-5 文件的打开和关闭

在程序中处理文件时也是一样的。首先我们要打开文件，然后找到要读写的位置进行读写，最后把文件关闭。

我们把打开文件的操作称为**打开**（open），把关闭文件的操作称为**关闭**（close）。

fopen 函数：打开文件

负责**打开**文件的是 ***fopen*** 函数（详情见下文）。把要打开的文件名称传给第 1 参数，把"模式”传给第 2 参数，然后调用 ***fopen*** 函数。

“模式”的概要如下。

- **只读模式**：只从文件输入。
- **只写模式**：只向文件输出。
- **更新模式**：对文件进行输入 / 输出。
- **追加模式**：从文件末尾处开始向文件输出。

成功打开文件后，这个函数会新设置一个流以访问文件，然后返回一个指针，指针指向对象 **FILE**[1]，**FILE** 中存有用于控制该流的信息。

	fopen
头文件	**#include** <stdio.h>
格式	**FILE** ****fopen***(**const char** **filename*, **const char** **mode*);
解说	打开文件名称为 *filename* 指向的字符串的文件，把流连接到该文件。 实际参数 *mode* 指向的字符串以下列任一个字符开头。 **r** 以只读模式打开文本文件。 **w** 以只写模式生成文本文件，若文件存在则文件长度清为 0[2]。 **a** 以追加模式，也就是从文件末尾处开始的只写模式，打开或生成文本文件。 **rb** 以只读模式打开二进制文件。 **wb** 以只写模式生成二进制文件，若文件存在则文件长度清为 0。 **ab** 以追加模式，也就是从文件末尾处开始的只写模式，打开或生成二进制文件。 **r+** 以更新（读写）模式打开文本文件。 **w+** 以更新模式生成文本文件，若文件存在则文件长度清为 0。 **a+** 以追加模式，也就是从文件末尾处开始写入的更新模式，打开或生成文本文件。 **r+b** 或 **rb+** 以更新（读写）模式打开二进制文件。 **w+b** 或 **wb+** 以更新模式生成二进制文件，若文件存在则文件长度清为 0。 **a+b** 或 **ab+** 以追加模式，也就是从文件末尾处开始写入的更新模式，打开或生成二进制文件。 以只读模式打开（*mode* 以字符 'r' 开头时）文件时，如果该文件不存在或者没有读取权限，则文件打开失败。 对于以追加模式（*mode* 以字符 'a' 开头时）打开的文件，打开后的写入操作都是在文件末尾处进行的。此时 ***fseek*** 函数的调用会被忽略。在有些用空字符填充二进制文件的编程环境中，以追加模式（*mode* 以字符 'a' 开头，并且第 2 个或第 3 个字符是 'b'）打开二进制文件时，会将流的文件位置指示符设在超过文件中数据末尾的位置。 对于以更新模式（*mode* 的第 2 个或第 3 个字符是 '+'）打开的文件所连接的流，允许进行输入和输出操作。但若要在输出操作之后进行输入操作，就必须在这两个操作之间调用文件定位函数（***fseek***、***fsetpos*** 或 ***rewind***）。除非输入操作进行到文件末尾，其他情况下若要在输入操作之后进行输出操作，也必须在这两个操作之间调用文件定位函数。有的编程环境会将以更新模式打开（或生成）文本文件替换为相同模式打开（或生成）二进制文件，这不会影响操作。 当能够识别到打开的流没有连接到通信设备时，该流为全缓冲。打开时会清空流的错误指示符和文件结束指示符
返回值	返回一个指向对象的指针，该对象用于控制已打开的流。若打开操作失败，则返回空指针

① FILE 是一个新的数据类型。——译者注

② 即该文件的内容消失。——译者注

FILE 型

FILE 型是在 <stdio.h> 头文件中定义的。它用于记录控制流所需要的信息，至少包含以下信息。

文件位置指示符（file position indicator）

记录当前访问的地址（在文件中的位置）。

错误指示符[①]（error indicator）

记录是否发生了读取错误或写入错误。

文件结束指示符（end-of-file indicator）

记录是否已到达文件末尾。

FILE 型的具体实现方法因编程环境而异，一般多以结构体的形式实现。

▶表示标准流的 stdin、stdout、stderr 都是指向 **FILE** 型的指针型，在程序开始运行时就已经被打开了。

fopen 函数成功打开文件后，会返回一个指向 **FILE** 型对象的指针，**FILE** 型对象中存有文件连接的流的相关信息。

Fig.9-6 是一个用“只读模式”打开文件 "abc.c" 的示例。虚线部分是通过 ***fopen*** 函数生成和返回的 **FILE** 型对象，指向这个对象的指针被赋给了 *fp*。

因此，对已打开的文件执行的所有操作都将通过指针 *fp* 来进行（本示例中只允许读取，不允许写入）。根据 *fp* 指向的 **FILE** 型对象的信息进行读写等操作后，其结果会更新上述所示的 **FILE** 型中含有的信息。

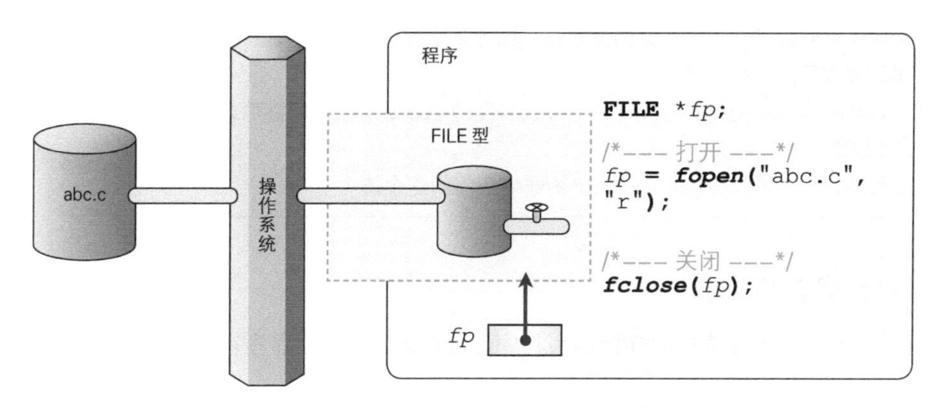

● Fig.9-6 文件、流、打开以及关闭

① 也叫出错指示符。——译者注

fclose 函数：关闭文件

使用完文件以后，要关闭文件，切断文件与流的连接。为此，C 语言向我们提供了 ***fclose*** 函数。

	fclose
头文件	**#include** <stdio.h>
格式	**int** ***fclose*****(FILE** **stream*);
功能	刷新 *stream* 指向的流，关闭与该流相连的文件。流中只进行了缓冲操作，还未被写入的数据会被传递到主机环境，由主机环境把这些数据写入文件中，而缓冲区里面尚未被读取的数据会被丢弃。然后把该流与文件分离，如果存在系统自动分配的与该流相连接的缓冲区，则会释放该缓冲区
返回值	成功关闭流时返回 0，检测出错误时则返回 **EOF**

这个函数的用法很简单。只要像图中所示那样，把打开文件时 ***fopen*** 函数返回的指针作为参数传递给 ***fclose*** 函数即可。

▶关闭文件后，指向流的指针（图中的 *fp*）还存在，但指针指向的 **FILE** 型对象（图中的虚线部分）却消失了。因此，我们无法用曾经关闭过的指针来操作流。

此外，即使不调用 ***fclose*** 函数（只要没有通过 ***abort*** 函数来强制中断 **main** 函数），在程序结束时（也就是 **main** 函数结束时），已打开的文件的缓冲区也会被自动刷新，然后文件被关闭。

专栏 9-1 FOPEN_MAX、FILENAME_MAX 以及 BUFSIZ

在 <stdio.h> 头文件中，还定义了除 **EOF** 以外的其他几个宏，其中包括下列 3 个表现了操作环境特性的宏。

在编写实用性程序时这 3 个宏都是不可或缺的。

- FOPEN_MAX

编程环境能同时打开的文件数的最小值。包含 3 个标准流，最小值不能小于 8。

- FILENAME_MAX

用于存储编程环境能打开的文件名的最大长度的 **char** 型数组所需的大小。

- BUFSIZ

表示缓冲区大小的整数值，***setbuf*** 函数中会用到这个值。

保存和获取训练信息

下面我们来运用文件读取的知识编写程序。List 9-2 所示的程序在第 7 章编写的“寻找幸运数字”基础上追加了如下功能。

- 在程序启动时显示上次结束程序时的日期和时间。
- 显示历史最高得分。

▶而且，在导入第 7 章中生成的 "getputch.h" 库的同时，我们还将训练进行了一些改动，使其能够循环运行。

List 9-2 chap09/lacknum3.c

```
/* 寻找幸运数字训练（其三：显示上一次的日期和最高得分）*/

#include <time.h>
#include <float.h>
#include <ctype.h>
#include <stdio.h>
#include <stdlib.h>
#include "getputch.h"

#define MAX_STAGE   10
#define swap(type, x, y)   do { type t = x; x = y; y = t; } while (0)

char dtfile[] = "LACKNUM.DAT";                    /* 文件名 */

/*--- 获取并显示上一次的训练信息，返回最高得分 ---*/
double get_data(void)
{
    FILE *fp;
    double best;      /* 最高得分 */

    if ((fp = fopen(dtfile, "r")) == NULL) {
        printf("你是第一次运行本程序吧。\n\n");
        best = DBL_MAX;
    } else {
        int year, month, day, h, m, s;

        fscanf(fp, "%d%d%d%d%d%d", &year, &month, &day, &h, &m, &s);
        fscanf(fp, "%lf", &best);
        printf("上次结束程序是在%d年%d月%d日%d时%d分%d秒。\n",
                                        year, month, day, h, m, s);

        printf("历史最高得分（所用最短时间）为%.1f秒。\n\n", best);
        fclose(fp);
    }

    return best;
}

/*--- 写入本次训练信息 ---*/
void put_data(double best)
{
    FILE *fp;
    time_t t = time(NULL);
    struct tm *local = localtime(&t);

    if ((fp = fopen(dtfile, "w")) == NULL)
        printf("发生错误!!");
    else {
        fprintf(fp, "%d %d %d %d %d %d\n",
                    local->tm_year + 1900, local->tm_mon + 1, local->tm_mday,
                    local->tm_hour,         local->tm_min,     local->tm_sec);

        fprintf(fp, "%f\n", best);
        fclose(fp);
    }
}

/*--- 运行训练程序并返回得分（所用时间）---*/
```

```
double go(void)
{
    int i, j, stage;
    int dgt[9] = {1, 2, 3, 4, 5, 6, 7, 8, 9};
    int a[8];
    double jikan;                   /* 时间 */
    clock_t start, end;             /* 开始时间和结束时间 */

    printf("请输入缺少的数字。\n");
    printf("按下空格键开始。\n");
    while (getch() != ' ')
        ;

    start = clock();

    for (stage = 0; stage < MAX_STAGE; stage++) {
        int x = rand() % 9;         /* 生成随机数0～8 */
        int no;                     /* 已读取的值 */

        i = j = 0;
        while (i < 9) {             /* 复制时跳过dgt[x] */
            if (i != x)
                a[j++] = dgt[i];
            i++;
        }

        for (i = 7; i > 0; i--) {          /* 重新排列数组a */
            int j = rand() % (i + 1);
            if (i != j)
                swap(int, a[i], a[j]);
        }

        for (i = 0; i < 8; i++)       /* 显示所有元素 */
            printf("%d ", a[i]);
        printf(": ");
        fflush(stdout);

        do {
            no = getch();
            if (isprint(no)) {                  /* 如果能显示的话 */
                putch(no);                      /* 显示按下的键 */
                if (no != dgt[x] + '0')         /* 如果回答错误 */
                    putch('\b');                /* 把光标往前退一格 */
                else
                    printf("\n");               /* 换行 */
                fflush(stdout);
            }
        } while (no != dgt[x] + '0');
    }
    end = clock();

    jikan = (double)(end - start) / CLOCKS_PER_SEC;

    printf("用时%.1f秒。\n", jikan);

    if (jikan > 25.0)
        printf("反应太慢了。\n");
    else if (jikan > 20.0)
        printf("反应有点慢呀。\n");
    else if (jikan > 17.0)
        printf("反应还行吧。\n");
    else
        printf("反应真快啊。\n");

    return jikan;
```

```
}

int main(void)
{
    int retry;          /* 再来一次？ */
    double score;       /* 得分（所用时间） */
    double best;        /* 最高得分（所用最短时间） */                    ❶

    best = get_data();              /* 获取历史最高得分 */               ❷

    init_getputch();
    srand(time(NULL));              /* 设定随机数的种子 */

    do {
        score = go();               /* 运行训练程序 */                   ❸

        if (score < best) {
            printf("更新了最高得分（所用时间）!!\n");
            best = score;           /* 更新最高得分 */                   ❹
        }

        printf("再来一次吗…(0)否(1)是：");
        scanf("%d", &retry);
    } while (retry == 1);

    put_data(best);                 /* 写入本次训练的日期、时间以及得分 */ ❺

    term_getputch();

    return 0;
}
```

首先运行程序。

初次启动本程序时，画面上会像运行示例①中那样出现“你是第一次运行本程序吧。”的字样。从第 2 次起，启动本程序时，画面上就会像运行示例②中那样，显示上次的训练信息。

运行示例❶

```
你是第一次运行本程序吧。

请输入缺少的数字。
按下空格键开始。
1 5 7 9 6 4 3 8 : 2
5 8 4 3 7 1 2 6 : 9
1 8 6 2 7 5 9 4 : 3
6 7 1 2 8 3 4 9 : 5
5 3 6 9 7 2 1 8 : 4
9 3 4 6 8 5 1 7 : 2
… 省略 …
用时31.1秒。
反应太慢了。
更新了最高得分（所用时间）!!
再来一次吗…(0)否(1)是：0
```

运行示例❷

```
上次结束程序是在2018年10月18日17时28分35秒。
历史最高得分（所用最短时间）为31.1秒。

请输入缺少的数字。
按下空格键开始。
5 3 6 9 7 2 1 8 : 4
3 2 1 7 4 5 6 9 : 8
1 2 3 4 8 6 9 7 : 5
1 5 7 9 6 4 3 8 : 2
5 8 4 3 7 1 2 6 : 9
… 省略 …
用时29.4秒。
反应太慢了。
更新了最高得分（所需时间）!!
再来一次吗…(0)否(1)是：0
```

我们将与训练的日期和得分有关的信息称为“训练信息”。本程序中的训练信息存在文件 "LACKNUM.DAT" 中，其内容如 Fig.9-7 所示。

上一次训练的结束时间以 6 个整数值的形式保存在第 1 行，历史最高得分以实数值的形式保存在第 2 行。

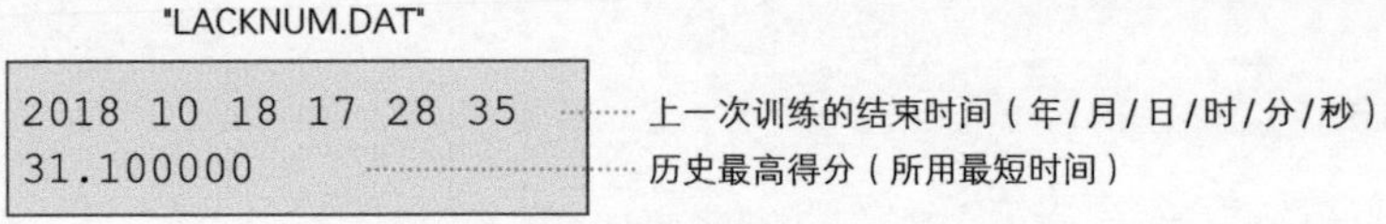

"LACKNUM.DAT"

```
2018 10 18 17 28 35   ……… 上一次训练的结束时间（年 / 月 / 日 / 时 / 分 / 秒）
31.100000             ……… 历史最高得分（所用最短时间）
```

● Fig.9-7　存储训练信息的文件的内容

更新最高得分

负责管理最高得分的是1到5的部分。我们先来大致梳理一下流程。

1的部分声明了 2 个变量，*score* 是表示本次训练得分（所用时间）的变量，*best* 则是表示最高得分的变量。

“寻找幸运数字”程序追求在短时间内结束训练，因此**所用最短时间就是最高得分**（所用时间越短成绩越好）。我们把训练的所用时间存入这 2 个变量中。

2的部分通过函数 *get_data* 从文件读取历史最高得分（所用时间），并赋给变量 *best*。

▶关于负责读取最高得分的函数 *get_data*，我们将在下文中学到。

函数 *go* 负责执行训练，会返回训练所用时间。3的部分把返回的值赋给变量 *score*，如果返回值小于 *best*，说明**玩家刷新了最高得分**，因此4的部分把 *score* 的值赋给 *best*，表示更新了最高得分。

训练结束后，5的部分通过函数 *put_data* 把最高得分的信息写入文件中。

▶关于负责写入最高得分的函数 *put_data*，我们将在后面学习。

*

本程序中负责往文件中读写数据的是函数 *get_data* 和函数 *put_data*。下面来学习一下这 2 个函数的作用。

读取训练信息

在训练开始前的2的部分调用的函数 *get_data* 用于读取上一次程序运行结束时保存的训练信息。

首先用只读模式 "r" 打开文件 "LACKNUM.DAT"。文件成功打开与否，决定了后续的操作。

▪ 文件打开失败时

只要文件未损坏或未被删除，就算是**第一次运行本程序**。我们把最高得分（所用最短时间）设为用 **double** 型能表示的最大值 **DBL_MAX**，表示这是第一次运行本程序。

▶如果把所用最短时间设为一个很大的值，那最高得分实际上就变成了 0。另外，表示 **double** 型能表示的最大值的宏 **DBL_MAX** 是在 <float.h> 头文件中定义的。

▪ 文件打开成功时

读取上次运行时保存的训练信息（日期、时间以及最高得分），将这些信息显示在画面上，然后关闭文件。

fscanf 函数：输入格式

fscanf 函数用于从文件中读取训练信息。

	fscanf
头文件	**#include** <stdio.h>
格式	**int *fscanf*(FILE** **stream*, **const char** **format*, **...);**
功能	从 *stream* 指向的流（而不是标准输入流）中读取信息。除此之外，与 ***scanf*** 函数完全相同
返回值	如果没有进行任何转换就发生了输入错误，则返回宏 **EOF** 的值。否则返回被赋值的输入项数。如果在输入中发生匹配错误，则输入项数有可能小于与转换说明符对应的实际参数的个数，也有可能变成 0

这个函数和 ***scanf*** 函数进行的输入操作是相同的。但是输入源不是标准输入流，而是第 1 参数所指向的流。

例如，如果想从已经打开的流 *fp* 中读取 **int** 型的整数值并存入变量 *k* 中，可以使用如下代码。

```
fscanf(fp, "%d", &k);
```

只要在 ***scanf*** 函数的前面加上 ***f***，并把输入源的流添加到第 1 参数即可。

写入训练信息

在程序结束后的5的部分调用的函数 *put_data* 用于把训练信息写入文件。

首先用只写模式 "w" 打开文件 "LACKNUM.DAT"，文件成功打开与否，决定了后续的操作。

▪ 文件打开失败时

画面上会显示“发生错误!!”的信息。

▪ 文件打开成功时

用 ***time*** 函数检查当前的日期和时间，把值写入文件，然后把最高得分写入文件，并关闭文件。

在程序的最后运行 *put_data* 函数，就**可以把本次写入的训练信息在下次启动程序时显示出来**。

fprintf 函数：输出格式

fprintf 函数用于把训练信息写入到文件中。

	fprintf
头文件	**#include** <stdio.h>
格式	**int** ***fprintf***(**FILE** **stream*, **const char** **format*, ...);
功能	向*stream*指向的流（而不是标准输出流）写入信息。除此之外，与***printf***函数完全相同
返回值	返回传送的字符数量。若发生输出错误则返回负值

这个函数和***printf***函数进行的输出操作是相同的，但是输出目标不是标准输出流，而是第1参数指向的流。

例如，如果想把**int**型的整数值*k*的值以十进制数字的形式写入已经打开的流*fp*中，可以使用如下代码。

```
fprintf(fp, "%d", &k);
```

只要在***printf***的前面加上***f***，添加输出目标的流作为第1参数即可。

9-3 实用程序的编写

现在大家已经掌握了文件的基本用法，本节我们就来编写具有实用性的文件处理程序。

concat：文件的连接输出

List 9-3所示的程序concat是本章最开始学习的List 9-1扩展后的产物。

List 9-3 chap09/concat.c

```
/* concat … 文件的复制 */
#include <stdio.h>

/*--- 把从src输入的数据输出到dst ---*/
void copy(FILE *src, FILE *dst)
{
    int ch;

    while ((ch = fgetc(src)) != EOF)
        fputc(ch, dst);
}

int main(int argc, char *argv[])
{
    FILE *fp;

    if (argc < 2)
        copy(stdin, stdout);            /* 标准输入 → 标准输出 */
    else {
        while (--argc > 0) {
```

```
            if ((fp = fopen(*++argv, "r")) == NULL) {
                fprintf(stderr, "文件%s无法正确打开。\n",
                                        *argv);
                return 1;
            } else {
                copy(fp, stdout);    /* 流fp → 标准输出 */
                fclose(fp);
            }
        }
    }
    return 0;
}
```

根据启动程序时给出命令行参数的方法，本程序可用于以下 3 种场合。

▶关于命令行参数，我们已经在 6-4 节学习过了。

① 标准输入流的复制

如运行示例①所示，命令行没有给出参数，直接启动程序后，程序的运行和 List 9-1 相同。

也就是从标准输入流读取字符，再把字符复制到标准输出流。

启动和运行示例①

```
>concat
Hello!
Hello!
This is a pen.
This is a pen.
Ctrl + Z
>
```

② 单一文件的复制

命令行只给出一个文件名，启动程序后，文件的内容会被输出到控制台画面（标准输出流）。运行示例②所示为文件 "concat.c" 的内容被显示的情形。

启动和运行示例②

```
>concat concat.c
/* concat … 文件的复制 */

#include <stdio.h>

/*--- 把从src输入的数据输出到dst ---*/
void copy(FILE *src, FILE *dst)
{
        int ch;

        while ((ch = fgetc(src)) != EOF)
                fputc(ch, dst);

… 省略 …
}
>
```

当然，如果运行环境（操作系统）支持的话，可以通过重定向切换输出目标。例如运行下列代码后，文件 "concat.c" 的内容就会被原封不动地复制到 "a.txt" 中。

```
>concat concat.c > a.txt
```

如果指定的文件不存在，阴影部分就会通过 ***fprintf*** 函数向标准错误流输出文件不存在的信息。

▶不能像下面这样通过 ***printf*** 函数来输出错误信息。

```
printf("文件%s无法正确打开。\n", *argv);
```

这是因为通过重定向更改了标准输出流的连接设备后，错误信息不会再显示在控制台画面上，而是会被写入更改后的连接设备。

③ 多个文件的连续复制

如运行示例③所示，命令行指定了多个文件名，启动程序后，程序会**连续**输出这些文件的内容。

程序名 concat 源自英语单词 concatenate，意思是“连接”。

▶用于连接字符串的标准库函数 ***strcat*** 的名称也是源自英语单词 concatenate。此外，UNIX 的标准库中提供了用于连接和显示文件的 cat 命令[①]。

启动和运行示例③

```
>concat concat.c detab.c
/* concat … 文件的复制 */

#include <stdio.h>

/*--- 把从src输入的数据输出到dst ---*/
void copy(FILE *src, FILE *dst)
{
        int ch;

        while ((ch = fgetc(src)) != EOF)
                fputc(ch, dst);
}

int main(int argc, char *argv[])
{
  … 省略 …
}
/* detab … 展开水平制表符 */

#include  <stdio.h>
  … 以下省略 …
```

concat.c

detab.c

※ 连续输出了 2 个文件。

当然，也可以使用重定向更改输入源及输出目标。例如运行下列代码后，连接了命令行给出的两个文件 "concat.c" 和 "detab.c" 的内容就会被复制到文件 "condet.txt" 中。

```
>concat concat.c detab.c > condet.txt
```

*

① 从命令行给出的文件中读取数据，并将这些数据直接送到标准输出。——译者注

负责程序中的主要操作的是函数 *copy*，它用于接收 2 个参数。

这个函数先从 *src* 指向的流中读取字符，再把字符复制到 *dst* 指向的流。

它与 List 9-1 的 **main** 函数的主体部分很相似，但进行输入和输出时调用的函数不一样。

```
void copy(FILE *src, FILE *dst)
{
    int ch;

    while ((ch = fgetc(src)) != EOF)
        fputc(ch, dst);
}
```

fgetc 函数：从流中读取一个字符

从流中读取字符要用到 ***fgetc*** 函数。这个函数在读取一个字符上和 ***getchar*** 函数一样，但它的输入源不是标准输入流，而是第 1 参数指向的流。

	fgetc
头文件	**#include** <stdio.h>
格式	**int *fgetc*(FILE** **stream*);
功能	从 *stream* 指向的输入流中读取 **unsigned char** 型的下一个字符的值（如果存在下一个字符），并将其转换成 **int** 型，然后将该流关联的文件位置指示符（如果定义了文件位置指示符）移动到下一个字符
返回值	返回 *stream* 指向的输入流中的下一个字符。在流中检测到文件末尾时对该流设置文件结束指示符并返回 **EOF**。发生读取错误时，则对该流设置错误指示符并返回 **EOF**

如果把指向标准输入流的指针 stdin 作为参数给出，再调用 ***fgetc*(**stdin**)** 的话，实质上就相当于运行了 ***getchar*()**。

fputc 函数：向流输出一个字符

跟 ***fgetc*** 函数相反，***fputc*** 函数用于向流输出字符。它在输出一个字符上和 ***putchar*** 函数一样，但它的输出目标不是标准输出流，而是第 2 参数指向的流。

	fputc
头文件	**#include** <stdio.h>
格式	**int *fputc*(int** *c*, **FILE** **stream*);
功能	将 *c* 指定的字符转换成 **unsigned char** 型并写入 *stream* 指向的输出流，此时如果定义了流关联的文件位置指示符，就会向其指示的位置写入字符，并将文件位置指示符适当地向前移动。在不支持文件定位或以追加模式打开流的情况下，输出的字符往往会被追加到输出流的末尾
返回值	返回写入的字符，若发生写入错误，则对流设置错误指示符并返回 **EOF**

如果把指向标准输出流的指针 stdout 传递给第 2 参数，再调用 ***fputc*(*c*, stdout)** 的话，实质上就相当于运行了 ***putchar*(*c*)**。

▶还有一个等同于 ***fputc*** 函数的标准库函数 ***putc***。如下所示，这个函数的形式跟 ***fputc*** 函数相同（功能也相同）。

```
int putc(int c, FILE *stream);
```

早期的C语言中只提供了 ***putc*** 函数（据说多数情况下是作为宏而不是作为函数提供的），后来人们为了和其他的输入输出库保持一致，在其名称开头加了一个 ***f***，即后来追加的 ***fputc*** 函数。

detab：把水平制表符转换成空白字符

上一个程序 concat 的运行示例，是在把 tab 宽度为 4 个字符的环境下生成的文件拿到 tab 宽度为 8 个字符的环境下运行时所得出的结果。因此，tab 的位置在显示时会空出一截。

为了能用任意宽度显示 tab，我们把文件中的 tab 转换成空白字符，然后再输出文件内容，由此编写的程序就是 List 9-4 的程序 detab。

启动和运行示例1

```
>detab↵
Hello!⇨How are you?↵
Hello!  How are you?
Let's⇨go.↵
Let's   go.
Ctrl + Z
>
```

▶运行示例中的 ⇨ 表示制表符的输入。

List 9-4 chap09/detab.c

```
/* detab……展开水平制表符 */

#include <stdio.h>
#include <stdlib.h>

/*--- 展开tab，把从src输入的数据输出到dst ---*/
void detab(FILE *src, FILE *dst, int width)
{
    int ch, pos = 1;

    while ((ch = fgetc(src)) != EOF) {
        int num;

        switch (ch) {
         case '\t':                                /* 制表符 */
            num = width - (pos - 1) % width;
            for ( ; num > 0; num--) {
                fputc(' ', dst);
                pos++;                             ―――――――――― 1
            }
            break;

         case '\n':                                /* 换行符 */
            fputc(ch, dst); pos=1; break;          ―――――――――― 2

         default:                               /* 其他字符 */
            fputc(ch, dst); pos++; break;          ―――――――――― 3
        }
    }
}

int main(int argc, char *argv[])
{
    int  width = 8;
    FILE *fp;

    if (argc < 2)
        detab(stdin, stdout, width);           /* 标准输入 → 标准输出 */
    else {
        while (--argc > 0) {
            if (**(++argv) == '-') {
                if (*++(*argv) == 't')
                    width = atoi(++*argv);
```

```
            else {
                fputs("参数不正确。\n", stderr);
                return 1;
            }
        } else if ((fp = fopen(*argv, "r")) == NULL) {
            fprintf(stderr, "文件%s无法正确打开。\n",
                             *argv);
            return 1;
        } else {
            detab(fp, stdout, width);  /* 流fp → 标准输出 */
            fclose(fp);
        }
    }
  }
  return 0;
}
```

如运行示例①所示，没有给出参数，直接启动程序后，程序会从标准输入流中读取字符，再把字符输出到标准输出流（跟 concat 程序的原理相同）。

此时，tab 距所在行的开头空了 8 位。

命令行可以指定下面两个值。

▪ 输入源文件名

给出要读取的文件名称。

▪ tab 宽度

通过在 -t 后面加上整数值来指定 tab 宽度。

给出这两个参数后，启动并运行程序，结果如②和③所示。即使输入源的文件相同，但只要改变指定的 tab 宽度，得到的结果也会大相径庭。

启动和运行示例❷

```
>detab -t3 concat.c
/* concat … 文件的复制 */

#include <stdio.h>

/*--- 把从src输入的数据输出到dst ---*/
void copy(FILE *src, FILE *dst)
{
   int ch;

   while ((ch = fgetc(src)) != EOF)
      fputc(ch, dst);
}
… 以下省略 …
```

启动和运行示例❸

```
>detab -t6 concat.c
/* concat … 文件的复制 */

#include <stdio.h>

/*--- 把从src输入的数据输出到dst ---*/
void copy(FILE *src, FILE *dst)
{
      int ch;

      while ((ch = fgetc(src)) != EOF)
            fputc(ch, dst);
}
… 以下省略 …
```

当要指定多个文件时，可以分别指定每个文件的 tab 宽度。例如运行以下代码，"detab.c" 和 "abc.c" 就转换成了 4 个字符的 tab 宽度，"readme.txt" 和 "prog1.asm" 转换成了 8 个字符的 tab 宽度，制表符也转换成了空白字符。

```
>detab -t4 detab.c abc.c -t8 readme.txt prog1.asm⏎
```

函数 *detab* 从 *src* 指向的流中读取数据，然后把制表符转换成 *width* 位的空白字符，再把字符输出到 *dst* 指向的流。

变量 *pos* 表示正在输出的字符的数位（从所在行开头数是第几个字符）。接下来我们利用这个变量计算要把制表符转换成几个空白字符。

计算的详细过程如 Fig.9-8 所示。图中，tab 宽度为 4 位，●中的数值是变量 *pos* 的值。

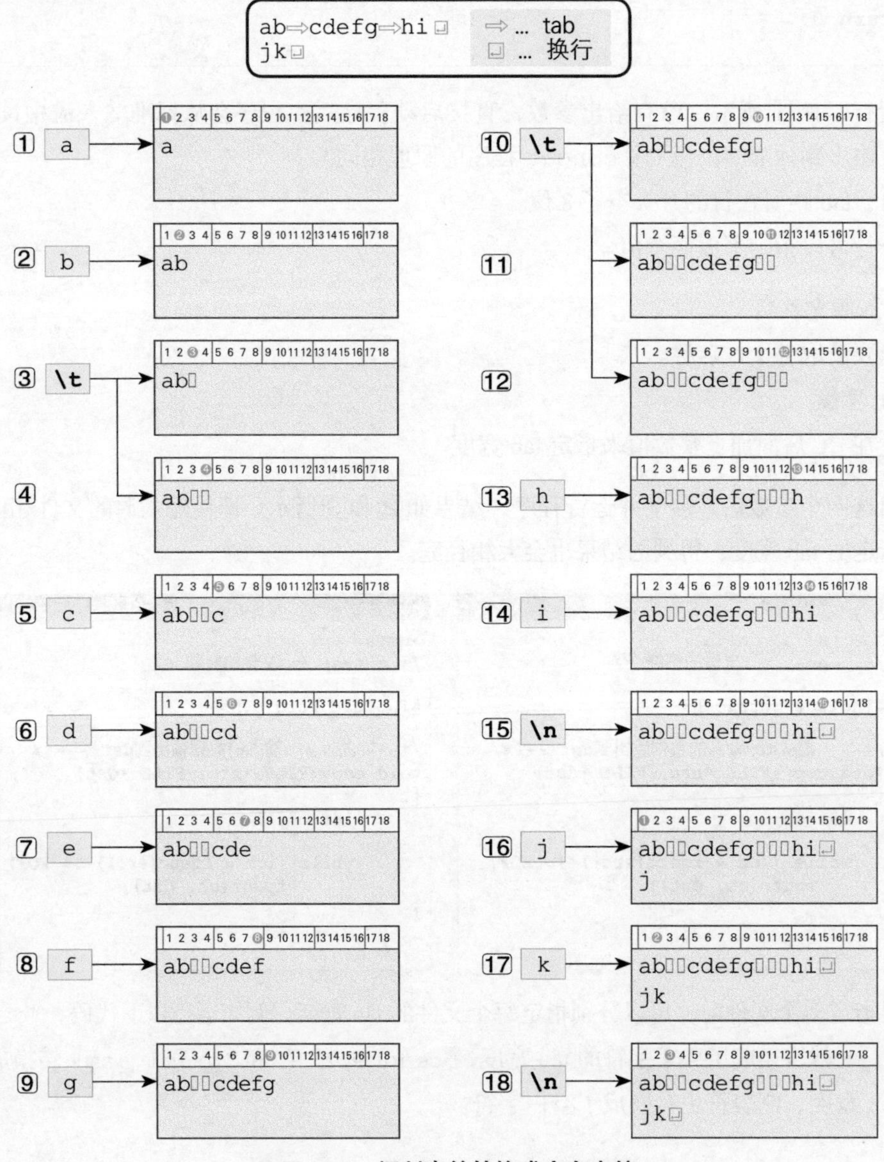

●Fig.9-8 把制表符转换成空白字符

读取到一般的字符时

图①和图②中读取了 'a' 和 'b'。把读取到的字符原封不动地输出到标准输出流，同时对 *pos* 进行增量操作（程序3）。

读取到制表符时

接下来读取制表符（图中记为⇨）。此时**需要把空白字符填到下一个制表符位置**。通过图③和图④的操作，输出了 *num* 个（示例中为 2 个）空白字符，*pos* 的值也相应增加 *num*（程序1）。

读取到换行符时

图⑮中读取到了换行符。把 *pos* 返回到 1（图⑯），进行数位的重置（程序2）。

fputs 函数：输出字符串

命令行参数以 -t*n* 的形式（*n* 是十进制整数值）来指定 tab 宽度。如果给出的参数的“-”后面紧跟着的字符不是 t，那么控制台画面上就会显示出“参数不正确。”的信息。

显示信息时要用到对流写入字符串的 ***fputs*** 函数。

	fputs
头文件	**#include** <stdio.h>
格式	**int *fputs*(const char** **s*, **FILE** **stream*);
功能	把参数 *s* 指向的字符串写入 *stream* 指向的流，但不包括字符串末尾的空字符
返回值	若发生写入错误则返回 **EOF**，否则返回非负值

需要传达给程序使用者的重要错误信息不能用 ***puts*** 函数或 ***printf*** 函数来输出。这是因为程序启动时标准输出目标被重定向后，信息将不再输出到控制台画面，而是输出到重定向方。

通常情况下，必须要传达给程序使用者的错误信息是向标准错误流 stderr 进行输出，而不是标准输出流 stdout。

还有一点需要大家注意的是，这个函数跟向标准输出流中写入字符串的 ***puts*** 函数不同，**它不会添加换行符**。

因此，要在标准输出流上显示 "ABC" 并换行，就需要明确输出换行符，如下所示。

```
fputs("ABC\n", stdout);          /* 相当于puts("ABC") */
```

entab：把空白字符转换成水平制表符

List 9-5 所示的程序 entab 执行的动作与 detab 正好相反，是把空白字符转换成水平制表符。

List 9-5 chap09/entab.c

```
/* entab……把空白字符转换成水平制表符 */

#include <stdio.h>
#include <stdlib.h>

/*--- 把从src输入的空白字符转换成制表符后输出到dst ---*/
void entab(FILE *src, FILE *dst, int width)
{
    int ch;
    int count = 0;
    int ntab  = 0;
    int pos   = 1;

    for ( ; (ch = fgetc(src)) != EOF; pos++)
        if (ch == ' ') {
            if (pos % width != 0)
                count++;
            else {
                count = 0;
                ntab++;
            }
        } else {
            for ( ; ntab > 0; --ntab)
                fputc('\t', dst);
            if (ch == '\t')
                count = 0;
            else
                for ( ; count > 0; count--)
                    fputc(' ', dst);
            fputc(ch, dst);
            if (ch == '\n')
                pos = 0;
            else if (ch == '\t')
                pos += width - (pos - 1) % width - 1;
        }
}

int main(int argc, char *argv[])
{
    int  width = 8;
    FILE *fp;

    if (argc < 2)
        entab(stdin, stdout, width);          /* 标准输入 → 标准输出 */
    else {
        while (--argc > 0) {
            if (**(++argv) == '-') {
                if (*++(*argv) == 't')
                    width = atoi(++*argv);
                else {
                    fputs("参数不正确。\n", stderr);
                    return 1;
                }
```

```
            } else if ((fp = fopen(*argv, "r")) == NULL) {
                fprintf(stderr, "文件%s无法正确打开。\n",
                                *argv);
                return 1;
            } else {
                entab(fp, stdout, width);  /* 流fp → 标准输出 */
                fclose(fp);
            }
        }
    }
    return 0;
}
```

entab 指定 tab 宽度的方法和 detab 相同，都是在 -t 后加上整数值。请大家反复阅读并理解程序。

▶包含 **fputc** 函数在内，在那些对流进行读写操作的函数中，用于指定流的参数 *fp* 原则上都位于**末尾**。

参数 *fp* 位于**开头**的只有 **fprintf** 函数和 **fscanf** 函数，因为 *fp* 在这两个函数中是用于接收可变参数，因此必须位于开头。

小结

流和标准流

向文件和机器输入和输出字符这一操作是通过流来进行的，标准输入流 stdin/ 标准输出流 stdout/ 标准错误流 stderr 这 3 个流在程序开始运行时就准备就绪了。

多数环境中能够通过重定向来更改标准输入流和标准输出流的连接设备。

文件的打开和关闭

使用 **fopen** 函数打开文件并将其与流相连接，结束文件的使用并断开与流的连接时使用 **fclose** 函数。

文件的访问

访问文件时使用指向 **fopen** 函数返回的 **FILE** 型对象的指针，读写操作则可以通过 **fprintf** 函数、**fputc** 函数、**fputs** 函数、**fscanf** 函数、**fgetc** 函数等库来进行。

缓冲

不立即对流执行读写操作，而是先把字符暂时储存到缓冲区，之后再执行。缓冲方法分为全缓冲、行缓冲、无缓冲。使用 **setvbuf** 函数及 **setbuf** 函数可以设定或更改缓冲方法。

此外，使用 **fflush** 函数可以刷新（清空）堆积在输出流缓冲区的字符。

9-4 二进制文件

前面的程序都是对文本文件进行的读写，本小节我们将学习二进制文件的读写。

文本文件和二进制文件

我们先来了解一下文本文件和二进制文件的不同。

文本文件

文本文件把数据表现为**字符的序列**。

例如，整数值 357 可以看成是 '3'、'5'、'7' 这 3 个字符的序列。若使用 ***printf*** 函数和 ***fprintf*** 函数将值写入控制台画面或文件，则会占用 3 个字节。如果字符编码是 ASCII 编码，那么这 3 个字符就会由 Fig.9-9ⓐ所示的位构成。

如果数值是 2157，就会写出 4 个字符（图ⓑ）。只要没有指定输出宽度等格式信息，那么字符数量就将取决于数值的位数和字符串的长度。

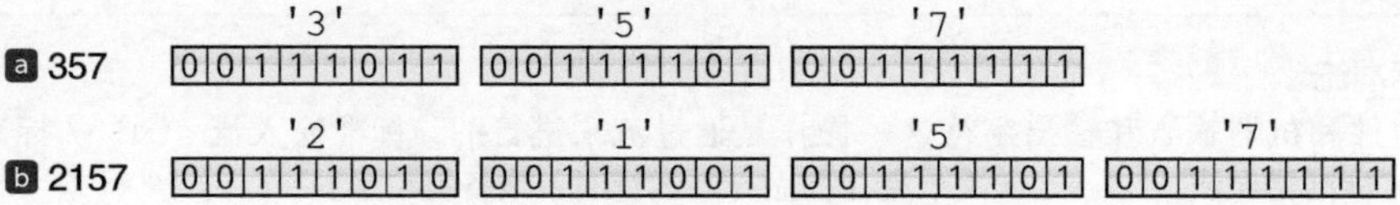

ⓐ 357 '3' 00110011 '5' 00110101 '7' 00110111

ⓑ 2157 '2' 00110010 '1' 00110001 '5' 00110101 '7' 00110111

● Fig.9-9 文本文件中的整数值 357 和 2157

二进制文件

二进制文件会把表示数据的**位序原封不动地显示出来**。

写出 **int** 型的整数值时，会输出 **sizeof(int)** 个字节。因此，在 **int** 型整数为 2 字节 16 位的环境下，整数值 357 及 2157 的位构成就如 Fig.9-10 所示。数据会被原封不动地读写。

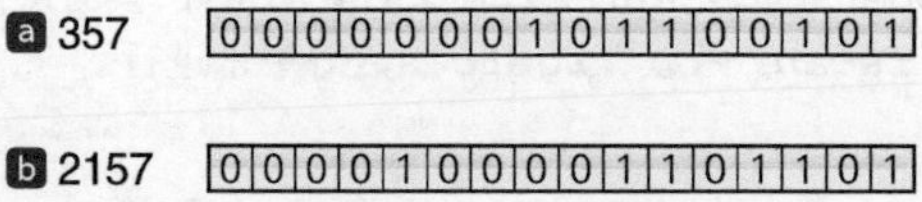

ⓐ 357 0000000101100101

ⓑ 2157 0000100001101101

● Fig.9-10 二进制文件中的整数值 357 和 2157

一眼就能看出来的是文本数据，看不出来的（很难看出来的）是二进制数据，用这两种形式存储的文件就是**文本文件**和**二进制文件**。

►如果是 MS-Windows，就变成了“能用记事本（notepad）查看其内容”的是文本文件，“即使用记事本查看也无法理解其内容”的是二进制文件。

如果是 UNIX，就能用 cat 命令查看文本文件的内容，用 od 命令查看二进制文件的内容。

适用于读写二进制文件的是 ***fread*** 函数和 ***fwrite*** 函数。

fread 函数：从文件中读取数据

fread 函数用于把数据从文件读取到存储空间。给出的参数包括：指向已读取数据的存放地址的指针、数据的个数、单个数据的大小、指向流的指针。

	fread
头文件	**#include** <stdio.h>
格式	**size_t** ***fread*****(void** **ptr*, **size_t** *size*, **size_t** *nmemb*, **FILE** **stream*);
功能	从 *stream* 指向的流中最多读取 *nmemb* 个大小为 *size* 的元素到 *ptr* 指向的数组。对应该流的文件位置指示符（如果定义了文件位置指示符）按照读取成功的字符数量相应地向前移动。发生错误时，对应该流的文件位置指示符的值不固定。当只读取了某一元素的部分内容时，元素的值不固定
返回值	返回读取成功的元素个数。当发生读取错误或读取到文件末尾时，元素个数有时会小于 *nmemb*。当 *size* 或 *nmemb* 为 0 时返回 0，此时数组内容和流的状态都不发生变化

▶当要读取的数据为 1 个时，将第 2 参数 *size* 指定为 1。

fwrite 函数：向文件中写入数据

fwrite 函数用于向文件中写入存储空间的内容。给出的参数包括：指向写入数据的存放地址的指针、数据的数量、单个数据的大小、指向流的指针。

	fwrite
头文件	**#include** <stdio.h>
格式	**size_t** ***fwrite*****(const void** **ptr*, **size_t** *size*, **size_t** *nmemb*, **FILE** **stream*);
功能	从 *ptr* 指向的数组中将最多 *nmemb* 个大小为 *size* 的元素写入 *stream* 指向的流中。对应该流的文件位置指示符（如果定义了文件位置指示符）按照写入成功的字符数量相应地向前移动。发生错误时，对应该流的文件位置指示符的值不固定
返回值	返回写入成功的元素个数。仅当发生写入错误时，元素个数会小于 *nmemb*

hdump：通过字符和十六进制编码实现文件转储

程序 hdump 把命令行指示的文件打开为二进制文件，并用**字符**和**字符编码**的形式显示文件的内容。程序如 List 9-6 所示。

List 9-6 chap09/hdump.c

```
/* hdump: 文件的转储 */

#include <ctype.h>
#include <stdio.h>
#include <limits.h>

/*--- 把流src的内容转储到dst ---*/
void hdump(FILE *src, FILE *dst)
{
    int n;
    unsigned long count = 0;
    unsigned char buf[16];

    while ((n = fread(buf, 1, 16, src)) > 0) {
        int i;

        fprintf(dst, "%08lX ", count);                        /* 地址 */

        for (i = 0; i < n; i++)                                /* 十六进制数字 */
            fprintf(dst, "%0*X ", (CHAR_BIT + 3) / 4, (unsigned)buf[i]);

        if (n < 16)
            for (i = n; i < 16; i++) fputs("   ", dst);

        for (i = 0; i < n; i++)                                /* 字符 */
            fputc(isprint(buf[i]) ? buf[i] : '.', dst);

        fputc('\n', dst);

        count += 16;
    }
    fputc('\n', dst);
}

int main(int argc, char *argv[])
{
    FILE *fp;

    if (argc < 2)
        hdump(stdin, stdout);          /* 标准输入 → 标准输出 */
    else {
        while (--argc > 0) {
            if ((fp = fopen(*++argv, "rb")) == NULL) {
                fprintf(stderr, "文件%s无法正确打开。\n",
                                *argv);
                return 1;
            } else {
                hdump(fp, stdout);  /* 流fp → 标准输出*/
                fclose(fp);
            }
        }
    }
    return 0;
}
```

运行程序。程序 hdump 把源程序 "hdump.c" 转储后的结果如运行示例所示。

▶运行结果是 MS-Windows 上的运行示例。字符编码不同，所得的结果也会不同。

本程序在打开文件时，指定了用 "rb" 模式（二进制的只读模式）打开文件。

阴影部分负责从文件中读取数据。使用 **fread** 函数每次读取 16 个字符，并将其输出到标准输出流。

▶首先把每个字符显示为 2 位的十六进制数值，然后把显示字符直接输出为字符，把非显示字符输出为 `'.'`。

fread 函数返回的是读取到的数据的数量。本程序中，返回值（读取到的字符数量）被赋给了变量 *n*。只要变量 *n* 的值大于 `0`，就会循环从文件读取并显示字符的操作。

启动和运行结果示例

```
>hdump hdump.c↵
00000000 2F 2A 20 68 64 75 6D 70 20 81 63 20 83 74 83 40 /* hdump .c .t.@
00000010 83 43 83 8B 82 CC 83 5F 83 93 83 76 20 2A 2F 0D .C....._...v */.
00000020 0A 0D 0A 23 69 6E 63 6C 75 64 65 20 3C 63 74 79 ...#include <cty
00000030 70 65 2E 68 3E 0D 0A 23 69 6E 63 6C 75 64 65 20 pe.h>..#include
00000040 3C 73 74 64 69 6F 2E 68 3E 0D 0A 23 69 6E 63 6C <stdio.h>..#incl
00000050 75 64 65 20 3C 6C 69 6D 69 74 73 2E 68 3E 0D 0A ude <limits.h>..
00000060 0D 0A 2F 2A 2D 2D 2D 20 83 58 83 67 83 8A 81 5B ../*--- .X.g...[
00000070 83 80 73 72 63 82 CC 93 E0 97 65 82 F0 64 73 74 ..src.....e..dst
00000080 82 D6 83 5F 83 93 83 76 20 2D 2D 2D 2A 2F 0D 0A ..._...v ---*/..
00000090 76 6F 69 64 20 68 64 75 6D 70 28 46 49 4C 45 20 void hdump(FILE
000000A0 2A 73 72 63 2C 20 46 49 4C 45 20 2A 64 73 74 29 *src, FILE *dst)
000000B0 0D 0A 7B 0D 0A 09 69 6E 74 20 6E 3B 0D 0A 09 75 ..{...int n;...u
000000C0 6E 73 69 67 6E 65 64 20 6C 6F 6E 67 20 63 6F 75 nsigned long cou
000000D0 6E 74 20 3D 20 30 3B 0D 0A 09 75 6E 73 69 67 6E nt = 0;...unsign
000000E0 65 64 20 63 68 61 72 20 62 75 66 5B 31 36 5D 3B ed char buf[16];
000000F0 0D 0A 0D 0A 09 77 68 69 6C 65 20 28 28 6E 20 3D .....while ((n =
00000100 20 66 72 65 61 64 28 62 75 66 2C 20 31 2C 20 31  fread(buf, 1, 1
00000110 36 2C 20 73 72 63 29 29 20 3E 20 30 29 20 7B 0D 6, src)) > 0) {.
00000120 0A 09 09 69 6E 74 20 69 3B 0D 0A 0D 0A 09 09 66 ...int i;......f
00000130 70 72 69 6E 74 66 28 64 73 74 2C 20 22 25 30 38 printf(dst, "%08
00000140 6C 58 20 22 2C 20 63 6F 75 6E 74 29 3B 09 09 09 lX ", count);...
00000150 09 09 09 2F 2A 20 83 41 83 68 83 8C 83 58 20 2A .../* .A.h...X *
00000160 2F 0D 0A 0D 0A 09 09 66 6F 72 20 28 69 20 3D 20 /......for (i =
00000170 30 3B 20 69 20 3C 20 6E 3B 20 69 2B 2B 29 09 09 0; i < n; i++)..
00000180 09 09 09 09 09 09 2F 2A 20 31 36 90 69 90 94 20 ....../* 16.i..
00000190 2A 2F 0D 0A 09 09 09 66 70 72 69 6E 74 66 28 64 */.....fprintf(d
000001A0 73 74 2C 20 22 25 30 2A 58 20 22 2C 20 28 43 48 st, "%0*X ", (CH
000001B0 41 52 5F 42 49 54 20 2B 20 33 29 20 2F 20 34 2C AR_BIT + 3) / 4,
000001C0 20 28 75 6E 73 69 67 6E 65 64 29 62 75 66 5B 69  (unsigned)buf[i
000001D0 5D 29 3B 0D 0A 0D 0A 09 09 69 66 20 28 6E 20 3C ]);......if (n <
000001E0 20 31 36 29 0D 0A 09 09 09 66 6F 72 20 28 69 20  16).....for (i
000001F0 3D 20 6E 3B 20 69 20 3C 20 31 36 3B 20 69 2B 2B = n; i < 16; i++
                              … 省略 …
00000410 83 8A 81 5B 83 80 66 70 20 81 A8 20 95 57 8F 80 ...[..fp .. .W..
00000420 8F 6F 97 CD 2A 2F 0D 0A 09 09 09 09 66 63 6C 6F .o..*/......fclo
00000430 73 65 28 66 70 29 3B 0D 0A 09 09 09 7D 0D 0A 09 se(fp);.....}...
00000440 09 7D 0D 0A 09 7D 0D 0A 09 72 65 74 75 72 6E 20 .}...}...return
00000450 30 3B 0D 0A 7D 0D 0A                            0;..}..
```

bcopy：复制文件

下面要编写的是用于复制文件的程序，也就是 List 9-7 所示的程序 `bcopy`。

List 9-7　chap09/bcopy.c

```
/* bcopy：文件的复制 */

#include <stdio.h>

#define BSIZE  1024                /* 分割成这个大小后进行复制 */

int main(int argc, char *argv[])
{
    int n;
    FILE *src, *dst;
    unsigned char buf[BSIZE];

    if (argc != 3) {
        fprintf(stderr, "参数不正确。\n");
        fprintf(stderr, "bcopy 源位置的文件名 目标位置的文件名\n");
    } else {
        if ((src = fopen(*++argv, "rb")) == NULL) {
            fprintf(stderr, "文件%s无法打开。\n", *argv);
            return 1;
        } else if ((dst = fopen(*++argv, "wb")) == NULL) {
            fprintf(stderr, "文件%s无法打开。\n", *argv);
            fclose(src);
            return 1;
        } else {
            while ((n = fread(buf, BSIZE, 1, src)) > 0)
                fwrite(buf, n, 1, dst);
            fclose(src);
            fclose(dst);
        }
    }
    return 0;
}
```

命令行给出了 2 个参数。第 1 个参数是源位置的文件名，第 2 个参数是目标位置的文件名。例如，如果要把文件 "abc.dat" 复制到 "xyz.bin"，就需要按下列代码启动和运行程序。

```
>bcopy abc.dat xyz.bin
```

如果命令行的个数不正确，程序就会显示“参数不正确。”的信息，同时简单显示出该程序的用法。

用“二进制的只读模式”打开源位置的文件,用“二进制的只写模式”打开目标位置的文件。

如果两边的文件都能够打开，就把数据分割成 *BSIZE* 指定的大小并从源位置文件中进行读取，再把其内容原封不动地复制到目标位置文件。在本程序中，*BSIZE* 的值为 1024，因此复制操作是以 1024 字节为单位进行的。

自由演练

练习 9-1

扩展 List 9-2 的“寻找幸运数字”程序，使程序不仅能记录最高得分，还能够记录历史得分排在前 10 名的分数（所用时间）、最近 10 次训练的分数，以及这 10 次训练的运行日期和时间。

练习 9-2

在上一题编写的程序基础上追加“寻找重复数字”的程序。玩家可以在菜单中选择要进行“寻找幸运数字”还是“寻找重复数字”的训练，程序要记录每次训练的得分信息。

练习 9-3

改写上一题中编写的程序，由记录文本文件的信息改成记录二进制文件的信息。

练习 9-4

扩展上一章的**练习 8-7**，使程序能够记录并管理打字所用的时间、速度、错误次数等历史信息。

练习 9-5

编写一个程序 conhead，用于显示命令行给出的文件的开头 n 行数据。以 -n 的形式表示命令行给出的要显示的行数。

例如，运行如下代码时，程序会显示文件 "abc.c" 的开头 15 行数据。

```
conhead abc.c -n15
```

省略 -n 时，程序将显示文件的开头 10 行数据。

练习 9-6

跟上一题相反，编写一个程序 contail，用于显示命令行给出的文件的末尾 n 行数据。

练习 9-7

对 List 9-7 的程序 bcopy 而言，当目标位置文件存在时，程序会覆盖掉该文件的内容（内容会被清除）。改写程序，当目标位置文件存在时向用户确认：

“文件 *** 已经存在，要覆盖吗？…(0) 是 /(1) 否：”

仅当用户选择 (0) 时才进行复制。

练习 9-8

编写一个处理地址簿的程序。自行设计保存文件的项目、格式、菜单等。

第 10 章

英语单词学习软件

本章要编写的是“英语单词学习软件”。首先在程序里面声明用于出题的单词数据，然后改良程序，使程序能从外部文件中读取单词数据。

本章主要学习的内容

- 选项形式的学习软件
- 为字符串数组动态分配空间（二维数组 / 指针数组）
- 从文件中读取单词

10-1 英语单词学习软件

本节要编写一个从选项中选出正确答案的“英语单词学习软件”。我们先来做一个测试版，然后再将其逐步改良为学习软件。

单词显示软件

在编写英语单词学习软件前，我们先来编写一个只能随机显示单词的程序，即 List 10-1 所示的“测试版”的程序。

List 10-1 chap10/wordcai1.c

```
/* 英语单词学习软件（测试版：随机显示中文单词/英语单词）*/

#include <time.h>
#include <stdio.h>
#include <stdlib.h>

#define QNO     12          /* 单词的数量 */

/*--- 中文 ---*/
char *cptr[] = {
    "动物", "汽车",  "花",   "家",   "桌子",  "书",
    "椅子", "爸爸",  "妈妈", "爱",   "和平",  "杂志",
};

/*--- 英语 ---*/
char *eptr[] = {
    "animal", "car",    "flower", "house", "desk",  "book",
    "chair",  "father", "mother", "love",  "peace", "magazine",
};

int main(void)
{
    int nq, pq;             /* 题目编号和上一次的题目编号 */
    int sw;                 /* 0：中文/1：英语 */
    int retry;              /* 重新挑战吗？ */

    srand(time(NULL));      /* 设定随机数的种子 */

    pq = QNO;               /* 上一次的题目编号（不存在的编号）*/

    do {
        do {                        /* 不连续出同一个单词 */
            nq = rand() % QNO;                              ——1
        } while (nq == pq);

        sw = rand() % 2;            /* 中文或者英语 */      ——2

        printf("%s\n", sw ? eptr[nq] : cptr[nq]);           ——3

        pq = nq;

        printf("再来一次？0-否/1-是：");
        scanf("%d", &retry);
    } while (retry == 1);

    return 0;
}
```

运行示例

```
flower
再来一次？0-否/1-是：1
animal
再来一次？0-否/1-是：1
汽车
再来一次？0-否/1-是：0
```

运行程序。从 "动物"、"汽车"……以及与这些词对应的英语单词 "animal"、"car"……这 12 组共 24 个单词中随机选出的单词将被显示出来。

▶表示单词数量 12 的宏 *QNO* 在程序开头处进行了声明。

用于存放指向单词字符串的指针的数组有 2 个，中文单词的数组是 *cptr*，英语单词的数组是 *eptr*。

我们把这 2 个数组的下标称为单词的 "**编号**"，例如 "动物" 和 "animal" 的单词编号为 0，"汽车" 和 "car" 的单词编号为 1。

选择和显示单词

为了随机选择单词，我们需要用到 2 个变量 *nq* 和 *sw*，这 2 个变量的值分别在①和②中决定。

①变量 nq：单词的编号

变量 *nq* 表示要显示的单词的编号。*nq* 的值设为大于等于 0 小于 *QNO*（也就是 0~11）的随机数。

因为变量 *nq* 设定了与上一次显示的单词的编号 *pq* 不同的值，所以**同一个编号的单词不会连续被选中**。

▶这里使用了我们在第 8 章中学习过的方法。

②变量 sw：单词的种类（中文 / 英语）

变量 *sw* 表示显示中文或英语。*sw* 的值为 0 时显示中文单词，为 1 时显示英语单词。

值 0 和 1 设为随机数。

③的部分用于显示已选单词。传递给 **printf** 函数的第 2 个参数是使用了条件运算符 "**? :**" 的条件表达式。

```
sw ? eptr[nq] : cptr[nq]
```

传递给 **printf** 函数的是指向字符串的指针 *eptr*[*nq*] 和 *cptr*[*nq*] 中的任意一个，因此，单词的显示结果如下。

变量 *sw* 的值为
- 0 以外的值：显示编号为 *nq* 的**英语单词**。
- 0：显示编号为 *nq* 的**中文单词**。

▶例如，若 *sw* 为 1，*nq* 为 2，那么显示出的单词就是 "flower"。

向单词学习软件扩展

刚才的程序只能显示单词，List 10-2 的程序将其改良成了学习软件，在显示单词的同时提供选项，供学习者选择。学习者选完后程序会进行正误判断。

程序提供的选项如下。

- 题目是英语单词 → 选项是 4 个中文单词。
- 题目是中文单词 → 选项是 4 个英语单词。

选项的个数 4 在阴影部分被定义为宏 *CNO*。更改 *CNO* 的值后，就可以自由更改选项的个数。

▶选项的个数 *CNO* 的值不能超过单词总数 *QNO*。

运行示例

```
哪个是book?
(0) 书  (1) 和平  (2) 家  (3) 动物 : 0
回答正确。
再来一次? 0-否/1-是: 1
哪个是家?
(0) house  (1) love  (2) car  (3) desk : 0
回答正确。
再来一次? 0-否/1-是: 0
```

List 10-2 chap10/wordcai2.c

```
/* 英语单词学习软件（存在隐藏的问题）*/

#include <time.h>
#include <stdio.h>
#include <stdlib.h>

#define QNO  12      /* 单词的数量 */
#define CNO   4      /* 选项的数量 */

/*--- 中文 ---*/
char *cptr[] = {
    "动物", "汽车", "花",  "家",  "桌子", "书",
    "椅子", "爸爸", "妈妈", "爱",  "和平", "杂志",
};

/*--- 英语 ---*/
char *eptr[] = {
    "animal", "car",    "flower", "house", "desk",   "book",
    "chair",  "father","mother", "love",  "peace",  "magazine",
};

/*--- 显示选项 ---*/
void print_cand(const int c[], int sw)
{
    int i;

    for (i = 0; i < CNO; i++)
        printf("(%d) %s  ", i, sw ? cptr[c[i]] : eptr[c[i]]);
    printf(":");
```

```
}

/*--- 生成选项并返回正确答案的下标 ---*/
int make_cand(int c[], int n)
{
    int i;

    c[0] = n;                         /* 把正确答案存入开头元素 */
    for (i = 1; i < CNO; i++)         /* 后面的元素 */
        c[i] = rand() % QNO;          /* 是大于等于0小于QNO的值 */

    return 0;
}

int main(void)
{
    int nq, pq;             /* 题目编号和上一次的题目编号 */
    int na;                 /* 正确答案的编号 */
    int sw;                 /* 题目的语言（0：中文/1：英语） */
    int retry;              /* 重新挑战吗？ */
    int cand[CNO];          /* 选项的编号 */

    srand(time(NULL));      /* 设定随机数的种子 */

    pq = QNO;               /* 上一次的题目编号（不存在的编号） */

    do {
        int no;

        do {                                /* 决定用于出题的单词的编号 */
            nq = rand() % QNO;
        } while (nq == pq);                 /* 不连续出同一个单词 */

        na = make_cand(cand, nq);           /* 生成选项 */
        sw = rand() % 2;

        printf("哪一个是%s? \n", sw ? eptr[nq] : cptr[nq]);

        do {
            print_cand(cand, sw);           /* 显示选项 */
            scanf("%d", &no);
            if (no != na)
                puts("\a回答错误。");
        } while (no != na);
        puts("回答正确。");

        pq = nq;

        printf("再来一次? 0-否/1-是：");
        scanf("%d", &retry);
    } while (retry == 1);

    return 0;
}
```

决定用于出题的单词的方法跟上一个程序相同。本程序中新追加了两个函数，下面我们就来学习一下这两个函数。

- 函数 *print_cand*：显示选项。
- 函数 *make_cand*：生成选项。

显示选项

函数 *print_cand* 用于显示选项。它将接收下面两个参数。

```
void print_cand(const int c[], int sw)
{
    int i;

    for (i = 0; i < CNO; i++)
      printf("(%d) %s  ", i,
        sw ? cptr[c[i]] : eptr[c[i]]);
    printf(": ");
}
```

▪ c：存有选项编号的数组

参数 *c* 接收的是存有选项单词编号的数组。

▪ sw：题目的语言（英语 / 中文）

参数 *sw* 的值表示用来出题的单词的语言。若用的是英语，则 *sw* 为 1，若用中文，则 *sw* 为 0。**for** 语句中则显示与题目语言相反的单词。

- 题目是英语（*sw* 为 1）→ 选项是中文。
- 题目是中文（*sw* 为 0）→ 选项是英语。

因此，如果变量 *sw* 是表示英语的 1，*c*[0]、*c*[1]、*c*[2]、*c*[3] 的值分别是 5、10、3、0的话，则会显示如下的中文选项。

```
(0) 书  (1) 和平  (2) 家  (3) 动物：
```

生成选项

函数 *make_cand* 用于生成要提示的 4 个选项。它将接收下面 2 个参数。

```
int make_cand(int c[], int n)
{
    int i;

    c[0] = n;                         ← 1
    for (i = 1; i < CNO; i++)
        c[i] = rand() % QNO;          ← 2
    return 0;                         ← 3
}
```

▪ c：存有选项编号的数组

参数 *c* 接收的是用于存储选项的数组。

▪ n：题目（正确答案）的编号

参数 *n* 接收的是正确答案（用于出题的单词）的编号。例如，如果用于出题的单词是

“花”，那么 *n* 接收到的就是 2。

下面我们结合 Fig.10-1 来理解本函数的作用。

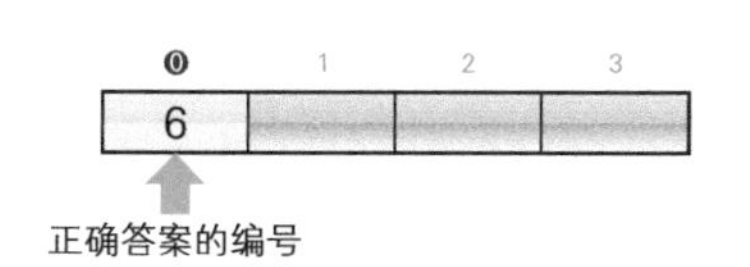

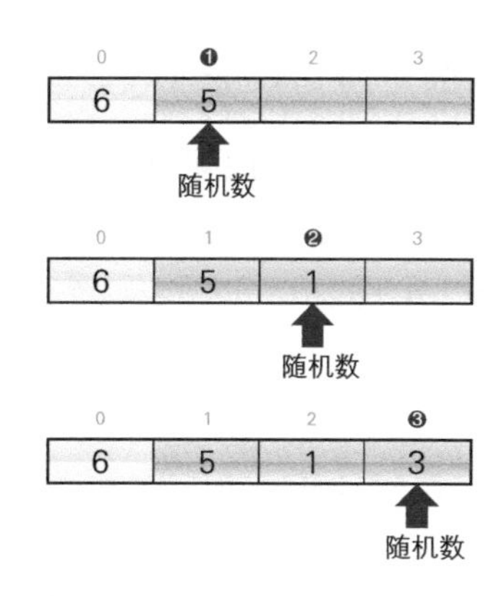

● Fig.10-1 选项的生成

1 存储正确答案

如图 a 所示，把正确答案的编号 *n* 赋给数组的开头元素 `c[0]`。

▶当然，选项里一定得含有正确答案。

2 生成除正确答案以外的其他选项

如图 b 所示，`c[1]`，`c[2]`，`c[3]` 3 个元素中存有选项的编号，存储的值设为大于等于 0 小于 *QNO* 的随机数。

3 返回正确答案的编号

函数 *make_cand* 会返回存有正确答案的元素的下标，此处将返回存有正确答案的 `c[0]` 的下标 0。

▶调用方的 **main** 函数把本函数的返回值赋给了表示正确答案编号的变量 *na*。

```
na = make_cand(cand, nq);
```

由于正确答案位于选项开头，因此此处的函数 *make_cand* 必定会返回 0。后面要制作的改良版将返回 0~3 的随机数。

运行程序，我们会发现，本函数存在下面 2 个问题。

▪ 正确答案一定位于开头

正确答案一定位于选项的开头位置，这样一来学习者就知道答案了。

▪ 选项有可能重复

由于后面 3 个选项设为大于等于 0 小于 *QNO* 的随机数，因此有可能会生成相同的随机数值，此时就会出现重复的选项。

生成选项（改良版本）

用于解决上述问题的函数如 List 10-3 所示。

► 用此处所示的函数替换掉 List 10-2 中的函数 *make_cand*，同时追加一个用于交换两个值的函数宏 *swap*，程序就大功告成了。

List 10-3 chap10/wordcai3.c

```
/*--- 生成选项并返回正确答案的下标 ---*/
int make_cand(int c[], int n)
{
    int i, j, x;

    c[0] = n;                          /* 把正确答案存入开头元素 */  ← 1

    for (i = 1; i < CNO; i++) {
        do {                           /* 生成不重复的随机数 */
            x = rand() % QNO;
            for (j = 0; j < i; j++)
                if (c[j] == x)         /* 已经生成了相同的随机数 */  ← 2
                    break;
        } while (i != j);
        c[i] = x;
    }

    j = rand() % CNO;
    if (j != 0)                                                   ← 3
        swap(int, c[0], c[j]); /* 移动正确答案 */

    return j;                                                     ← 4
}
```

这个函数大体上由 4 步构成。

1 存储正确答案

此项操作和上一个程序相同。如 Fig.10-2 a 所示，把正确答案的编号 *n* 赋给数组的开头元素 `c[0]`。

2 生成正确答案以外的其他选项

这个 **for** 语句负责生成剩下的 3 个选项，生成过程如图 b 所示。把变量 *i* 的值增量为 1, 2, 3，进行 3 次循环。

本程序跟上一个程序的不同之处在于，**for** 语句的循环体中加入了 **do** 语句，形成了二重循环的结构。在内侧的 **do** 语句的作用下，程序会一直重复生成随机数直到出现没有选过的选项值为止，这样一来就能避免选项出现重复。

▶这里利用的方法跟第 4 章的“珠玑妙算”中生成不重复的题目数字时使用的方法（List 4-1）相同。

3 移动正确答案

这一步要做的是移动正确答案。

首先生成随机数 0~3，把该值设为 *j*，然后如图 c 所示，交换 *c*[0] 和 *c*[*j*]。

▶如果生成的随机数 *j* 刚好为 0，那么就变成了 *c*[0] 和 *c*[0] 交换，这时程序会通过 **if** 语句跳过交换处理（正确答案的移动操作）。

此外，用随机数生成的 *j* 的值的范围**必须**设为 0~3 而不能是 1~3，因为正确答案只能位于第 2 个、第 3 个，或者第 4 个位置，绝不能位于开头。

交换的结果如图 d 所示，正确答案现在位于 *c*[*j*] 处。

4 返回正确答案的编号

表示正确答案位置的元素变成了 *c*[*j*]。返回该元素的下标 *j*，结束函数的运行。

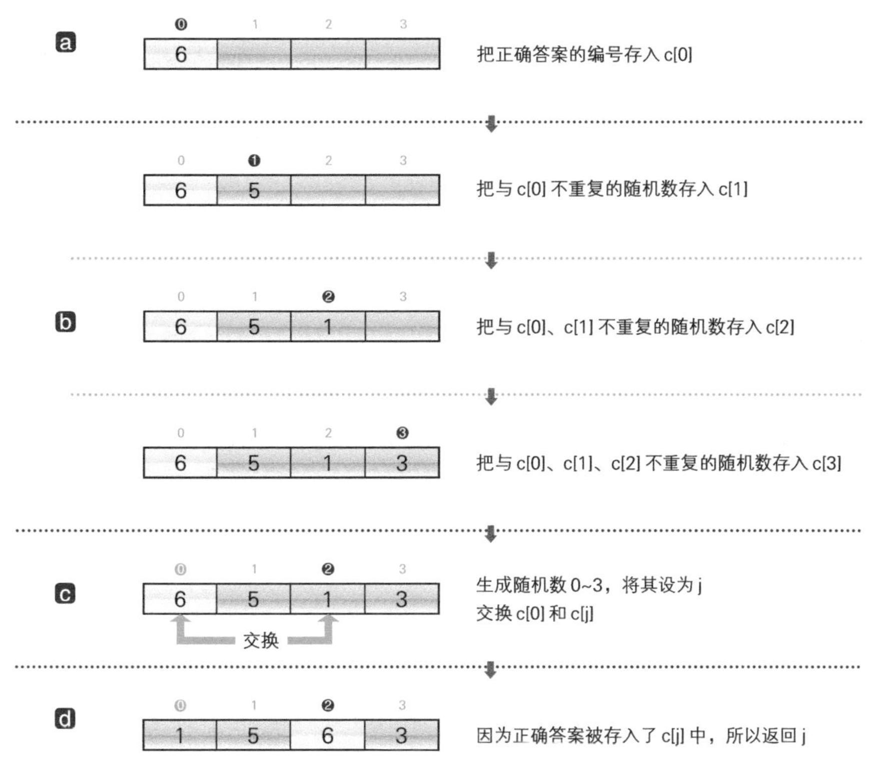

● Fig.10-2 选项的生成（改良版本）

10-2 为字符串数组动态分配空间

如果用于出题的单词只有 12 个，学习者很快就能记住。下面我们来让程序能够处理更多单词。

为单一字符串动态分配空间

如果单词达到了一定数量，那么就应该单独提供一个**单词专用文件**，以便追加和删除单词。

但是，在这种情况下，程序方面单词数量就会变得不明确，也就无法把单词存入“数组”，因为在声明时数组的元素个数必须是已知的。

因此我们需要在运行程序时为任意元素个数的数组动态分配空间。

*

让我们分步骤来进行，先编写一个分配存放 1 个单词的空间的程序，即 List 10-4 所示的程序。

List 10-4 chap10/strary.c

```
/* 为字符串动态分配空间 */

#include <stdio.h>
#include <stdlib.h>
#include <string.h>

int main(void)
{
    char st[16];
    char *pt;

    printf("请输入字符串st：");
    scanf("%s", st);                                   ―1

    pt = malloc(strlen(st) + 1);    /* 动态分配存储空间 */―2

    if (pt) {
        strcpy(pt, st);             /* 复制字符串 */    ―3
        printf("生成了该字符串的副本pt。\n");
        printf("st = %s\n", st);
        printf("pt = %s\n", pt);
        free(pt);                   /* 释放存储空间 */  ―4
    }

    return 0;
}
```

运行示例

```
请输入字符串st：ABCDEFGHIJ↵
生成了该字符串的副本pt。
st = ABCDEFGHIJ
pt = ABCDEFGHIJ
```

运行程序。从键盘敲入字符串后，程序就会生成并显示该字符串的副本。

从键盘输入的字符串存储在数组 *st* 中，*pt* 是指向用于复制的存储空间的指针。

我们来看一下程序的流程。

1 读取从键盘中输入的字符串，存入数组 *st* 中。

2分配存储空间，用于存储读取到的字符串的副本。此处使用了第 5 章中学习的 **malloc** 函数。该函数将分配参数指定大小的存储空间，并返回指向该空间的开头字符的指针。通过 **malloc** 函数来分配在读取的字符串的长度上加 1 后的值的空间。

▶ **strlen** 函数将返回不包含字符串末尾的空字符的字符数量。之所以分配在字符串的长度上加 1 后的值的空间，是为了存放空字符。

因为返回的指针被赋给了 *pt*，所以 *pt* 会指向已分配的空间的开头字符，如 Fig.10-3a所示。

▶ **calloc** 函数分配的空间的所有位都用 0 填满，但 **malloc** 函数分配的空间的位是不确定值。

3把从键盘输入的字符串 *st* 复制到已分配的空间 *pt*（图b），这样副本就生成了。

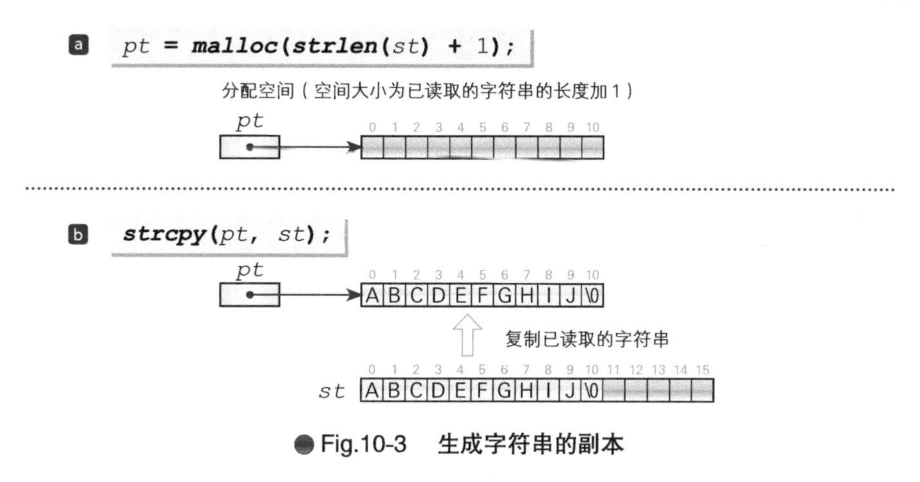

● Fig.10-3　**生成字符串的副本**

4在显示完从键盘输入的字符串和已复制的字符串后，释放已分配的空间。

▶把指向已分配的存储空间的指针原封不动地传递给 **free** 函数。

在多数环境下，用 **malloc** 函数和 **calloc** 函数分配存储空间后，会额外消耗管理所需的空间。因此，与其把 1 字节的空间分配 100 次，不如一次性分配 100 字节的空间，这样能减少存储空间的消耗。

还有一点需要大家注意，虽然程序连续调用了 **malloc** 函数和 **calloc** 函数，但不一定就分配了连续的存储空间。

为字符串数组（二维数组）动态分配空间

因为英语单词学习软件中包含多个字符串，所以必须为“字符串数组”动态分配空间，而不是单一的字符串。

字符串数组包括以下两种。

- 二维数组
- 指针数组（由指向每个字符串的开头字符的指针所构成的数组）

我们先来编写一个为**二维数组分配空间**的程序，如 List 10-5 所示。

List 10-5　chap10/str2dary.c

```
/* 为字符串数组（二维数组）动态分配空间*/

#include <stdio.h>
#include <stdlib.h>

int main(void)
{
    int num;                /* 字符串的个数 */
    char (*p)[15];          /* 字符数量是常量15 */

    printf("有几个字符串：");
    scanf("%d", &num);

    p = (char (*)[15])malloc(num * 15);

    if (p == NULL)
        puts("存储空间分配失败。");
    else {
        int i;

        for (i = 0; i < num; i++) {            /* 读取字符串 */
            printf("p[%d] : ", i);
            scanf("%s", p[i]);
        }

        for (i = 0; i < num; i++)              /* 显示字符串 */
            printf("p[%d] = %s\n", i, p[i]);

        free(p);                                /* 释放存储空间 */
    }

    return 0;
}
```

运行示例

```
有几个字符串：3
p[0] : animal
p[1] : car
p[2] : flower
p[0] : animal
p[1] : car
p[2] : flower
```

二维数组是以“数组”为元素的“数组”。分配存储空间时，因为必须明确元素类型，所以作为元素的“数组”的元素个数 = “数组”的列数（也就是包含了空字符的字符串的字符数量）**必须是常量**。

本程序中的列数是 15，要分配空间的“数组”的元素类型如下所示。

元素类型是 char 型，元素个数是 15 的数组

▶抛去空字符，数组里存放的单词必须控制在 14 个字符以内。

运行示例中，假设“数组”的元素个数（字符串的个数）num 为 3，此时如 Fig.10-4 所示，要分配空间的是下列数组。

以“元素类型是 char 型，元素个数是 15 的数组”为元素类型，元素个数为 3 的数组

这个“数组”由 p[0]，p[1]，p[2]3 个元素构成，而且这 3 个元素都是“数组”。

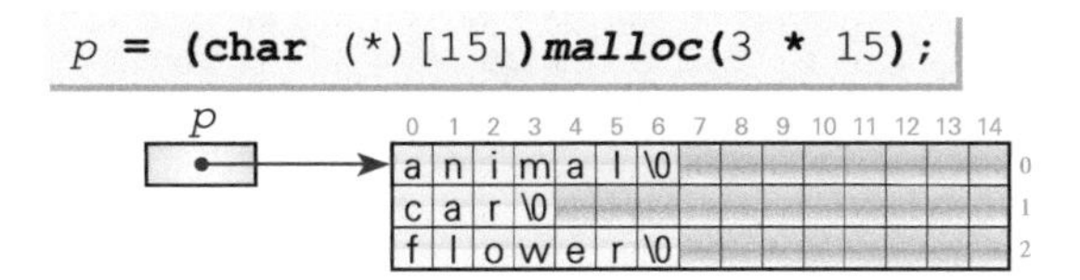

● Fig.10-4　为用于存放字符串数组的二维数组（元素个数是 3）分配空间

我们来看一下元素 p[0]。“数组”p[0] 内的各个元素都是 **char** 型，从前往后依次为 p[0][0]，p[0][1]，p[0][2]，…，p[0][14]。另外，数组中存放的字符串 "animal" 包含空字符在内共有 7 个字符。因为字符串内的各个字符存放在 p[0][0] ~ p[0][6] 中，所以 p[0][7] ~ p[0][14] 处于未使用的状态。

*

在分配存储空间时，元素个数可以自由指定，因此，虽然不能更改决定元素本身类型的列数，但可以自由更改行数。如 Fig.10-5 所示，如果字符串的个数 *num* 为 5，那么要分配空间的就是下列数组。

以“元素类型是 char 型，元素个数是 15 的数组”为元素类型，元素个数为 5 的数组

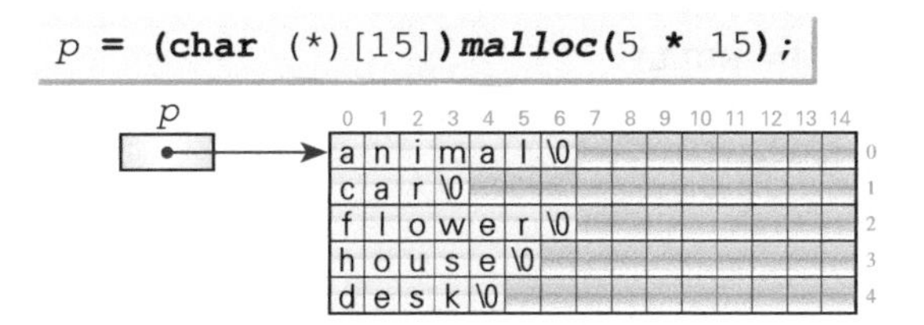

● Fig.10-5　为用于存放字符串数组的二维数组（元素个数是 5）分配空间

综上所述，我们可以得出以下几点。

- 数组的列数（包含空字符的字符串的长度）必须是常量。
- 需要事先知道最长的字符串的字符数量。
- 每行的空字符之后的空间不会被使用（没有用处）。

为字符串数组（指针数组）动态分配空间

字符数量不同的字符串数组适合用“**指针数组**”来表示，而不用二维数组，这一点我们已经在前面的内容中学习过了。

下面我们来编写一个为指针数组动态分配空间的程序，如 List 10-6 所示。

List 10-6 chap10/strptrary.c

```
/* 为字符串数组（指针数组）动态分配空间*/

#include <stdio.h>
#include <stdlib.h>
#include <string.h>

int main(void)
{
    int num;                      /* 字符串的个数 */
    char **pt;

    printf("有几个字符串：");
    scanf("%d", &num);

    pt = (char **)calloc(num, sizeof(char *));      ——1
    if (pt == NULL)
        puts("存储空间分配失败。");
    else {
        int i;

        for (i = 0; i < num; i++)
            pt[i] = NULL;                            ——2

        for (i = 0; i < num; i++) {
            char temp[128];

            printf("pt[%d] : ", i);
            scanf("%s", temp);

            pt[i] = (char *)malloc(strlen(temp) + 1);   ——3

            if (pt[i] != NULL)
                strcpy(pt[i], temp);                 ——4
            else {
                puts("存储空间分配失败。");
                goto Free;
            }
        }
        for (i = 0; i < num; i++)
            printf("pt[%d] = %s\n", i, pt[i]);
Free:
        for (i = 0; i < num; i++)                    ——6
            free(pt[i]);                             ——5
        free(pt);                                    ——7
    }

    return 0;
}
```

运行示例

```
有几个字符串：3
p[0] : animal
p[1] : car
p[2] : flower
p[0] : animal
p[1] : car
p[2] : flower
```

跟上一个二维数组版本的程序相比，本程序的优点在于能够灵活运用，没有字符串的长度（包含空字符）要在 15 个字符以内这个限制条件。但相反地，程序较为复杂。和运行示例一样，我们以生成 3 个字符串为例，看一下程序是如何运行的。

*

1 的部分中为如下数组分配了空间（Fig.10-6 a）。

元素类型是“指向 char 的指针型”，元素个数是 *num*（也就是 3）的数组

分配成功后，指针 *pt* 就会指向该数组的开头元素。

*

有一点需要注意：指针 *pt* 的类型不是 **char** *，而是 **char** **。因为指针 *pt* 指向的不是“字符串的开头字符 **char** 型”，而是“指向字符串的开头字符 **char** 型的指针”。

另外，本程序分配存储空间时，是通过 ***calloc*** 函数而不是 ***malloc*** 函数来分配的。

▶ ***calloc*** 函数有以下几点和 ***malloc*** 函数不同。

- ***calloc*** 函数有 2 个参数，第 1 参数 *nmemb* 接收元素个数，第 2 参数 *size* 接收元素大小（要分配的空间大小为 *nmemb* × *size* 字节）。
- ***calloc*** 函数用 0 来填满已分配的空间的所有位。

已分配的存储空间如果是整数型，则值为 0（因为在整数型中，如果所有的位都是 0，那么值也会是 0）。但如果是**浮点数或指针，则无法保证值就是 0.0 或空指针**（因为所有位都为 0 的空间能否看成是 0.0 或空指针要取决于编程环境和操作环境）。

2 的 **for** 语句把空指针赋给了已分配空间的数组的所有元素（图 b）。关于把空指针 **NULL** 赋给所有元素的原因，我们会在后面学习。

a
```
pt = (char **)calloc(num, sizeof(char *));
```

分配数组空间以存放 num 个 char* 型指针，并把指针赋给 pt

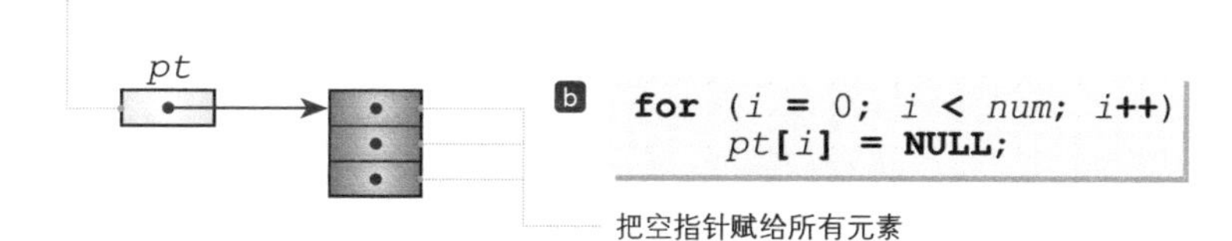

● Fig.10-6 字符串数组的动态生成（其一：指针数组）

1 的部分中分配的是用于**存储指向字符串的指针**的空间。

当然，**还需要另行分配一些空间以存储字符串本身**。

进行这项操作的是 3 的部分，分配了用于存储从键盘输入的字符串的空间。然后在 4 的部分，把读取的字符串复制到该空间。

```
pt = (char **)calloc(num, sizeof(char *));        ─1

if (pt == NULL)
    puts("存储空间分配失败。");
else {
    int i;

    for (i = 0; i < num; i++)
        pt[i] = NULL;                             ─2

    for (i = 0; i < num; i++) {
        char temp[128];
        printf("pt[%d] : ", i);
        scanf("%s", temp);                        3
        pt[i] = (char *)malloc(strlen(temp) + 1);
        if (pt[i] != NULL)
            strcpy(pt[i], temp);                  ─4
        else {
            puts("存储空间分配失败。");
            goto Free;
        }
    }
    /*… 省略 …*/
}
```

*

我们结合 Fig.10-7 来理解一下3和4的部分。

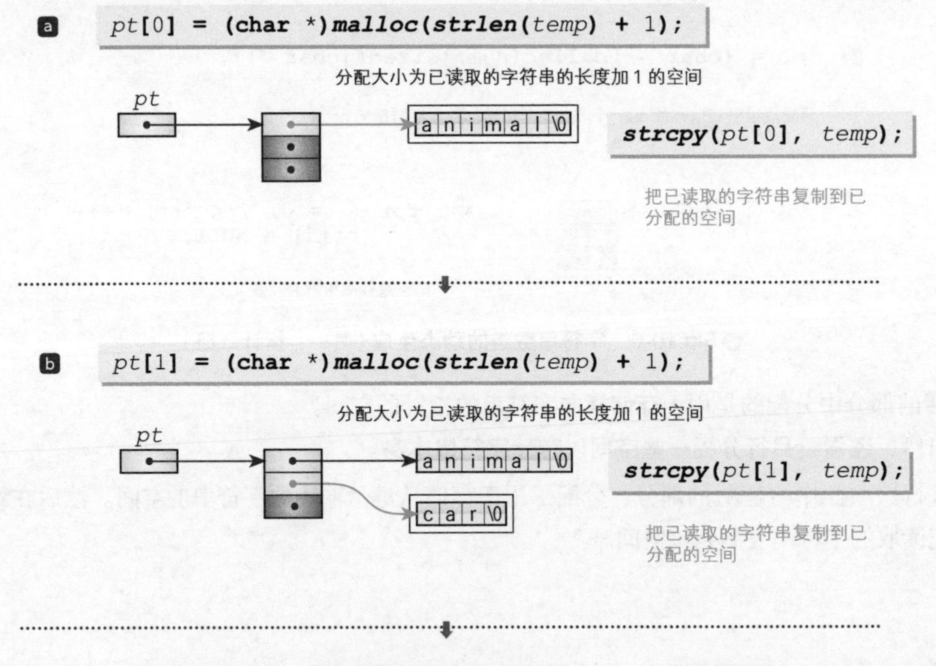

●Fig.10-7　字符串数组的动态生成（其二：一个个字符串）

c

```
pt[2] = (char *)malloc(strlen(temp) + 1);
```

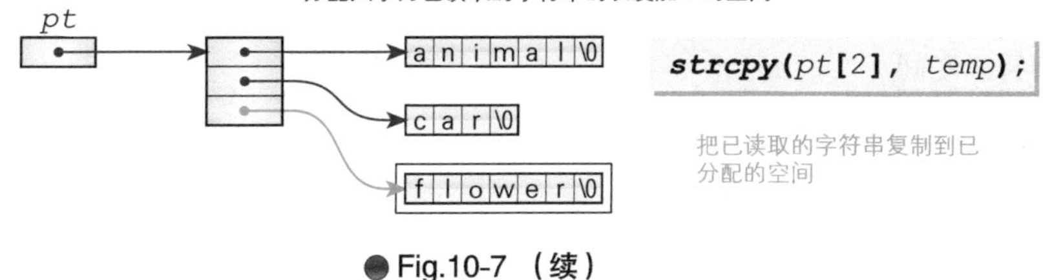

● Fig.10-7 （续）

a 变量 i 的值为 0 时

假设程序从键盘读取到了 "animal"，这个字符串的长度为 6。

在 3 的部分分配 7 个字符长度的空间，把指向该空间的开头字符的指针赋给 *pt* 指向的数组的开头元素 *pt*[0]。然后在 4 的部分把 "animal" 复制到已分配的空间。

现在，*pt*[0] 指向了 "animal" 的开头字符 'a'。

► 分配存储空间时，必须正确分配空间的大小，要在字符串的长度上加 1，以便足够存储空字符。这跟 List 10-4 是一个道理。

b 变量 i 的值为 1 时

假设从键盘读取到了 "car"，这个字符串的长度为 3。

在 3 的部分分配 4 个字符长度的空间，把指向该空间的开头字符的指针赋给 *pt* 指向的数组的第 2 个元素 *pt*[1]。然后在 4 的部分把 "car" 复制到已分配的空间。

现在，*pt*[1] 指向了 "car" 的开头字符 'c'。

c 变量 i 的值为 2 时

假设从键盘读取到了 "flower"，这个字符串的长度为 6。

在 3 的部分分配 7 个字符长度的空间，把指向该空间的开头字符的指针赋给 *pt* 指向的数组的第 3 个元素 *pt*[2]。然后在 4 的部分把 "flower" 复制到已分配的空间。

现在，*pt*[2] 指向了 "flower" 的开头字符 'f'。

Fig.10-7 和介绍接收命令行参数的 **main** 函数的第 2 参数 *argv* 的 Fig.6-16 很像。**char** ** 型的 *pt* 指向的数组的开头元素是 *pt*[0]，**char** * 型的指针 *pt*[0] 指向的数组内的各个元素应用下标运算符后可依次表示为 *pt*[0][0]，*pt*[0][1]，…。

► 本程序分配的是“指针数组”而不是“二维数组”。因为无法保证已分配的空间的连续性，所以 "car" 的开头字符 *pt*[1][0] 不一定位于 "animal" 末尾的空字符 *pt*[0][6] 后面。

此外，因为要多次调用 ***calloc*** 函数和 ***malloc*** 函数，所以在每次调用时除了要分配的空间以外，还会额外消耗一部分用于管理的存储空间。

使用完已分配的字符串后，要释放相应的存储空间。5的部分负责进行这项操作，由以下两步构成。

6释放字符串空间

借助 **for** 语句循环 ***free***(*pt*[*i*])，以释放用于各个字符串的存储空间。

```
Free:
    for (i = 0; i < num; i++)        ⑥
        free(pt[i]);             ⑤
    free(pt);                        ⑦
}
```

运行 **for** 语句前的状态如 Fig.10-8 a所示。图 b、c、d则展示了变量 *i* 的值依次增量为 0,1, 2，同时释放存储空间的情形。

7释放指向字符串的指针

通过 ***free***(*pt*) 释放指向字符串的指针数组后，结果如图 e所示。这样收尾工作就结束了。

*

我们回到2的部分。2的部分把空指针 **NULL** 赋给了 *pt*[*i*] 的所有元素。

```
for (i = 0; i < num; i++)        ②
    pt[i] = NULL;
```

我们来验证一下**如果没有进行这项赋值操作结果会如何**。假设 *i* 的值为 1 时，因为某些原因，以下用于分配空间的代码分配失败。

```
pt[i] = (char *)malloc(strlen(temp) + 1);
```

此时 ***malloc*** 函数的返回值 **NULL** 被赋给了 *pt*[1]，然后存储空间的分配操作被中断（因此不会分配 *pt*[2] 及其以后的元素）。

接下来，进行5的释放存储空间的操作。在6的 **for** 语句作用下，循环开头的代码（如下所示）会释放已分配的空间。

```
free(pt[0]);          /* pt[0]是指向已分配的空间的指针 */
```

那么，后续的释放操作会如何呢？

```
free(pt[1]);          /* pt[1]是NULL */
```

因为 *pt*[1] 的值为 **NULL**，所以 ***free*** 函数实质上不会进行任何操作。到这里还是没有问题的，然而，在接下来的释放操作中就出现问题了。

```
free(pt[2]);          /* pt[2]是不确定的值 */
```

指针 *pt*[2] 的值是不确定的（因为 **NULL** 没有赋给 *pt*[2]），这样一来，调用的 ***free*** 函数就可能**引发无法预料的后果**。

▶ ***free*** 函数根据接收到的指针的值，运行情况各不同。

- 如果接收到的是空指针，则不进行任何操作。
- 如果接收到的是通过 ***calloc***、***malloc***、***realloc*** 函数分配的指针，则释放相应空间。
- 除此之外则作未定义处理。

接收空指针的 ***free*** 函数肯定**不会执行任何操作**，因此在本程序中我们才把 **NULL** 赋给了 ***free*** 函数。

▶其他的方法还有：看成功分配到第几个数组，将数组的序号存入 **int** 型的变量，然后对照着数组的序号进行释放操作。

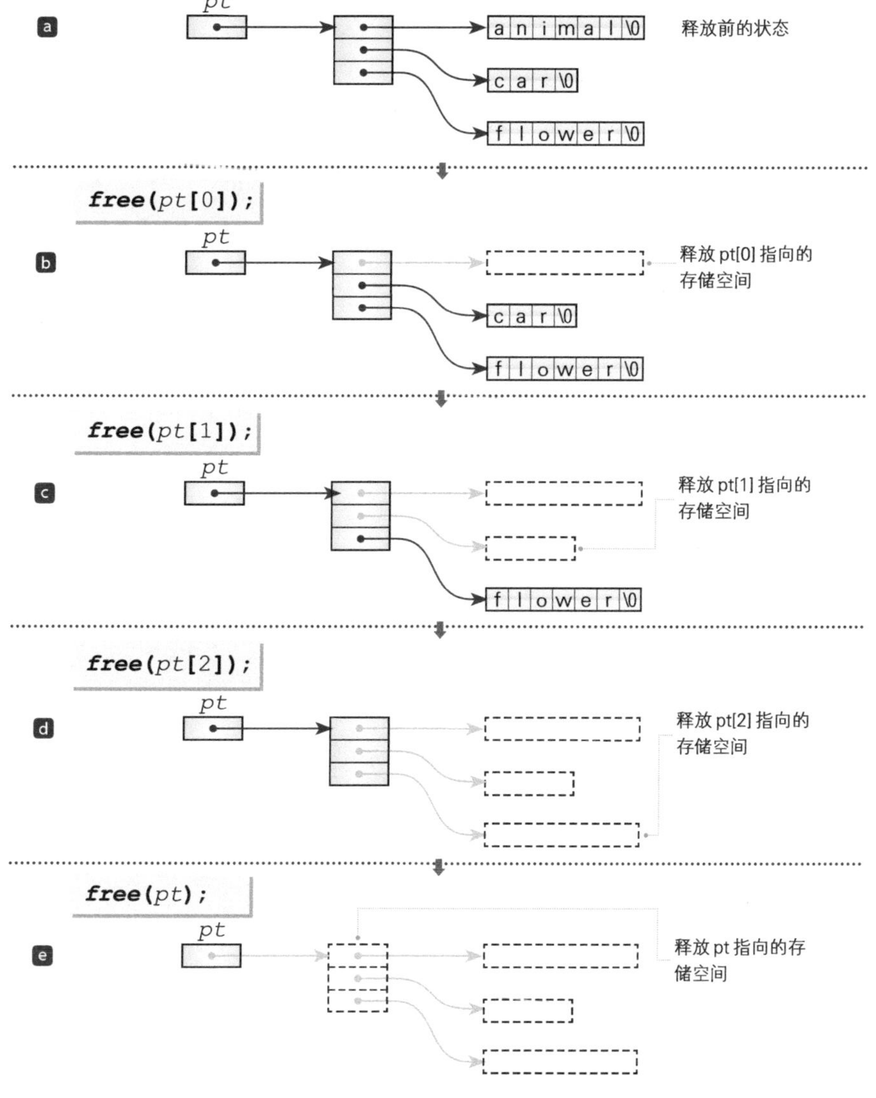

● Fig.10-8　动态分配的字符串数组（指针数组）的释放

单词文件的读取

本小节的目的是：**在程序外单独准备一个单词专用的文件，以便简化单词的追加和删除等操作**。

List 10-7 是为了从文件中读取单词数据而改写的程序。

List 10-7 chap10/wordcai4.c

```
/* 单词学习程序（其四：从文件中读取单词）*/

#include <time.h>
#include <stdio.h>
#include <stdlib.h>
#include <string.h>

#define   CNO    4        /* 选项数量 */

#define swap(type, x, y)    do { type t = x; x = y; y = t; } while (0)

int QNO;                /* 单词数量 */
char **cptr;            /* 指向中文单词的指针数组 */
char **eptr;            /* 指向英语单词的指针数组 */

/*--- 显示选项 ---*/
void print_cand(const int c[], int sw)
{
   int i;

   for (i = 0; i < CNO; i++)
      printf("(%d) %s  ", i, sw ? cptr[c[i]] : eptr[c[i]]);
   printf(": ");
}

/*--- 生成选项并返回正确的下标 ---*/
int make_cand(int c[], int n)
{
   int i, j, x;

   c[0] = n;                          /* 在开头元素中存入正确答案 */

   for (i = 1; i < CNO; i++) {
      do {                            /* 生成不重复的随机数 */
         x = rand() % QNO;
         for (j = 0; j < i; j++)
            if (c[j] == x)            /* 已经生成了相同的随机数 */
               break;
      } while (i != j);
      c[i] = x;
   }

   j = rand() % CNO;
   if (j != 0)
      swap(int, c[0], c[j]);  /* 移动正确答案 */

   return j;
}

/*--- 读取单词 ---*/
```

```
int read_tango(void)
{
    int i;
    FILE *fp;

    if ((fp = fopen("TANGO", "r")) == NULL) return 1;

    fscanf(fp, "%d", &QNO);          /* 读取单词数量 */

    if ((cptr = calloc(QNO, sizeof(char *))) == NULL) return 1;
    if ((eptr = calloc(QNO, sizeof(char *))) == NULL) return 1;

    for (i = 0; i < QNO; i++) {
        char etemp[1024];
        char ctemp[1024];

        fscanf(fp, "%s%s", etemp, ctemp);
        if ((eptr[i] = malloc(strlen(etemp) + 1)) == NULL) return 1;
        if ((cptr[i] = malloc(strlen(ctemp) + 1)) == NULL) return 1;
        strcpy(eptr[i], etemp);
        strcpy(cptr[i], ctemp);
    }
    fclose(fp);

    return 0;
}

int main(void)
{
    int i;
    int nq, pq;            /* 题目编号和上一次的题目编号 */
    int na;                /* 正确答案的编号 */
    int sw;                /* 题目语言（0：中文/1：英语） */
    int retry;             /* 重新挑战吗？ */
    int cand[CNO];         /* 选项的编号 */

    if (read_tango() == 1) {
        printf("\a单词文件读取失败。\n");
        return 1;
    }
    srand(time(NULL));    /* 设定随机数的种子 */

    pq = QNO;          /* 上一次的题目编号（不存在的编号） */

    do {
        int no;

        do {                         /* 决定用于出题的单词的编号 */
            nq = rand() % QNO;
        } while (nq == pq);          /* 不连续出同一个单词 */

        na = make_cand(cand, nq);  /* 生成选项 */
        sw = rand() % 2;

        printf("哪一个是%s？\n", sw ? eptr[nq] : cptr[nq]);

        do {
            print_cand(cand, sw);  /* 显示选项 */
            scanf("%d", &no);
            if (no != na)
```

```
            puts("回答错误。");
        } while (no != na);
        puts("回答正确。");

        pq = nq;

        printf("再来一次? 0-否/1-是: ");
        scanf("%d", &retry);
    } while (retry == 1);

    for (i = 0; i < QNO; i++) {
        free(eptr[i]);
        free(cptr[i]);
    }
    free(cptr);
    free(eptr);

    return 0;
}
```

用于存放中文单词的 *cptr* 和用于存放英语单词的 *eptr* 这两个指针指向的都是指向 **char** 型的指针，即指向“指向已动态分配的字符串的”指针的数组。

我们准备的单词数据是以 "TANGO" 为名称的文本文档的形式，Fig.10-9 就是一个例子。第 1 行写入了一个整数值表示单词数量，从第 2 行起准备了英语单词和对应的中文单词，中间用空白字符和制表符隔开。

单词的个数

```
31
animal   动物
dog      狗
cat      猫
car      汽车
flower   花
nose     鼻子
mouth    嘴
mouse    老鼠
house    家
desk     桌子
book     书
chair    椅子
father   爸爸
mother   妈妈
love     爱
peace    和平
song     歌
pencil   铅笔
teacher  老师
student  学生
war      战争
danger       危险
apple        苹果
fish         鱼
signal       红绿灯
length       长度
cooperation  合作
emphasis     强调
magazine     杂志
headache     头疼
ambulance    救护车
```

●Fig.10-9　单词文件“TANGO”的一个示例

函数 *read_tango* 用于打开文本文件 "TANGO"，并在分配存储空间的同时读取单词。当文件无法打开，或是存储空间分配失败时返回 1，正常读取时返回 0。

小结

为字符串数组动态分配空间

为字符串数组动态分配空间，既可以以二维数组的形式进行，也可以以指向字符串的指针数组的形式进行。后者更适合处理因字符串不同而导致字符数不同的数组（但是程序会变得复杂）。

大量数据的处理

数据量达到一定规模后，可以单独准备一个文件用来读取数据，而不是直接在源程序中写入数据。

自由演练

练习 10-1

编写一个月份名的英语单词学习程序，学习过程如下所示。

```
请输入月份名的英语单词。输入不区分大小写。
3月：march
回答正确。
11月：November
回答正确。
12月：desembar
回答错误。要看正确答案吗？0-否/1-是：0
12月：desember
回答错误。要看正确答案吗？0-否/1-是：1
12月是December。
… 省略 …
12个中回答对了9个。
回答正确的月份：1月，2月，3月，4月，5月，6月，7月，9月，11月
回答错误的月份：8月，10月，12月
```

- 出题次数共 12 次，按照随机顺序输出 1 月 ~ 12 月。
- 如果回答错误，向学习者确认“要看正确答案吗?”，之后再显示正确答案。
- 某个月份连续回答错误 5 次时，不必向学习者确认，直接显示正确答案。
- 最后显示学习结果，以升序（由小到大的顺序）显示回答正确的月份、回答错误的月份。

练习 10-2

上一题是一个月份名的学习软件，本题中我们来编写星期名的学习软件。题目形式与上一题基本相同，只是把月份改为星期，例如把“2 月：”改成“星期二：”，并把单词数量从 12 个改成 7 个。

练习 10-3

List 10-7 中，如果单词专用的字符串的空间分配中途失败了，则直接结束程序，不释放空间。改良程序，使程序在释放完所有已分配的存储空间后再结束运行。

练习 10-4

编写一个在程序启动时就能指定单词文件的“单词学习程序”。例如，当程序的运行文件名称是 `wordcai`，单词文件是 `TANGO1` 时，要像下面这样启动程序。

```
> wordcai TANGO1⏎
```

练习 10-5

编写一个“键盘打字练习”的软件，用来从文件中读取要练习的单词。跟上一题相同，本程序需要在启动时就能指定单词文件。

后　记

在本书的 10 个章节中，我们不仅编写了有趣的程序，同时还学习了编程、语法、标准库函数等知识，各位感觉怎么样呢？

本书提到的“重新排列数组元素”“生成不重复的随机数”“循环利用数组元素”“分配与释放存储空间”“记录使用了文件的程序的运行信息”等算法在技术计算、事务处理、游戏等各个领域的实用性编程上都是必不可少的。

▶这些算法大多没有“线性搜索”“快速排序”之类的固有名称，硬要说的话，只能叫作“无名算法”。放在编程语言的入门教材中，这些算法稍微偏实用，但放在算法类教材中，又显得过于简单。因此，虽然它们对于掌握编程技术而言极其重要，但事实上大部分教材中都不会提到。而能够大量接触到这类算法（专业程序员必须掌握的算法、编程技能），也是本书的一大特征。

这些算法在编程中一定会用到。如果有没看明白的地方，大家一定要反复阅读，务必掌握。

▶本书并没有详细解说各个程序的全部代码（如果要讲的话，本书会有将近 1000 页），因此希望大家通过自己的努力，透彻理解程序的每个部分。

迄今为止，笔者已经向无数的学生和程序员讲解了编程语言和编程技巧的相关知识。笔者发现，每个人的学习目的和理解能力都不同，100 个人就需要 100 种教材。虽然本书在编写过程中已尽量做到既不过于简单也不会太难，以适合各种层次的读者，不过恐怕依然会有读者觉得本书很难或很简单吧。

如果感觉本书有难度，建议读者参考《明解 C 语言：入门篇》。如果感觉本书太简单，建议继续阅读《明解 C 语言：实践篇》《明解 C 语言：算法与数据结构》《详解 C 语言：指针完全攻略》等。

致　谢

在本书的出版中，SB Creative 株式会社的野泽喜美男主编给予了笔者极大的帮助。借此机会谨表谢意。

参考文献

1) American National Standards Institute
"ANSI / ISO 9899-1990 American National Standard for Programming Languages - C", 1992

2) ISO / IEC
"IOS / IEC 9899 Programming Languages - C", 1999

3) 日本工業規格
"JIS X3010-1993　プログラミング言語 C", 1993

4) 日本工業規格
"JIS X3010-2003　プログラミング言語 C", 2003

5) 日本工業規格
"JIS X3014-2003　プログラミング言語 C++", 2003

6) Brian W. Kernighan and Dennis M. Ritchie
"The C Programming Language (Second Edition)", Prentice Hall, 1988

7) 柴田 望洋
"新版 明解 C 言語 入門編", ソフトバンクパブリッシング, 2004

8) 柴田 望洋
"新版 明解 C 言語 実践編", ソフトバンクパブリッシング, 2004

9) 柴田 望洋
"図解 C 言語 ポインタの極意", ソフトバンクパブリッシング, 2005

10) 柴田 望洋
"明解 Java 入門編", ソフトバンククリエイティブ, 2007

11) 柴田 望洋
"解きながら学ぶ Java 入門編", ソフトバンククリエイティブ, 2008

版 权 声 明